北方干旱区
间套作系统种间竞争机制及水肥高效利用

李仙岳　陈宁　史海滨　张作为　龚雪文　彭遵原　王俊　著

中国水利水电出版社
www.waterpub.com.cn

·北京·

内 容 提 要

　　本书从我国北方干旱区间套作农田种间套作物水土资源竞争机制的角度，以丰富的资料和翔实的数据为基础，以揭示间套作物资源竞争机制为重点、以提高间套作农田水肥利用为核心，探究了滴灌和地面灌溉条件下间套作农田水—热—盐—氮运移规律，揭示了间套作作物生长对水土资源变化的响应机制，摸清了间套作覆膜农田耗水过程，构建了间套作农田耗水蒸散、水盐和水氮运移模型，评价及优化了不同间套作系统灌溉施肥制度，制定出适合当地的灌溉和施肥制度，为北方干旱区集约化、绿色化、可持续农业的发展提供理论及技术支撑。

　　本书可供从事农业水利、农学、土壤学、气象学等相关领域的研究人员、专业技术人员、教学人员和相关专业的研究生、大学生等参考。

图书在版编目（ＣＩＰ）数据

北方干旱区间套作系统种间竞争机制及水肥高效利用/
李仙岳等著. — 北京：中国水利水电出版社，2023.6
ISBN 978-7-5226-1253-9

Ⅰ．①北… Ⅱ．①李… Ⅲ．①干旱区—作物—间作—北方地区②干旱区—作物—套作—北方地区③干旱区—作物—肥水管理—北方地区 Ⅳ．①S344②S365

中国国家版本馆CIP数据核字(2023)第112141号

书　　名	北方干旱区间套作系统种间竞争机制及水肥高效利用 BEIFANG GANHANQU JIANTAOZUO XITONG ZHONGJIAN JINGZHENG JIZHI JI SHUIFEI GAOXIAO LIYONG
作　　者	李仙岳　陈　宁　史海滨　张作为　龚雪文　彭遵原 王　俊 著
出版发行	中国水利水电出版社 （北京市海淀区玉渊潭南路1号D座　100038） 网址：www.waterpub.com.cn E-mail：sales@mwr.gov.cn 电话：（010）68545888（营销中心）
经　　售	北京科水图书销售有限公司 电话：（010）68545874、63202643 全国各地新华书店和相关出版物销售网点
排　　版	中国水利水电出版社微机排版中心
印　　刷	北京中献拓方科技发展有限公司
规　　格	184mm×260mm　16开本　12.25印张　298千字
版　　次	2023年6月第1版　2023年6月第1次印刷
定　　价	**98.00**元

前　言

　　间套作技术不仅能明显提高农田土地利用率，同时也能明显提高作物的光利用效率和水氮利用效率，从而提高作物干物质量和作物产量。所以该技术在世界各国均得到了大面积推广应用，在中国北方地区间套作种植面积甚至超过总种植面积的一半。

　　尽管近年来国内外学者对间套作农田作物的生理特性、光截获比例、农田生产能力、水—热—氮—盐运移及灌溉施肥制度等开展了大量研究，但缺少对不同灌水技术条件下间套作农田土壤—作物系统的研究，特别是以种间竞争和水肥利用效率协同提升为核心的间套作农田系统的理论与技术研究相对较少。总体上，目前表观影响效应的研究较多，机理性系统的研究相对缺乏；耗时耗力的定位野外试验较多，准确量化间套作种间竞争的机理模型较少；间套作农田生产能力评价研究较多，而间套作农田水肥制度优化研究较少。本书在总结前期研究成果的基础上，综合利用农田水利学、土壤物理学、土壤水动力学、农田气象学、植物生理学及统计学等多学科理论和方法，理论与实证研究相结合、定量与定性分析相结合，考虑滴灌和地面畦灌两种灌溉条件，以北方干旱区主要间套作作物（玉米、小麦、向日葵、番茄）为供试作物，依托野外观测，通过设置不同种植模式、不同灌水水平、不同施氮水平等因子对土壤水—热—氮—盐运移、作物生理生态和生长指标、根系分布特征、土壤温度分布特征、作物需水耗水特征、作物产量、水肥利用效率等方面开展系列试验研究。综合分析了不同灌水技术和不同种植模式对作物株高、茎粗、叶面积指数、光合作用、干物质量的影响，形成不同灌水技术条件下间套作农田节水高效型灌溉制度；探究了不同灌溉水平对小麦/玉米、番茄/玉米间套作农田作物根系的时空分布特征及吸水规律的影响；构建了覆膜条件下间套作农田蒸散模型，捕捉了不同种植模式和不同灌水水平条件下间套作农田种间作物耗水差异；分析了间套作模式下覆膜及灌水效应对地温的综合影响机制；量化了复合群体内两作物间水分的相互补给量，明确了间套作优势的来源和对土壤盐分的影响；构建了间套作农田土壤水氮运移模型，揭示了间套作农田种间作物土壤水氮竞争机制，优化了间套作系统灌溉施肥制度，提高了北方干旱区间套作农田水肥利用效率，为北方干旱区农业集约化、绿色化、可持续发展提供理论及技术支撑。

本书受到国家自然科学基金项目"干旱区膜下滴灌条件下立体种植农田水分迁移机理及模拟"（项目编号：51109105）、博士后特别资助基金"膜下滴灌条件下立体种植农田水热盐迁移机理及模拟研究"（项目编号：2012T50250）、国家自然科学基金重点项目"变化环境下盐渍化灌区水肥循环机制及调控研究"（项目编号：51539005）、国家重点研发计划"黄河宁蒙灌区节水—控盐—减污—生态保护技术研究与示范"（项目编号：2021YFC3201202）、内蒙古自治区直属高校基本科研业务费—内蒙古农业大学杰出青年科学基金培育项目"寒旱区生物地膜覆盖农田水氮高效利用机制及灌溉施肥制度优化研究"（项目编号：BR220302）等联合资助。

本书由内蒙古农业大学李仙岳、陈宁主笔，内蒙古农业大学史海滨、东北农业大学张作为、华北水利水电大学龚雪文、巴彦淖尔市水利科学研究所彭遵原、内蒙古自治区水利事业发展中心王俊副主笔，第1章为北方干旱区间套作技术应用的背景、意义及国内外研究进展，由陈宁、张作为、龚雪文、彭遵原、王俊撰写。第2章为间套作农田作物生理生态指标，由彭遵原、张作为和王俊撰写。第3章为间套作农田作物根系分布，由龚雪文和张作为撰写。第4章为间套作农田作物耗水规律及模拟，由陈宁和彭遵原撰写。第5章为间套作农田土壤温度分布特征，由龚雪文和彭遵原撰写。第6章为间套作农田水盐运移机理及种间竞争机制，由张作为和陈宁撰写。第7章为间套作农田土壤水氮运移规律及竞争机制模拟研究，由陈宁和彭遵原撰写。第8章为间套作农田节水减肥制度优化，由张作为和彭遵原撰写。第9章为结论与展望，由陈宁、张作为、龚雪文、彭遵原撰写。本书在撰写过程中参考、借鉴了相关专家学者的有关著作、论文的部分内容，在此深表谢意。

限于作者水平，书中难免有不足之处，敬请广大读者批评指正。

编者

2023 年 4 月

目　　录

前言

第1章 绪论及试验方法

1.1 研究背景及意义

我国北方干旱区耕地面积大，降雨量少、蒸发量大，水资源短缺和肥料利用率低导致的农业面源污染等已成为限制其农业可持续发展的重要因素。例如，内蒙古河套灌区，多年平均降水量少于 250mm，而多年平均蒸发量高达 2000mm 以上，农业生产完全依赖引黄灌溉，没有灌溉就没有农业。但由于不合理的灌溉施肥模式导致氮磷流失严重，据巴彦淖尔市农业局资料显示，目前氮肥有效利用率约为 35.0%。另外受政府指令性节水政策的影响，近年来河套灌区引黄水量逐渐减小，灌溉水量受到大幅度的缩减。因此，如何提高水肥利用效率和单位农田产量，是保持我国北方干旱区农田农业持续发展和保障我国粮食安全的关键。

间套作是指在同一块土地上同时种植两种或两种以上的作物，是作物在时间和空间上的集约化。近年来，由于间套作种植模式具有较高的土地利用效率、辐射利用效率和水肥利用效率，因此其在国内得到了大面积应用，特别在北方干旱区间套作农田水肥高效利用模式已进行了大面积推广。在间套作种植模式下，种间不同作物对水分与养分的竞争能力也不相同，且受播种时间与株高的影响，种间套作物在利用光能、热能、水肥等方面的能力有明显差异。尽管间套作种植模式下劣势作物生产能力会有所降低，但可以通过优化种植结构，重构种间套作物竞争关系，从而提高优势作物及间套作整体系统的生产能力。可见，进一步优化间套作种植模式对于北方干旱区农业可持续发展和保障我国粮食安全具有重要意义。

目前，针对间套作农田的研究主要集中在间套作群体的水分利用特征、根系分布特征、相对贡献率等方面，对间套作农田内部的种间竞争能力问题研究较少，特别是以水氮为主的物质竞争机制还未不清晰。另外，间套作系统的水氮分配制度相比单作要更为复杂，需要根据种间套作物水氮的竞争关系，为不同作物制定合理的灌水施肥策略。可见，揭示间套作农田种间套作物水氮竞争机制是制定其合理水肥制度的基础，也是提高其水氮利用效率的关键。然而，当前对于间套作农田种间套作物间资源竞争关系的定量化研究还较少。因此，亟需寻求适宜的方法以期量化种间资源竞争关系，明晰间套作农田种间套作物水氮竞争机制。

尽管国内外学者对间套作农田种间套作物的生理特性、光截获比例、农田生产能力、水—热—氮—盐运移及灌溉施肥制度等方面开展了大量研究，但对不同灌水技术条件下间套作农田土壤—作物系统的定量化研究还较少，特别是以种间竞争和水肥利用效率协同提升为核心的间套作农田系统的理论与技术研究相对较少。因此，本书以北方干旱区主要间套作作物（玉米、小麦、向日葵、番茄）为供试作物，依托野外观测，通过设置不同种植模式、不同灌水水平、不同施氮水平等因子，探讨了不同灌水水平和种间不同空间布局对作物根系发育、生理生态指标和作物产量的影响机制；构建了覆膜条件下间套作农田蒸散模型，精确量化了间套作农田不同生育期作物水分竞争动态；分析了灌水效应对地温的综合影响机制；利用根系分隔技术，对间套作模式下水分相互利用量、土壤盐分运移机理及间套作优势来源进行了研究，明确了间套作优势的来源和对土壤盐分的影响；构建了间套作农田土壤水氮运移模型，分析了不同种植模式和不同施氮水平条件下作物根区不同位置土壤水氮运移规律，量化了间套作覆膜农田种间套作物土壤水氮竞争机制；开展了不同种植模式和水氮施用水平下水氮利用效率及增产效应研究，并对以河套灌区为典型区的北方干旱区不同间套作种植模式下的现行灌溉施肥制度进行优化，制定出适合当地的灌溉施肥管理制度，为北方干旱区集约化、绿色化、可持续农业的发展提供理论指导和技术支撑。

1.2　间套作系统研究现状

1.2.1　作物生理生态指标研究

间套作农田作物生理指标研究目前主要集中于对比种间套作物株高、径粗、叶面积、干物质量等指标的差异。如辛宗绪等研究了 3 种不同高粱/大豆间套作模式（2∶2、4∶2、2∶4）对高粱生物性状的影响，结果表明 2∶4 种植模式下有利于提高高粱径粗，增加干物质积累量。吴瑕等通过将分蘖洋葱与番茄间套作，发现间套作后番茄株高显著增加，特别在 60 天后，番茄干重显著增加，但番茄干物质向根分配指数被降低。何纪桐等探究了高寒地区燕麦/蚕豆间套作对作物生长发育的影响，结果表明间套作燕麦和蚕豆的地上生物量可分别较单作提高 6.03% 和 6.87%。钱必长等分析了不同花生/棉花间套作比例对花生生育后期生理特性的影响，发现与花生单作相比，棉花/花生间套作能够有效促进花生茎秆的生长，但降低了叶面积指数、主茎绿叶数和干物质积累总量。

关于间套作农田作物生态指标研究方面，国内外学者主要集中研究了遮阴条件下间套作农田种间套作物辐射利用机制。如 Awal 等通过研究玉米/花生间套作对辐射的拦截与吸收利用，发现在 2.13g（DW）/MJ 水平上间套作农田辐射有效利用较单作花生提高了 79%，在 3.03g（DW）/MJ 水平上间套作是单作花生的 2 倍，而在 3.27g（DW）/MJ 水平上间套作较单作玉米明显降低。Zhang 等通过研究小麦/棉花间套作对辐射的拦截与利用得出：单位面积上，间套作与单作相比有较大的截获辐射，间套作模式能够在时间和空间上形成对光能的互补效应。Jahansooz 等研究了小麦/鹰嘴豆间套作模式下太阳辐射对种间套作物生长和产量的影响，研究得出间套作模式下小麦/鹰嘴豆可较单作模式较大程度地利用太阳辐射，其产量较单作鹰嘴豆提高 29%，而相对单作小麦而言，则增产 72%，间套作并不影响各个作物的生长速率、开花和成熟。Tsubo 等通过研究玉米/豌豆间套作对辐射的截获利用，提出了适合间套作农田作物的辐射截获与利用模型。王自奎基于 3 年大田试验，建立了估算不同条带间群体辐射传输和分配的半经验模型，并分析了小麦/玉米间套作系统的叶片光合特性、辐射截获率、辐射利用率及蒸腾蒸发规律。黄高宝研究了集约栽培条件下间套作系统的辐射利用效率，比较了种间套作物对光能利用的差异，研究表明小麦/玉米间套作的辐射利用效率为 0.86%，单作小麦为 0.31%，单作玉米为 0.8%。陈金平等对小麦/棉花间套作小麦的冠层环境进行了分析，发现间套作小麦冠层透光率高于小麦/棉花轮作。高阳等研究了小麦/玉米间套作模式下光合有效辐射特性，发现两种种植模式下光合有效辐射截获量日变化均为双峰状，且光合有效辐射截获量与叶面积指数均有较好的相关性。

尽管间套作农田作物生理生态指标已被前人广泛研究，但不同的间套作物空间布局对种间套作物生理生态的影响研究较少，特别是不同灌水技术条件下间套作种间套作物空间布局改变对作物生理生态的影响研究较少。同时，不同间套作种植系统下遮阴对作物光合作用的影响也未被系统地揭示。

1.2.2 作物根系研究

间套作农田不同作物根系分布对于作物水肥竞争及利用效率的影响很大，且根系水肥吸收能力会直接影响作物生长状况，故掌握间套作农田根系分布特征对于明确间套作农田种间水肥竞争机理，提高其水肥利用效率等具有重要意义。

目前国内外学者对间套作农田作物根系的研究大多集中在根系分布、根构型以及根系生长和根系吸水等方面。如 Li 等通过田间试验研究了间套作模式下作物生长与根系分布间的相互作用关系，发现优势作物的产量随侧根宽度和根长密度的增大而提高。Gao 等通过两年田间试验研究，揭示了指数模型更适合描述垂直与水平两个单作与间套作模式根长度密度，且充分灌溉模式下间套作玉米根系渗透较大豆更深，玉米横向根系扩展到大豆的正下方。Nielsen 等通过研究间套作模式下根系间的相互促进作用，指出由于种间竞争及植物生长，促进根系相互作用最有可能是在营养贫瘠土壤和低投入农业生态系统中，且通过试验证明 ^{32}P 示踪技术是确定间套作系统根动态的重要工具。Nina 等通过研究肯尼亚中部地区单作与间套作模式的根系垂直分布，指出间套作模式下细根总数的 50% 分布在土壤表层 36cm 内，而单作细根的 50% 分布在 15～21cm 土层深度内。芦美等研究了间套作模式下马铃薯根系生长特性，结果表明间套作马铃薯根系总根长、总根表面积和总根体积与单作相比均较高，且在块茎膨大期间套作马铃薯根系总根长、总根表面积和总根体积相对于单作显著增加了 24.4%～35.0%。李田甜等对南疆地区枣树/棉花复合群体根系时空分布特征进行了研究，结果表明棉花根系主要分布在距地表 0～40cm 内，占到总根长密度的 68%，而枣树根长密度主要集中分布在 0～30cm 土层内，同时，枣树的根长密度分布表现为随着距离枣树距离的增大而先减小后增大。刘丽娟等探究了不同间套作模式对木薯/玉米共生期间的根系分布的影响，结果表明木薯根系以植株为中心水平对称，由里向外呈由密至疏分布，而玉米根系则呈上密下疏、上窄下宽分布。

然而，前人的研究多是基于粮食作物与经济作物间的根系分布特征研究，例如，小麦/菜豆与小麦/蚕豆间套作的根系时空分布特征，核桃/小麦复合群体中细根的分布规律，玉米/大豆间套作根系分布模式，肥料对小麦/蚕豆间套作群体根系的调控等，对于小麦/玉米和小麦/向日葵等粮食作物群体以及番茄/玉米粮经作物群体中作物根系分布特征的研究较少，且研究多与肥料有关，如水肥耦合对小麦/玉米系统根系分布及吸收活力的调控，或是对其中一种作物的根系空间分布进行研究，或是对间套作群体的根系时空分布规律进行直接研究，而对间套作群体在非充分灌溉下的根系分布规律及吸水特性等响应则相对较少。因此，本书针对北方干旱区常见间套作群体在非充分灌溉下的根系分布规律及吸水特性进行研究，旨在为北方干旱区间套作农田节水增产提供理论支撑。

1.2.3　作物耗水规律及估算研究

由于间套作农田存在植株高矮不一的情况，易于导致不同种间套作物的周围辐射和风速条件差异显著，进一步造成间套作农田中不同作物的蒸腾差异。如张莹等研究了辽西半干旱区玉米/大豆间套作田间耗水规律，研究表明玉米/大豆间套作模式下实际蒸散量均低于玉米、大豆单作，水分亏缺量分别比大豆、玉米单作减少 45.5mm 和 5.7mm。此外，间套作模式下作物需水量与降水量的吻合程度高于单作模式。胡淑玲提出间套作模式的作物需水量大于传统单作形式作物需水量，间套作模式下作物产量也大于传统单作条件下的作物产量。

目前，对于农田作物耗水量的估算方法主要分为作物系数法和能量平衡—空气动力学法。其中 FAO 针对间套作农田作物耗水量提出了一种以株高为权重的综合估算方法，尽管该方法预测精度较高，但该方法对于作物系数的预测精度要求较高，且难以区分不同作物蒸腾量。能量平衡—空气动力学作为一种直接估算方法，基于 SPAC 系统中能量传输原理，并利用空气动力学参数和微气象因子计算农田潜热通量，直接估算出农田蒸散量。但上述模型难以直接适用于具有复杂下垫面的间套作农田。当前，亟需构建一种可以估计复杂下垫面的间套作农田蒸散模型。康绍忠等在 PM 模型基础上，通过引入有效空气动力学阻力和有效土壤表面阻力，并基于欧姆定律，以阻力并联的形式构建了适用于高矮不一的玉米农田。该模型模拟精度较高，但仅能反映间套作农田耗水的总体变化规律，未能有效区分间套作农田种间不同作物耗水差异。Wallace 通过考虑种间套作物间遮阴度和辐射重分布对耗水的影响，发展了一种基于 SW 模型的间套作蒸散模型（ERIN 模型），该模型将间套作农田总作物蒸腾区进一步细化为不同作物蒸腾的集合。Gao 等利用 ERIN 模型预测了间套作农田玉米和大豆的作物蒸腾规律，结果表明模拟的作物蒸腾量和实测值有较好一致性。

然而，ERIN 模型主要针对裸地条件下间套作农田蒸散预测，没有考虑地膜覆盖对作物耗水的影响。由于地膜覆盖会切断或极大减少地表水汽与大气的交换，导致地膜覆盖下土壤表面阻力显著增大，会明显减小土壤蒸发，从而会改变间套作农田种间套作物耗水规律。因此，构建地膜覆盖条件下间套作农田蒸散模型对精确估算北方干旱区覆膜间套作农田耗水具有重要意义。另外，由于太阳天顶角和方位角会随着时间和空间发生变化，造成间套作系统种间套作物在不同时间段所截获的水平光辐射出现差异，从而造成种间套作物耗水的差异。因此，有必要在间套作农田蒸散模型的基础上，构建一个光截获条件下间套作蒸散模型，以明确日照变化对间套作农田种间套作物耗水的影响，并进一步精确量化各组成的耗水差异。

1.2.4　土壤温度变化研究

间套作模式不仅能提高单位面积的作物产量，而且能极大地提高光、水、热等资源的利用效率。然而由于间套作农田对太阳辐射的有效拦截和利用不同，导致间套作农田不同行间位置地温分布特征不同。

近些年针对间套作农田土壤温度的研究主要集中在土壤热效应及地温的极值变化理论等方面。比如李玲等以枣树/棉花间套作种植模式为研究对象，设置 100cm（M1）、145cm（M2）两种作物间距和 $3750m^3/hm^2$、$4500m^3/hm^2$、$5250m^3/hm^2$、$6000m^3/hm^2$ 4 个供水水平，研究了间距与供水对间套作棉田土壤温度变化的影响，结果表明 M2 模式能够显著降低土壤地温，M2 模式下 0～25cm 土层平均地温较 M1 低 6.6%。王来等分析了核桃/小麦农林复合系统对近地面微气候环境的影响，发现核桃/小麦间套作模式可以有效降低地温，其地温平均值分别比核桃单作和小麦单作降低 0.71℃ 和 1.41℃。高莹等分析了小麦/玉米间套作在不同供肥水平下土壤表层温度的空间和时间变化特征，结果表明在小麦/玉米共生前期，间套作玉米接收的太阳辐射减少，透光率平均较单作玉米降低 3.9%～6.3%，土壤表层温度降低 2.42～2.63℃；在共生后期，间套作玉米的光照条件改善，透光率较单作玉米平均升高 19.3%，土壤表层温度降低 1.51～1.73℃。王斐等研究了杏树/小麦间套作与小麦单作模式下 24h 的温度变化特征，发现同一土层温度均是单作高于间套作，平均温度为单作＞距杏主干 2m 处＞距杏主干 1m 处，且土壤温度变化均呈现单"S"形。王宇明等探讨了冬小麦/辣椒间套作模式下共生期间地温的动态变化，发现由于小麦的遮挡作用，使得预留行接受的太阳辐射减少，地温较裸地低，且地温随着预留行的变窄而进一步降低。彭晚霞等发现白三叶草/茶园间套作改变了土壤热量交换层的性质，具有升温时降温和降温时增温、保温的双向动态调控作用，降低了日较差，增强了同一土层温度的稳定性，但其调控效果随着土壤深度增加而降低。

上述研究主要是针对间套作无膜农田情况下开展的，而对覆膜间套作农田的不同行间位置地温分布特征较少做深入研究，特别是间套作农田种间套作物不同空间布局下和不同水分处理下土壤热动态研究较少。所以，将地膜覆盖技术与间套作农田结合起来探讨作物耕层温度变化规律，对提高间套作农田水热利用效率具有重要意义。

1.2.5 土壤盐分运移研究

目前针对以河套灌区为典型的北方干旱区土壤盐分运移转化的研究较多。如屈永华等通过光谱对河套灌区土壤盐分进行了定量反演，于海云与郭晓静等通过雷达对河套灌区融解期土壤盐分进行了多极化响应分析。水盐运移规律方面，分别在玉米、荒地、耕荒地间进行了分析，又通过 HYDRUS－2D 模型分别对土壤水盐和作物生长及不同灌水模式下的土壤水盐运移规律进行了模拟，并基于水日耦合模型对冻融期土壤水—热—盐运移规律进行了模拟。作物耐盐指标方面，分别对小麦、玉米、向日葵的耐盐性进行了分析，但是对间套作模式下的土壤盐分研究不多，只有王升等通过对棉田间套作盐生植物研究指出，碱蓬的脱盐率为 43.1%，盐角草的脱盐率为 30.6%，且间套作提高了 K^+、Na^+ 的含量，降低了对作物有毒有害作用的 Cl^- 含量，在不增加灌水的条件下，棉田/盐生植物是一种有效的改良盐碱地的措施。可见，适当的间套作模式可以明显降低土壤盐分，对于盐碱地改良提供了一个有效途径。倪东宁等通过对间套作模式下不同灌水方式对玉米根系区土壤水盐运移的研究得出，沟灌较常规畦灌对于降低土壤盐分具有更好的效果。然而，间套作模式是如何影响盐渍化灌区土壤盐分则鲜有研究。总体上,明确作物间相互利用水量、量化间套作群体内部水盐运移关系对于探讨北方干旱区间套作种植体系的可持续发展具有重要意义。

　　然而,对于粮食作物间的间套作,比如小麦/玉米间套作与小麦/向日葵间套作是否也具有改良盐碱地的效果,目前研究较少。由于间套作模式下的种间套作物间还存在着对水分的竞争,该竞争将会进一步改变盐分分布状态。因此,本书以此为出发点,利用根系分隔技术,对小麦/玉米与小麦/向日葵间套作模式下的土壤盐分做了进一步研究,旨在明确间套作模式下的土壤盐分变化规律。

1.2.6　土壤水氮运移规律及模拟研究

　　利用不同作物高低位差异及对土壤水氮资源的吸收不同的间套作系统,既能提高农田土地当量比、水肥利用效率、光能利用效率,又能提高单位面积农田作物产量。除了间套作农田中的几种作物在某一阶段由于需水、需氮量存在差异外,不同作物生长发育特征不同,比如根系分布不同,吸水吸肥能力不同等,这些均会引起间套作农田中水氮分布不同于单作农田,同时也会使间套作农田中不同作物之间水氮吸收产生竞争。研究表明间套作农田作物根系分布的不同是导致农田中土壤水分在水平方向上不同的主要原因,比如番茄/玉米间套作农田中,在 0~40cm 土层玉米侧土壤含水率相比番茄侧较高,特别在 0~20cm土层差异显著。而在苜蓿间套作玉米农田中,苜蓿在特定年限会出现轻微水分抑制,随着玉米种植比例的增加,水分抑制作用越明显。李俊祥等通过对淮北平原杨树/小麦间套作系统土壤水分的研究表明,农林带状间套作一般可提高土壤含水率 0.67%~11.7%,且提高幅度随间套作密度的不同而不同。宋同清等通过 4 年的田间试验,在热带丘陵区茶园研究了茶树/白三叶草间套作的土壤水分动态变化,结果表明间套作条件下不同土壤深度对含水率的调控效果不同,两种作物在 0~20cm 土层上水分的竞争较小,且间套作下的平均含水率远远大于单作含水率。

　　不同作物根系吸氮能力存在差异导致了间套作系统中硝态氮空间分布的差异,同时也产生了作物氮吸收竞争,如 Zhao 等研究发现在作物生育后期,玉米/豌豆间套作农田中玉米的氮素竞争能力显著强于豌豆,但豌豆可为玉米的快速生长提供相应的养分补偿。Yang 等通过将小麦/玉米/枣树间套作试验发现,小麦和玉米的产量均显著降低,枣树在间套作系统中处于绝对优势地位,可显著增加树冠边缘区域硝态氮浓度。间套作系统的氮素分配制度相比单作要更为复杂,需要根据种间套作物氮素的竞争关系,为不同作物制定合理的施肥策略。并且不同间套作生态系统中种间套作物的氮素竞争差异显著。对于豆类/禾木科间套作,主要是利用豆类底部根瘤菌的固氮作用,通过吸收大气氮元素,转化成供作物吸收的无机氮,并通过种间竞争机制为竞争能力更强的作物补充营养元素,从而提高整个间套作生态系统的氮吸收量。Stuelpnagel 研究发现,蚕豆/春小麦间套作以及蚕豆/燕麦间套作后,在收获后土壤中残留的硝态氮与单作相比有所降低。Karpenstein - Machan对不同比例的黑麦/豌豆间套作、黑麦/红三叶草间套作以及单作黑麦的研究发现,豆科类作物间套作后在土壤 0~90cm 土层范围内,硝态氮含量较单作降低。在大豆/玉米间套作生态系统中,间套作玉米可以通过大豆生物固氮作用,较单作玉米提高吸氮量 51.3%~

72.7%。对于茄类或禾本科间套作禾本科，尽管茄类或禾本科作物无法直接增加氮的输入量，但可以通过减小劣势作物的氮吸收量，促进优势作物的氮吸收，从而提高间套作系统总的氮利用效率。如 Liu 等研究表明间套作小麦的氮吸收量较单作小麦提高了 54.5%～375%，但间套作玉米较单作玉米显著降低了氮吸收量 58.3%。此外，间套作玉米较间套作番茄可提高氮吸收量 38.3%～42.2%。为了能够协调间套作系统种间套作物竞争关系，达到经济效益最大化的目的，优化不同作物的种植结构是十分必要的。目前，常规的间套作模式主要包括 1∶1，1∶2 和 2∶2。由于不同种植模式下种间套作物种植比例的差异，导致不同的种植模式的氮素利用效率和作物生产效率差异显著。比如 Choudhary 等进一步发现 1∶5 玉米/大豆间套作模式下农田生产力和氮素吸收均高于 1∶2 和单作模式。目前，尽管农田水氮运移及竞争规律已被揭示，但主要针对单作的种植模式，很少对不同空间布局下水氮运移规律及种间套作物竞争机制开展研究。种间套作物种植比例的改变势必会影响氮素在剖面的运移和分布规律，从而进一步影响种间套作物的氮素竞争关系。

当前，已有学者对土壤硝态氮分布规律以及作物间肥料利用和竞争进行了研究，但其主要通过田间试验监测，难以长系列、定量化地对不同位置硝态氮运移过程进行分析。而通过数值模拟能更容易掌握不同施氮制度以及不同种植模式下土壤硝态氮分布和运移过程。目前，针对土壤氮的运移研究主要基于 HYDRUS-2D 模型，如 Phogat 等通过对根区水、氮、盐含量的模拟研究，发现强降雨对溶质淋溶起关键作用，且定量化分析了作物吸水吸氮量。Azad 等通过设置不同灌溉流速和注肥时间，确定灌水末期施肥为最优的注肥时间，而最优的灌溉流速为 0.8L/h。因此，本书将基于 HYDRUS-2D 模型评价不同种植模式和不同施氮水平下的水氮运移规律，并为北方干旱区优化出适宜的种植模式和施氮制度。

1.2.7 水肥利用效率及水肥制度优化研究

与单作模式相比，间套作模式在农田水分利用效率、肥料利用效率、辐射利用效率、土地利用效率等方面都有显著的提高，国内外学者对此进行了大量的研究。针对间套作农田在水分利用效率方面的研究。国外学者 Singh 和 Willey 研究了高粱/木豆间套作条件下作物生长变化及干物质重量，研究表明当总耗水量不改变时，间套作模式下作物干物质重量比单作要高。Morris 等针对间套作水分利用效率进行了研究，研究表明间套作的水分利用效率比单作提高 18%～29%。我国学者 Gao 等对冬小麦/春玉米间套作的作物系数及水分利用效率进行了研究，研究表明间套作后的平均水分利用效率为 21.72kg/(hm²·mm)，比单作玉米小 23%，比单作小麦多 4%。不同形式的作物间套作后，在节水方面也有所贡献。何顺之等研究了不同作物间套作组合，发现最优间套作模式可节约灌溉用水 41.3%～44.1%。朱敏等对河套灌区小麦/向日葵间套作模式下的水分利用效率进行了评估，认为合理利用小麦/向日葵间套作水分生产函数及其规律，可以实现节水、高产、高效的统一。

部分学者对间套作农田在肥料利用效率方面也进行了研究，叶优良等通过研究小麦/玉米间套作和蚕豆/玉米间套作，探索两种不同形式的间套作模式对土壤硝态氮累积和氮素利用效率的影响，研究表明间套作后作物根层环境有效改善，减少了氮的损失，提高了作物对氮元素的利用效率；间套作相对于单作来说有利于作物对硝态氮的吸收和利用，能够有效提高农田对氮肥的利用效率。金绍龄等研究了小麦/玉米间套作农田作物氮营养的利用特点，发现小麦对氮素的竞争能力大于玉米，小麦/玉米间套作后，小麦对氮的吸收利用低于单作，而玉米则高于单作，而当量面积的小麦/玉米间套作后在整体上对氮的吸收利用都低于单作。鹰嘴豆/小麦间套作可较单作提高小麦吸氮量和间套作系统总吸氮量54.4％和39.4％。

水肥制度是指满足作物正常生长所需的灌水施肥时间、灌水施肥次数及灌溉施用定额。传统制度下以产量最大为目标，即作物在生长阶段不受水肥胁迫，所以传统制度下的灌溉施肥制度即为充分制度，但是在当前水资源短缺的情况下，充分灌溉制度在实践中需要改变，且过量施肥极易造成农田面源污染，破坏农田生态环境。所以，非充分理论应运而生。因此，为达到节水、减肥、高产的高度统一，就需要对现有水肥制度进行优化。优化水肥制度是指在有限的水量和施肥条件下，为达到高产的目标，对不同地区的不同作物及作物的不同生育阶段进行最优的分配方案。多年来国内外诸多专家学者也对此进行了深入研究。目前总结出的主要优化制度方法有线性与非线性规划模型、动态与随机动态规划模型、决策系统与数值模型。

WIN ISAREG 模型最早是由葡萄牙里斯本大学基于水量平衡原理所开发出的用于制定与优化灌溉制度的模型，该模型已在世界各地获得了广泛的认可。目前，国内对于该模型也进行了诸多应用。如戴佳信利用 WIN ISAREG 模型对作物系数进行了计算，精度较高。石贵余与苗庆丰等通过 WIN ISAREG 模型制定了各种作物的灌溉制度方案。赵娜娜等采用 WIN ISAREG 模型模拟土壤含水率变化，进而反推作物系数，结果与实测值吻合情况较好。郑和祥与朱丽等利用 WIN ISAREG 模型对间套作灌溉制度进行了多种优化方案。但各位专家学者在优化灌溉制度过程中均有不足之处。如许多学者在利用 WIN ISAREG 模型时未对数据进行充分的率定与检验，使模拟结果与实际情况吻合度较差。因此，有必要利用 WIN ISAREG 模型对北方干旱区不同间套作种植模式下的现行灌溉施肥制度进行优化，寻求适合当地的灌溉制度。

由美国盐土实验室研发的 HYDRUS-2D 模型由于其灵活的边界条件和良好的可视化界面而被国内外学者广泛用以捕捉不同施肥处理下土壤氮的转化动态以及优化施肥制度。然而，标准 HYDRUS-2D 模型仅考虑一种植被和一组根系吸水参数，无法区分间套作系统中不同作物的根系吸氮量。因此，本书将通过考虑两种植被的两组根系吸水参数，开发一个改进的 HYDRUS-2D 模型，用以评价不同施氮制度下氮素利用效率，以期为北方干旱区间套作系统寻求适宜的施氮制度。

1.3　研究内容及目标

目前，不同灌水技术条件下间套作农田土壤—作物系统的研究相对缺乏，特别是以种间竞争和水肥利用效率协同提升为核心的间套作农田系统的理论与技术研究相对较少。本书采用室内试验与田间试验并行，将理论与实践相结合，在总结前人关于间套作系统研究成果的基础上，选取北方干旱区内蒙古河套灌区磴口试验站和双河镇九庄节水综合试验站为典型站点，以北方干旱区主要间套作作物（玉米、小麦、向日葵、番茄）为供试作物，依托野外观测，通过设置不同种植模式、不同灌水水平、不同施氮水平等处理，对作物生长指标、根系分布特征、光合作用参数、作物产量等指标开展系列试验监测；探究不同处理方式对间套作模式下土壤水—热—盐—氮运移规律、作物耗水特性、作物生长发育的影响机制。同时，通过构建数理模型，量化间套作系统种间套作物水—热—氮等土壤资源竞争规律，合理优化间套作系统种植结构及灌溉施肥制度，为北方干旱区集约化、绿色化、可持续农业的发展提供理论及技术支撑。因此，本书将针对以下几个科学问题，着手开展北方干旱区间套作系统种间套作物生理互馈、资源竞争、水氮高效利用等系列研究。

（1）针对不同灌水技术条件下间套作农田—番茄/玉米间套作、小麦/玉米间套作、小麦/向日葵间套作，分析不同灌水技术和不同种植模式对作物株高、茎粗、叶面积指数、光合作用、干物质量的影响，形成不同灌水技术条件下间套作农田节水高效型灌溉制度。

（2）探究不同灌溉水平对小麦/玉米、番茄/玉米间套作农田作物根系的时空分布特征及吸水规律的影响，明确间套作农田的节水增产机理。

（3）研究不同种植模式和不同灌水水平条件下间套作农田种间作物耗水差异，并基于多源蒸散模型，通过考虑地膜覆盖对土壤表面阻力的影响，引入地膜覆盖度和辐射截获，构建覆膜条件下间套作农田蒸散模型，为精确量化间套作农田不同生育期作物水分竞争动态提供技术支持。

（4）针对间套作多作物覆膜农田不同行间位置地温变化规律开展研究，分析了间套作模式下覆膜及灌水效应对地温的综合影响机制，研究结果对间套作农田水热理论发展具有一定的意义。

（5）利用根系分隔技术，对小麦/玉米间套作模式下水分相互利用量、土壤盐分运移机理及间套作优势来源进行了研究，量化了复合群体内两作物间水分的相互补给量，明确了间套作优势的来源和对土壤盐分的影响，以期为北方干旱区间套作复合群体的高产栽培技术理论提供科学依据。

（6）构建间套作农田土壤水氮运移模型，结合试验观测，分析不同种植模式和不同施氮水平条件下作物根区不同位置土壤水氮运移规律、空间分布特征及相关通量变化等信息，量化了间套作农田种间作物土壤水氮竞争机制。

（7）开展不同种植模式和水氮施用水平下水氮利用效率及增产效应研究，利用 WIN ISAREG 模型和 HYDRUS-2D 模型对北方干旱区不同间套作种植模式下的现行灌溉施肥制度进行优化，制定出适合当地的灌溉施肥管理制度。

1.4 试验材料与方法

1.4.1 试验区概况

试验分别于 2012—2015 年在内蒙古河套灌区磴口县坝楞节水试验站（40°24′32″N，107°02′19″E），2018—2019 年在临河双河镇九庄节水综合试验站（107°18′E，40°41′N）进行。坝楞节水试验站试验区属于干旱、半荒漠草原地带，夏季少雨干旱，冬季干燥寒冷，具有典型的气候特点。其多年平均气温在 7℃ 左右，全年平均降雨量为 103mm，多年平均蒸发量为 2259mm，蒸发量远远大于降水量，年均风速在 2.4～3.2m/s 之间，多年平均日照时数在 3180～3200h 之间，其中 4—9 月平均日照时数达 1611h，约占全年时数的 50%。试验田土壤 0～80cm 为黏壤土，80～100m 为粉质黏壤土，平均容重为 1.50g/cm³，田间持水量为 36.2%（体积含水率）。九庄节水综合试验站属于典型的中温带半干旱大陆性气候，多年平均降水量 139mm，平均气温 6.8℃，昼夜温差大，日照时间可达 3230h，是中国日照时数较长的地区之一。该试验区以粉砂壤土为主，0～100cm 土壤容重为 1.42g/cm³，平均田间持水率为 0.29cm³/cm³，土壤全氮量、全磷量、全钾量（质量比）分别为 0.093%、0.07%、1.60%，有机质质量比为 1.2%，pH 值为 7.6。

1.4.2　试验设计

1. 番茄/玉米间套作

试验分别于 2012—2014 年和 2018—2019 年在磴口县坝楞节水试验站和临河双河镇九庄节水综合试验站进行。供试作物为番茄（屯河 48）和玉米（中地 77），采用 4 行番茄间套作 2 行玉米的立体种植模式，滴头流量为 2.4L/h，滴孔间距为 30cm，工作压力为 50～1000kPa 的单翼迷宫式滴灌带，采用"一膜一管两行"的滴灌灌水方式。不同处理以及每种作物均设置独立阀门，并在阀门前均安装水表（精度 0.001m³）用以控制灌水量，共 16 个阀门及水表。根据番茄、玉米需水量不同，每个处理番茄、玉米灌水定额不同，试验过程玉米共滴灌 9 次，番茄滴灌 8 次，在当地灌水经验及往年灌溉试验基础上，设置了 4 行玉米 2 行番茄（IC_{4-2}），2 行玉米 2 行番茄（IC_{2-2}）的充分（C）、轻度控水（Q）、亏缺（K）以及单作玉米（SC）和单作番茄（ST）共 8 个灌溉处理，每个处理设 3 个重复，具体见表 1-1。试验所供作物玉米膜内行距 40cm，膜外行距 60cm，株距均为 30cm；番茄膜内行距 40cm，膜外行距 65cm，株距均为 40cm（图 1-1）；间套作种植玉米与番茄行距均为 60cm。

表 1-1　　　　　　　　　番茄/玉米间套作生育期灌溉试验设计

处理号	种植模式	灌溉模式
处理 1	SC	充分灌溉（85%～100%田持）
处理 2	ST	充分灌溉（85%～100%田持）
处理 3	$IC_{2-2}C$	充分灌溉（85%～100%田持）
处理 4	$IC_{2-2}Q$	轻度控水灌溉（70%～80%田持）
处理 5	$IC_{2-2}K$	水分亏缺灌溉（55%～70%田持）
处理 6	$IC_{4-2}C$	充分灌溉（85%～100%田持）
处理 7	$IC_{4-2}Q$	轻度控水灌溉（70%～80%田持）
处理 8	$IC_{4-2}K$	水分亏缺灌溉（55%～70%田持）

2. 小麦/玉米间套作

试验于 2013—2014 年在磴口县坝楞节水试验站进行，供试春小麦为永良 4 号，单作小麦与间套作小麦在净占地面积上播种密度相同，均为 450 万粒/hm²，行距 12.5cm，每带种 6 行。供试夏玉米为西蒙 168，单作玉米与间套作玉米在净占地面积上播种密度相同，均为 8.25 万株/hm²，行距 40cm，株距 30cm，每带种 1 膜 2 行。间套作群体中小麦带宽

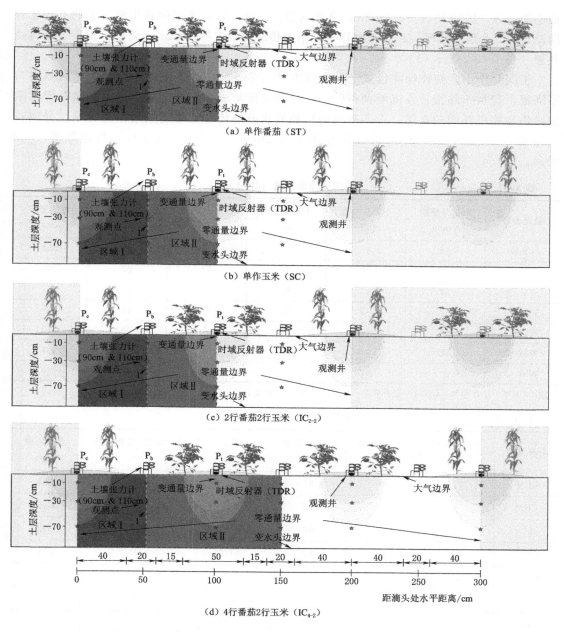

图 1-1 不同处理小区间套作种植模式以及 TDR 和地温计布置图

82.5cm，玉米带宽80cm，两作物间距为30cm。间套作中小麦占地面积为50.77%，玉米占地面积为49.23%。试验小区长6m，宽3.25m，间套作每小区播种2个自然带，单作小麦每小区播种27行，单作玉米每小区播种8行。单作作为对照，并在同一时间播种，间套作玉米均在每年的4月20日播种，播种量为450kg/hm²，灌水时间相同，且均为充分灌溉。间套作小麦施纯氮225kg/hm²，45%做基肥，55%头水前追施，施P₂O₅ 150kg/hm² 全做基肥；间套作玉米施纯氮375kg/hm²，30%做基肥，60%大喇叭口期追施，10%

抽穗期追施,施纯 P_2O_5 225kg/hm² 全做基肥。此外,针对不同间套作模式下的不同生育期设置了 5 个灌水水平,以当地单作模式下的传统灌溉定额 97mm 为对照,设置 3 个对照处理(表 1-2、表 1-3)。

于间套作小区两作物间设置 3 种分隔方式(表 1-4),塑料布隔根、尼龙网隔根与不隔根,塑料布隔根旨在隔断两作物间水分的交流与根系间的交叉,尼龙网隔根旨在阻断两作物间根系间的交叉,但不阻碍两作物间水分的传输,不隔根则作为对照。分隔长度为 6m,深度为 1m。分隔均铺设在距玉米 20cm,距小麦 10cm 处,具体如图 1-2 所示。

表 1-2 不同处理灌水量(2013 年)

处理编号	小麦分蘖期 /mm	小麦拔节期 /mm	小麦孕穗期 /mm	小麦乳熟期 /mm	玉米灌浆 /mm	灌溉定额 /mm
CKW	97	97	97	97	0	388
CKM	0	0	97	97	97	291
WM-1	82	82	82	82	41	369
WM-2	67	82	82	67	41	339
WM-3	67	97	97	67	49	377
WM-4	82	97	97	82	49	407
WM-5	97	97	97	97	49	437

注 CKW—小麦单作;CKM—玉米单作;WM—小麦/玉米间套作。

表 1-3 不同处理灌水量(2014 年)

处理编号	小麦分蘖期 /mm	小麦拔节期 /mm	小麦孕穗期 /mm	小麦乳熟期 /mm	玉米灌浆/葵花现蕾 /mm	灌溉定额 /mm
CKW	97	97	97	97	—	388
CKM	—	—	97	97	97	291
WM-1	82	82	97	82	49	392
WM-2	67	67	82	97	41	354
WM-3	82	82	82	82	41	369
WM-4	67	82	97	82	49	370
WM-5	82	97	125	125	63	492
WM-6	82	97	111	111	56	457

表 1-4 试 验 设 计

处理	种植模式	分隔方式	处理	种植模式	分隔方式
T1	单作小麦	根系不分隔	T4	小麦/玉米间套作	尼龙网隔根
T2	单作玉米	根系不分隔	T5	小麦/玉米间套作	塑料布隔根
T3	小麦/玉米间套作	根系不分隔			

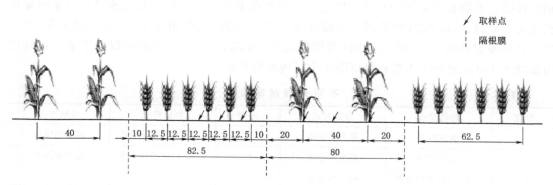

图 1-2　小麦/玉米间套作体系中作物田间分布及根系分隔示意图

3. 小麦/向日葵间套作

试验于 2015 年在磴口县坝楞节水试验站进行，试验采用随机区组设计，3 次重复，小区面积 9m×8m＝72m²。间套作模式下各作物种植条带宽均为 2m，各小区种植小麦带、向日葵带各 2 条，布置方式为"向日葵/小麦"和"向日葵/小麦"，每条小麦带播种 16 行小麦，行距 12.5cm。间套作向日葵带种植 2 膜 4 行向日葵，宽窄行距分别为 90cm、40cm，株距 45cm，边距小麦带 20cm。小区间畦埂处埋入 1m 深的防水塑料膜。小麦播种前施纯氮 97.5kg/hm²、P₂O₅ 161kg/hm²，拔节期追施纯氮 117.3kg/hm²，3 月 19 日播种，播种量 450kg/hm²，种植密度 675 万株/hm²。灌水日期分别为 5 月 10 日，5 月 28 日，6 月 21 日与 7 月 9 日，7 月 16 日收获。向日葵的播种时间为 5 月 23 日，收获时间分别为 9 月 14 日。栽培管理措施按常规高产田实施。在当地单作模式的充分灌溉灌水定额 97mm 条件下，在不同生育期设置了 5 个灌水水平（表 1-5）。试验用水来源于黄河水，通过各级渠道输送至试验田附近的毛渠，再由水泵抽水通过输水管对各小区进行漫灌，灌水量由精度为 0.01m³ 的水表计量。

表 1-5　　　　　　　　　　试 验 处 理 设 计

处理	各生育期灌水定额/mm				灌水定额 /mm
	拔节期	孕穗期	灌浆期	成熟期	
WS-1	82	82	82	82	328
WS-2	67	82	82	67	298
WS-3	67	97	97	67	328
WS-4	82	97	97	82	358
WS-5	97	97	97	97	388
CKW	97	97	97	97	388

注　WS 为小麦/向日葵间套作，CKW 为小麦单作，下同。

间套作群体分别设置塑料布隔根、尼龙网隔根与不隔根 3 种分隔方式（表 1-6），塑料布隔根目的是隔断小麦、向日葵间水分与养分的交流及其根系间的相互交叉叠加，尼龙网隔根目的是阻断小麦、向日葵间根系的相互交叉叠加，但不阻断两作物间水分与养分的相互传输，不隔根与单作则作为对照处理。塑料布采用 0.12mm 厚农用棚膜，尼龙网采用孔径为 300 目、1m 宽的尼龙网，分隔深度为 1m，均铺设在距玉米 20cm、距小麦 10cm 处，具体布置如图 1-3 所示。小区四周修筑 30cm 高、50cm 宽的畦埂以便于灌水，畦埂内部埋入 1.3m 深的防水塑料膜以防止小区内水分外渗。

表 1-6　　　　　　　　　　　　　　不 同 处 理 试 验 设 计

处理	种植模式	分隔方式	处理	种植模式	分隔方式
T1	单作小麦	根系不分隔	T4	小麦/向日葵间套作	尼龙网隔根
T2	单作向日葵	根系不分隔	T5	小麦/向日葵间套作	塑料布隔根
T3	小麦/向日葵间套作	根系不分隔			

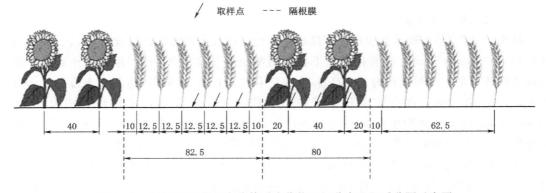

图 1-3　小麦/向日葵间套作体系中作物田间分布及根系分隔示意图

1.4.3　观测指标及计算方法

1. 气象数据

在试验区空旷地中设置微型自动气象站（Onset 有限公司，U30 型，美国），自动记录降雨量、空气温度、空气湿度、大气压强、太阳辐射，每 30s 测量 1 次，每 30min 记录 1 次，24h 平均一次。

2. 土壤含水率

在种间套作物行间及裸地区 3 个位置分别埋设 TIME-TDR 管（IMKO 有限公司，IPH 型，德国），对垂向 0～20cm、20～40cm、40～60cm、60～80cm 和 80～100cm 进行分层测试，每 5～7d 测一次，灌水和降雨前后加测，同时定期采用土钻—烘干法校正。

3. 土壤温度

在 6—9 月每月选择 6～7d，选用精度为 0.1℃ 的水银直角地温计定期对 5cm、10cm、15cm、20cm、25cm 处的土层进行观测，并在灌水前后进行加测，观测时间为 8：00—20：00，每隔 2h 读取 1 次，具体监测位置如图 1-4 所示。

4. 土壤盐分

采用土钻取样法分 5 层，每层 20cm，采集 0～100cm 土层土样，取样位置同含水量取样位置，经实验室自然风干、研磨并过 20 目筛后，称取 20g 土样，加 100mL 去离子水，

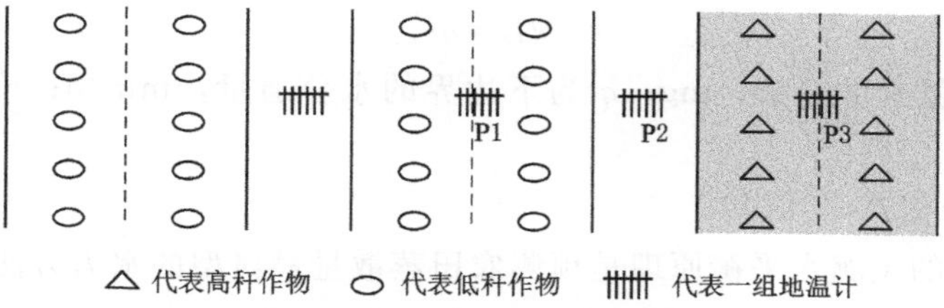

△ 代表高秆作物 ○ 代表低秆作物 ‖‖‖ 代表一组地温计

图 1-4　地温计布置位置图

注　P1、P2、P3 分别表示低秆作物区、高秆作物区、裸地区。

按照水土比 5 : 1 制取土壤浸提液后，用电导率仪（DDS-308A）测定土壤浸提液电导率。

5. 土壤氮素

测试位置与含水率一致，采用土钻取土法采样，采取周期为 10～15d，土样带回室内，经自然风干、碾碎、筛分（筛孔直径为 1mm）等预处理后。采用氯化钾溶液提取—分光光度法测定土壤铵态氮和硝态氮浓度（HJ 634—2012），即称取 40g 土样，放入 500mL 聚乙烯瓶中，加入 200mL 的氯化钾溶液（2mol/L），在（20±2）℃恒温水浴振荡器中浸提震荡 1h 后过滤提取浸出液，加入 40mL 苯酚显色剂，混合静止 15min 后，加入二氯异氰尿酸钠显色剂，静止 5h，于 630nm 波长处，利用紫外分光光度计（北京通用设备有限公司，TU-1901 型，中国）测定铵态氮吸光度。另外，称取 1g 土样，放入还原柱中，加入 10mL 氯化铵缓冲溶液，收集洗脱液。在比色管中加入 0.2mL 显色剂 ［由磺胺溶液，盐酸 N（1-萘基）-乙二胺溶液和浓磷酸溶液制备］，室温下静置 60～90min，于 543nm 波长处，测定硝态氮吸光度。

6. 土壤负压

在种间套作物行间及裸地区 3 个位置分别安装深度为 90cm 和 110cm 的 2 根负压计，用以监测基质势，确定地下水补给量或渗漏量。

7. 土壤蒸发

3 个独立的自制微型土壤蒸渗仪被安装在裸地区，用以测量行间裸地蒸发量。内筒为不锈钢制，高 20cm，内径 11cm，取原状土后内筒底部安装具有通气的小孔径筛网；外筒内径 15cm PVC 管。采用 0.01g 电子天平在每日 8：00 与 17：00 称重。为防止外界因素对采样的影响，每 1～2d 或雨后需换土重复上述步骤。

8. 氮淋溶

由非饱和流动的达西定律可计算下边界的通量为

$$q = K(\bar{\theta})\left(\frac{\Psi_{m_2} - \Psi_{m_1}}{Z_2 - Z_1} + 1\right) \tag{1-1}$$

式中：Ψ_{m1}、Ψ_{m2} 分别为 90cm、110cm 处的基质势值，10^2 Pa；$\bar{\theta}$ 为 90cm 和 110cm 处的平均体积含水率，cm^3/cm^3；Z_1、Z_2 分别为 90cm、110cm 深度处的垂向坐标，cm。

同时在 90cm 和 100cm 土层处各埋设 1 根直径为 5cm，深度为 150cm 的 PVC 管，并在（100±10）cm 位置管壁上进行均匀开孔，孔径为 5mm，孔数 190 个，并在开孔位置管壁外部采用尼龙筛网包裹，用于收集，10～15d 取一次水样，灌溉和降雨后加测，用紫外分光光度计测定淋溶水样的铵态氮和硝态氮浓度。氮素淋溶量计算公式为

$$NL = qc'' \tag{1-2}$$

式中：NL 为田间氮素淋溶量，mg；q 为下边界的水分通量，mm/d；c'' 为淋溶水样的浓度，mg/L。

9. 农田蒸散量 ET

基于质量守恒的土壤水平衡原理是预测农田蒸散量最典型的水力方法，计算公式为

$$\Delta W = P + I - R - D - ET \tag{1-3}$$

式中：P 为降雨量，mm；I 为灌水量，mm；R 为地表径流量，mm；D 为深层渗漏量，mm；ΔW 为 $0 \sim 100$cm 土层储水变换量，mm；ΔW 值为 2 个测量时间对应储水量的差值。

由于本书采用的是膜下滴灌技术，滴头流量较小，且试验用地平整，无强降雨发生，产生地表径流较小。因此，本书忽略了 R 对土体水分变化的影响，土壤水平衡公式简化为

$$ET = P + I - D - \Delta W \tag{1-4}$$

$$\Delta W = (\theta_{t2} - \theta_{t1}) \times H \tag{1-5}$$

式中：H 为土层深度，cm；θ_{t1}、θ_{t2} 分别为计算前后的 $0 \sim 100$cm 土层平均含水率，cm^3/cm^3。

试验区土壤水分扩散率为非饱和土壤水扩散率忽略重力作用并做一维水平流动，相关微分方程与定解条件为

$$\frac{\partial \theta}{\partial t} = \frac{\partial}{\partial x}\left[D(\theta)\frac{\partial \theta}{\partial x}\right] \tag{1-6}$$

式中：x 为水平距离，cm；t 为时间，min。

将方程（1-6）转化为常微分方程并求解得

$$D(\theta) = -\frac{1}{2}\left(\frac{\mathrm{d}\lambda}{\mathrm{d}\theta}\right)\int_{\theta_s}^{\theta} \lambda \, \mathrm{d}\theta \tag{1-7}$$

式中：λ 为 Boltzmann 变换参数，$\lambda = xt^{1/2}$；其他符号意义同前。

其差分方程为

$$D(\theta) = -\frac{1}{2}\left(\frac{\overline{\nabla \lambda}}{\nabla \theta}\right)\sum \overline{\lambda} \, \nabla \theta \tag{1-8}$$

式中：$\overline{\lambda}$ 是相邻两点 λ 的平均值，$\frac{\overline{\nabla \lambda}}{\nabla \theta}$ 值由 $\overline{\lambda}$ 和 $\nabla \theta = \frac{\theta_s - \theta_i}{n}$ 求得。

由上式共同计算出试验区不同土层的土壤水分扩散率，并根据前人数据拟合各土层土壤水分扩散率与含水率间关系为

$$D(\theta) = \alpha e^{\beta\theta} \tag{1-9}$$

式中：$D(\theta)$ 为土壤水分扩散率，cm^2/min；β 由拟合综合取值 0.1795。

试验区比水容重 C 的测定根据土壤水动力学有

$$C = \frac{\mathrm{d}\theta}{\mathrm{d}\psi_m} \text{或} \ C = -\frac{\mathrm{d}\theta}{\mathrm{d}s} \tag{1-10}$$

试验区土壤水分特征曲线选用 VG 方程，即

$$\theta = \theta_r + (\theta_s + \theta_r)[1 + (\alpha S)^n]^{-m} \tag{1-11}$$

其中
$$m=1-1/n$$

式中：θ_r 为残余含水率，%；S 为土壤吸力，hPa；α 为土壤进气值的倒数，1/cm；α、m、n 均为拟合常数。通过前人研究成果，可知实验区各层土壤结构和有机质含量的差别不大，通过 Excel 及 RETC 软件得到 0～80cm 综合土壤水分特征曲线，其拟合常数为

$$\theta=0.2507+(0.5509+0.2507)[1+（0.014\times0.5509）^{1.4244}]^{(1-1/1.4244)} \tag{1-12}$$

由式上述合并可得

$$C(S)=-\frac{d\theta}{ds}=\alpha mn\theta_s(\alpha S)^{n-1}[1+(\alpha S)^n]^{\frac{1-2n}{n}} \tag{1-13}$$

由土壤水动力学，试验区非饱和导水率计算公式：

$$K(S)=C(S)D(S) \tag{1-14}$$

由以上各式综合得出非饱和土壤导水率公式为

$$K(S)=0.00278(0.0127S)^{0.4096}[1+(0.0127S)^{1.4096}]^{-1.2906}$$
$$\exp\{0.5417[1+(0.0127S)^{1.4906}]^{-0.2906}\} \tag{1-15}$$

10. 作物吸氮量

试验分别在作物不同生育期采集作物地上各部分器官和地下根系，在 105℃ 高温下杀青 30min 后放置在恒温为 75℃ 的烘箱内至恒重，采用精度为 0.01 的电子分析天平秤（Henzfuk 科技有限公司，JNS999 型，中国）测定干物质重量，样品粉碎后经 0.6mm 土壤筛，用称量纸称取 0.2g 样品，并加入 5mL 浓 H_2SO_4 煮沸，采用流动分析仪测定氮含量，作物吸氮量计算公式为

$$NU=\sum_{i=1}^{n}m_i c_i' \tag{1-16}$$

式中：NU 为作物吸氮量，mg；m_i 为各器官的干物质量，g；c_i' 为各器官含氮量，mg/g。

11. 叶片气体交换参数

在不同作物生育期分别选择 1 天于上午 9：30—11：30 对叶片气体交换参数进行观测。利用 LI-6400 便携式光合作用系统（LICOR 有限公司，Lincoln 型，美国），采用荧光叶室测定作物顶部第一片展开叶光合速率、蒸腾速率、气孔导度等叶片气体交换参数以及叶温、大气 CO_2 浓度、相对湿度等环境因子。叶室内 PAR 设置为 $1500\mu mol/(m^2 \cdot s)$。叶室内温度和 CO_2 浓度与外界一致，流速设置为 $300\mu mol/s$，测量重复 3 次。

12. 作物生长指标

在不同作物生育期分别在各小区随机选取 5 株作物作为测试样本，采用卷尺测量株高，叶面积仪确定叶面积尺寸。

13. 作物根系

通过剖面法不同作物根系分布，以高水处理为典型选择生长状况良好的植株研究作物根系在不同生育阶段的变化特征，并在生长旺期对不同灌水处理均取根系研究不同水分对间套作种植农田根系的影响，考虑取样工作量和实际情况，每次取根 2 次重复。由于 0～50cm 土层内，根系较多，水平和垂直方向每 5cm 取一次样，再往下根系减少，逐渐加大间距以减少工作量，50cm 以下由于作物根系减少，水平和垂直方向均以 10cm 为单位一层

取根，直到没有根系为止。将土样装入塑封袋，带回实验室，过 3mm 筛后将根系从土样中分离出来，装入保鲜袋保存，然后利用洗根机冲洗根系，挑取小 2mm 吸根系采用 Epson Perfection V700 PHOTO 彩色图像扫描器扫描根样，再经 Win RHIZO 软件分析得到根系相关参数。

14. 地上部干物质

在 105℃杀青 30min 后，调至 80℃烘干至恒重后称量，计算颖轴重（穗重-粒重），并计算植株体各器官中物质的转移情况

$$w = k_m - c \tag{1-17}$$

式中：w 为干物质转移量，g；k_m 为开花期干物质重量，g；c 为成熟期干物质重量，g。

$$s = z - o \tag{1-18}$$

式中：s 为同化物转移量，g；z 为籽粒重，g；o 为花前干物质转移量，g。

$$\gamma = \frac{w}{k} \tag{1-19}$$

$$\eta = \frac{w}{z} \tag{1-20}$$

式中：γ 为干物质转移效率，%；η 为对籽粒贡献率，%。

15. 灌浆速率

作物开花期在各小区挂牌标记同一天开花、大小均匀、发育正常、长势一致、无病虫害的单茎 100 株，开花后每隔 5d 取样 1 次，共 10 次，每次每区取样 10 穗，取出全部籽粒，在 105℃杀青 30min，80℃烘干至恒重，籽粒称重并计算灌浆速率。

16. 灌浆参数的计算

Logistic 模型多以时间为自变量，以单粒重、千粒重或单穗重等为因变量，用来描述作物随时间的生长过程，也用于对籽粒中养分累积的描述。Logistic 方程的表达式为

$$Y = a/(1 + b\mathrm{e}^{-ct}) \tag{1-21}$$

式中：Y 为观测时的单穗粒重，g；t 为开花至观测时的天数，d；a、b、c 为方程待定参数，其中 a 为最大穗粒重，g；b 为不同水分胁迫下的籽粒累积初始值参数；c 为灌浆速率，g/d。最大粒重与灌浆速率受遗传影响，而灌浆时间的长短与灌浆速率的高低又决定着灌浆达最大粒重的时间。对式（1-21）求一阶导数，得灌浆速率方程为

$$V_t = Y' = abc\mathrm{e}^{-ct}(1 + b\mathrm{e}^{-ct})^{-2} \tag{1-22}$$

对式（1-22）求二阶导数，得 V_t 随时间 t 而改变的速率方程为

$$V'_t = Y'' = abc^2\mathrm{e}^{-ct}(b\mathrm{e}^{-2ct} - 1)/(1 + b\mathrm{e}^{-ct})^3 \tag{1-23}$$

令式（1-23）中 $Y'' = 0$，可得达到最大灌浆速率的时间 T_{max} 为

$$T_{max} = \ln b/c \tag{1-24}$$

将 T_{max} 代入式（1-23）得最大灌浆速率 V_{max}，即速率方程曲线峰值坐标

$$V_{max} = ac/4 \tag{1-25}$$

对方程 V_t 积分得平均灌浆速率 V_m

$$V_m = \frac{1}{a}\int_{Y=0}^{Y=a} \frac{\mathrm{d}Y}{\mathrm{d}t}\mathrm{d}t = \frac{ac}{6} \tag{1-26}$$

活跃灌浆期为灌浆终值 a 除以 V_m，即

$$D = a/V_m = 6/c \qquad (1-27)$$

灌浆前期、中期、后期的划分：灌浆速率方程具有 2 个拐点，令 $V''_x = 0$，可得 2 个拐点的坐标 t_1、t_2

$$t_1 = \ln[(2+\sqrt{3})/b]/c \qquad (1-28)$$

$$t_2 = \ln[(2-\sqrt{3})/b]/c \qquad (1-29)$$

假定 Y 达到 a 的 97% 时为灌浆期 t_3，则

$$t_3 = \ln(3/97/b)/c \qquad (1-30)$$

由此确定了 3 个灌浆阶段，即渐增期 $t_0 \sim t_1$，快增期 $t_1 \sim t_2$，缓增期 $t_2 \sim t_3$。

17. 间套作优势

土地当量比（LER）常作为衡量间套作模式下产量优势的指标，其计算公式为

$$LER = (I_d/Y_d) + (I_s/Y_s) \qquad (1-31)$$

式中：I_s 为间套作低秆作物产量，kg/hm^2；I_d 为间套作高秆作物产量，kg/hm^2；Y_d 为单作低秆作物产量，kg/hm^2；Y_s 为单作高杆作物产量，kg/hm^2。当 $LER > 1$，表明有间套作优势；当 $LER < 1$，则表明没有间套作优势，为间套作劣势。

还可用间套作体系产量与相应作物单作时产量差值的大小来作为衡量间套作产量优势的另一个指标，即

$$Y_y = Y_i - [Y_d \cdot \eta + Y_s \cdot \mu_h] \qquad (1-32)$$

式中：Y_y 为间套作产量优势；Y_i 为间套作体系产量，为间套作中低秆作物的产量与间套作中高秆作物产量之和；Y_d 与 Y_s 意义同上，单位均为 kg/hm^2；η 为间套作体系中低秆作物占地面积百分比；μ_h 为间套作体系中高秆作物占地面积百分比。

18. 种间相对竞争能力

种间相对竞争能力是恒量间套作模式下一种作物相对于另一种作物对资源竞争能力大小的指标，其计算公式为

$$A_{ds} = I_d/(Y_d \cdot \eta) - I_s/(Y_s \cdot \mu) \qquad (1-33)$$

式中：A_{ds} 为间套作体系中低秆作物相对于高秆作物的资源竞争能力大小，其余符号意义同间套作优势。当 $A_{ds} > 0$，表明间套作体系中低秆作物竞争能力强于高秆作物；当 $A_{ds} < 0$，表明在间套作体系中高秆作物的竞争能力强于低秆作物。

19. 水分捕获当量比与水分相对竞争能力

为量化分析不同水分胁迫下间套作群体的水分捕获能力，采用水分捕获当量比来进行定量化分析，其定义为灌水后（灌后 3h）间套作群体内各作物条带的捕获水量与该条带通过土壤含水率测量与试验设计确定的应灌水量的比值，其计算公式为

$$M = q/W_1 \qquad (1-34)$$

其中

$$q_w = (W_x - W_0)h_s k_f \qquad (1-35)$$

式中：M 为间套作群体不同作物条带水分捕获当量比；q_w 为间套作群体中同一作物条带每水灌后该条带的水分捕获量，m^3/hm^2；W_1 为间套作群体中同一作物条带每水应灌水量，m^3/hm^2；W_x 为灌水后各作物条带土壤实测体积含水率，cm^3/cm^3；W_0 为灌前各作

物条带土壤实测体积含水率，cm^3/cm^3；h_s 为各作物条带计划湿润层深度，m；k_f 为各作物条带面积占小区总面积的百分比，%。

间套作群体两作物条带水分捕获当量比的差值即为间套作群体内的水分相对竞争能力，可用来衡量间套作群体中一种作物相对于另一种作物对水资源竞争能力，即

$$L_{sd} = M_s - M_d \tag{1-36}$$

式中：L_{sd} 为间套作群体内部的水分相对竞争能力；M_s 为间套作群体内低秆作物条带的水分捕获当量比；M_d 为间套作群体内高秆作物条带的水分捕获当量比。

20. 间套作物相互利用水量

由于根系分隔会导致间套作群体根系的再分布问题，因此间套作模式下不隔根处理与隔根处理下的两作物间相互利用水量需分别计算，其计算方法如下：

通过对比不隔根处理两作物条带灌溉前的体积含水率与相应单作处理作物条带体积含水率差值数据，即可计算出不隔根处理单位面积间套作群体整个生育期内两作物间每次灌溉后相互利用水量及总利用水量，则不隔根处理每次灌溉后利用低秆作物侧水量为

$$W_{bs} = 100(T_{3d} - T_2)h_s\mu_n \tag{1-37}$$

式中：W_{bs} 为不隔根处理利用低秆作物侧水量，m^3/hm^2；T_{3d} 为不隔根处理高秆作物条带每次灌溉前的土壤体积含水率，cm^3/cm^3；T_2 为单作高秆作物同一时间的土壤体积含水率，cm^3/cm^3。

同理，不隔根处理每次灌溉后利用高秆作物侧水量为

$$W_{bd} = 100(T_{3s} - T_1)h_s\eta \tag{1-38}$$

式中：W_{bd} 为不隔根处理利用高秆作物侧水量，m^3/hm^2；T_{3s} 为不隔根处理低秆作物条带每次灌溉前的土壤体积含水率，cm^3/cm^3；T_1 为单作低秆作物同一时间的土壤体积含水率，cm^3/cm^3；η 为间套作群体中低秆作物占地面积百分比，%。

通过对比尼龙网隔根处理两作物条带灌溉前的体积含水率与相应塑料布隔根处理的相同作物条带体积含水率差值数据，即可计算出尼龙网隔根处理单位面积间套作群体整个生育期内两作物间每次灌溉后相互利用水量及总利用水量，则尼龙网隔根处理每次灌溉后利用低秆作物侧水量为

$$W_{nw} = 100(T_{4s} - T_{5s})h_s\mu \tag{1-39}$$

式中：W_{nw} 为尼龙网隔根处理利用低秆作物侧水量，m^3/hm^2；T_{4s} 为尼龙网隔根处理高秆作物条带每次灌溉前的土壤体积含水率，cm^3/cm^3；T_{5s} 为塑料布隔根处理高秆作物条带同一时间的土壤体积含水率，cm^3/cm^3。

同理，尼龙网隔根处理每次灌溉后利用高秆作物侧水量为

$$W_{ns} = 100(T_{4w} - T_{5w})h_s\eta \tag{1-40}$$

式中：W_{ns} 为尼龙网隔根处理利用高秆作物侧水量，m^3/hm^2；T_{4w} 为尼龙网隔根处理低秆作物条带每次灌溉前的土壤体积含水率，cm^3/cm^3；T_{5w} 为塑料布隔根处理低秆作物条带同一时间的土壤体积含水率，cm^3/cm^3。

1.4.4 模型原理及参数

1. 间套作农田土壤水氮运移模型构建

滴灌条件下土壤水分运动属于三维水流模拟问题，滴灌湿润峰主要与滴灌间距，灌溉历时，灌溉水量以及土壤初始含水率、土壤质地、土壤容重等相关。但是为了将滴灌问题简化，通常将沿滴灌线方向的土壤水分视为均一，从而将滴灌水分三维运动简化为二维水流运动问题。本书将考虑间套作农田中地膜覆盖以及间套作农田根系分布差异导致的作物吸水量不同，采用 HYDRUS-2D 模型对滴灌水分运动进行模拟，它是基于 Galerkin 有限元求解 Richard 方程，其方程表达式为

$$\frac{\partial \theta}{\partial t} = \frac{\partial}{\partial x}\left[K(h)\frac{\partial h}{\partial x}\right] + \frac{\partial}{\partial z}\left[K(h)\frac{\partial h}{\partial z} + K_h\right] - S(h,x,z) \tag{1-41}$$

式中：θ 为容积含水量，cm^3/cm^3；h 为压力水头，cm；$K(h)$ 为导水率，cm/d；t 为模拟时间，d；x、z 分别为水平和垂直坐标，cm；$S(h,x,z)$ 为根系吸收项，1/d。

根系吸水基于 Feddes 模型为

$$S(h) = \tau(h) \cdot \beta(x,z) \cdot T_p \tag{1-42}$$

$$\tau(h) = \rho[\theta(z,t)] = \begin{cases} 0 & \theta \leqslant \theta_r \\ \dfrac{\theta(z,t) - \theta_r}{\theta_s - \theta_r} & \theta_r < \theta < \theta_s \\ 1 & \theta \geqslant \theta_s \end{cases} \tag{1-43}$$

式中：T_p 为潜在蒸腾速率，cm/d；$\tau(h)$ 为根水吸收压力消减函数（$0 < \tau < 1$）；$\beta(x,z)$ 为根系吸水分布函数，根据根系实际分别设置。

土壤水力参数采用 van Genuchten 模型（1980）的形式，具体形式为

$$\theta = \theta_r + \frac{\theta_s - \theta_r}{[1 + (\alpha|h|)^n]^m} \quad (m = 1 - 1/n) \tag{1-44}$$

$$K(h) = K_s S_e^l [1 - (1 - S_e^{1/m})^m]^2 \tag{1-45}$$

其中

$$S_e = (\theta - \theta_r)/(\theta_s - \theta_r)$$

式中：θ_s 为饱和土壤含水率，cm^3/cm^3；θ_r 为残余土壤含水率，cm^3/cm^3；K_s 为饱和水力传导度，cm/d；S_e 为相对饱和度；n，α，l 为形状参数。

溶质运移方程主要考虑了液相阶段的对流弥散运动。本书对变饱和刚性多孔介质瞬态水流动过程中一阶顺序衰变链中溶质非平衡运移的偏微分方程进行了简化，即

土壤铵态氮（$NH_4^+ - N$）：

$$\frac{\partial \theta c_1}{\partial t} + \rho_s \frac{\partial s_1}{\partial t} = \frac{\partial}{\partial x}\left(\theta D_{xx}\frac{\partial c_1}{\partial x}\right) + \frac{\partial}{\partial x}\left(\theta D_{xz}\frac{\partial c_1}{\partial z}\right) + \frac{\partial}{\partial z}\left(\theta D_{zx}\frac{\partial c_1}{\partial x}\right) + \frac{\partial}{\partial z}\left(\theta D_{zz}\frac{\partial c_1}{\partial z}\right)$$
$$- \left(\frac{\partial q_x c_1}{\partial x} + \frac{\partial q_z c_1}{\partial z}\right) - \mu_1 \theta c_1 - \mu_s \rho_s s_1 - S_{c1} \tag{1-46}$$

土壤硝态氮（$NO_3^- - N$）：

$$\frac{\partial \theta c_2}{\partial t} = \frac{\partial}{\partial x}\left(\theta D_{xx}\frac{\partial c_2}{\partial x}\right) + \frac{\partial}{\partial x}\left(\theta D_{xz}\frac{\partial c_2}{\partial z}\right) + \frac{\partial}{\partial z}\left(\theta D_{zx}\frac{\partial c_2}{\partial x}\right) + \frac{\partial}{\partial z}\left(\theta D_{zz}\frac{\partial c_2}{\partial z}\right)$$
$$- \left(\frac{\partial q_x c_2}{\partial x} + \frac{\partial q_z c_2}{\partial z}\right) + \theta \mu c_1 - S_{c2} \tag{1-47}$$

式中：ρ_s 为土壤容重，g/cm^3；s_1 为 NH_4-N 的吸附浓度，mg/cm^3；D_{xx}、D_{xz}、D_{zx}、D_{zz} 分别为有效扩散系数的分量，cm^2/d；c_1、c_2 分别为 NH_4-N 和 NO_3-N 的溶质浓度，mg/cm^3；q_x、q_z 分别为水平和垂直方向上体积通量密度分量，cm/d；μ_1、μ_s 分别为液相和固相阶段硝化速率的一阶反应常数，$1/d$；S_c 为溶质汇源项，$1/d$。

上式主要包括了扩散产生的溶质通量、对流产生的溶质通量和根系对养分的吸收 S_c：

$$S_{c1}=S(h)c_1 \qquad S_{c2}=S(h)c_2 \tag{1-48}$$

初始含水率根据实测设定，观测点设置在低秆作物侧（番茄）滴头（覆膜）、低秆作物与高秆作物中间（未覆膜）、高秆作物侧（玉米）滴头（覆膜），3 个位置处，并分布在距离地表 5cm，15cm，30cm，50cm，80cm 设置观测点，共 15 个观测点。

间套作种植模式及模拟区域如图 1-5 所示，起始点从低秆作物滴头处到高秆作物滴头处，共 1m，包含了覆膜条件下低秆作物、高秆作物以及低秆与高秆作物未覆膜中间地带下方水流运动。垂向距离到 1.1m 处，在 1.1m 处本试验设置了负压计进行了逐日的负压测量，故在 HYDRUS-2D 模型中下边界是随时间变化的变水头边界，而侧面是无水流进出边界。

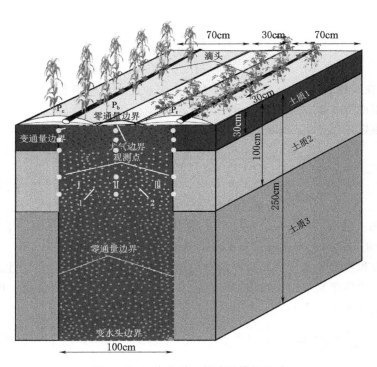

图 1-5　间套作种植模式及模拟区域

上边界较复杂，其中 0～35cm 及 65～100cm 处为覆膜边界，是随时间变化的变水流边界，35～65cm 为未覆膜边界，设定为大气边界。模型中潜在蒸散量计算方法为作物系数乘参考作物需水量。由于本书涉及间套作，不同作物潜在蒸散量理论上存在差异，但是 HYDRUS-2D 里面不能将不同作物潜在蒸散量分开计算，故本书采用 FAO 推荐的综合系数法计算套种农田蒸散量，从理论上整个农田蒸散量计算是合理的。潜在蒸散量

（ET_p）公式为

$$ET_p = K_c \cdot ET_0 \tag{1-49}$$

数值模型中的潜在蒸腾（T_p）和潜在蒸发（E_p）可根据 Campbell，G.S（1989）的计算方法，将潜在蒸散分成两部分，其计算公式为

$$ET_p = K_c \cdot ET_0 \tag{1-50}$$

$$T_p = (1 - e^{-k \cdot LAI}) ET_p \tag{1-51}$$

$$E_p = ET_p - T_p \tag{1-52}$$

式中：k 为消光系数；LAI 为叶面积指数，两个实测值之间的点用线性插值。

农膜覆盖后土壤表面水汽流动受到限制，理论上农膜表面上无水汽流动，但是实际上，在作物不同生长阶段，随着农膜老化，破损程度加剧，而且农膜也无法与土壤表面紧密结合，所以在不同生育期将有不同程度的水汽通过破损处流出。故在数值模拟中，农膜边界在不同阶段设为一定比例于土壤蒸发流，具体计算公式为

$$E_{mulch} = C_p \cdot E_p \tag{1-53}$$

式中：E_{mulch} 为通过农膜边界的水汽流；C_p 为农膜的分配系数，本书设 C_p 为 0.07。

间套作模式下两种作物的综合作物系数公式（FAO-56）为

$$K_c = \frac{f_1 h_1 K_{c1} + f_2 h_2 K_{c2}}{f_1 h_1 + f_2 h_2} \tag{1-54}$$

式中：f_1、f_2 是间套作模式下低秆与高秆作物的种植比例，分别是 0.67 和 0.33；h_1、h_2 分别是两种作物的株高，两个点之间采用线性插值；K_{c1}、K_{c2} 分别是低秆与高秆作物的作物系数。

模拟中利用半径为 0.8cm 的小圆圈代替滴头（滴头直径 16mm），本模拟将三维水流问题简化为二维水流问题，在滴灌带方向认为是均质的，故将点源简化为线源，在 HYDRUS-2D 模型中滴头输入流量计算公式为

$$\varphi = \frac{Q}{L' \times 2\pi r} \tag{1-55}$$

式中：φ 为模型中滴头输入流量，cm/d；Q 为滴灌流量，取值为 2.4L/h；L' 为两个滴头间距，取值为 30cm；r 为滴头半径，cm。

基于 HYDRUS-2D 模型内置的 Rosetta 模型进行土壤水力参数预测。首先利用土壤颗粒组成（黏粒、粉粒、砂粒体积百分比）和初始容重预测土壤水力参数，并通过实测土壤含水率率定，不同处理土质相近，根据剖面分层，将 0～250cm 土层分为 3 层，每层取平均值，率定后的土壤水力参数具体见表 1-7。

表 1-7　　　　　　　　　　　　van Genuchten 模型参数

土层 /cm	θ_r /(cm³/cm³)	θ_s /(cm³/cm³)	a /(1/cm)	n	K_s /(cm/d)	l
0～20	0.083	0.472	0.054	1.20	170	0.5
20～110	0.092	0.484	0.101	1.16	306	0.5

HYDRUS-2D 模型中溶质运移是一个相对复杂的过程，主要包括硝化、反硝化、挥发、固化和矿化等反应过程。在本书中，由于反硝化反应主要发生在饱和条件下，而本书

采用的是流量较小的滴灌技术，全生育期未出现土壤水饱和现象，因此忽略了反硝化过程。此外，砂壤土氮的固化和矿化能力较小，故该反应也被忽略。同时，由于本试验采用的覆膜技术，地膜会阻隔氮挥发效应，因此氨挥发过程也被合理忽略。通常，施用的铵态氮（NH_4-N）先转化为 NO_2-N，然后进一步转化为 NO_3-N。然而，由于土壤剖面中 NO_2-N 的残留浓度较低，NO_2-N 向 NO_3-N 的硝化作用是一个相对快速的过程，可以假设 NH_4-N 直接转化为 NO_3-N，这与其他许多研究一致。本书还假设 NO_3-N 不吸附土壤颗粒，只存在于溶解相中，而铵态氮 NH_4-N 易于吸附土壤颗粒，故存在于固相和溶解相中。NO_3-N 和 NH_4-N 的分配系数（K_d）分别设置为 0 和 $3.5cm^3/g$。砂壤土中液相和固相溶质的一级速率（硝化）常数分别设置为 $0.03/d$ 和 $0.16/d$。

在 HYDRUS-2D 模型的溶质运移方程中，利用土壤的纵向弥散度（D_L）和横向弥散度（D_T）以及溶质在自由水中的分子扩散系数计算弥散张量的分量。D_L 在 $0\sim20cm$ 土层为 $20cm$，$20\sim40cm$ 土层为 $10cm$，$40\sim100cm$ 土层为 $5cm$。D_T 假设为 D_L 的十分之一。NH_4-N 和 NO_3-N 在游离水中的分子扩散系数分别为 0.064 和 $0.068cm^2/h$。

模拟区域根系分布状况将显著影响土壤水分空间分布，在 HYDRUS-2D 模中采用 Feddes 等提出的一个根系吸水模型。模型中水压响应函数的参数：P0 为根系吸水初始压力水头，cm；P0pt 为根系最大吸水速率时压力水头，cm；P2H 为根系不能以最大吸水速率的限制压力水头，cm；其中最大吸水速率假定为潜在蒸腾速率 r2H，cm；P2L 为根系不能以最小吸水速率的限制压力水头，cm；r2L 为最大吸水速率；P3 为根系停止吸水时的压力水头，cm，即凋萎点。模型中采用 Wesseling（1991）提出关于玉米的根系吸水参数见表 1-8。

为了减小误差，将模拟分成两个生育阶段，第一个阶段为从播种前到作物生长初期，该阶段各作物根系都较小，根系基本无交叉，同时潜在蒸腾量也小，模拟阶段为 4 月 20 日—5 月 17 日。第二个阶段是从作物快速生长期及生长后期，特别对于生长旺期，作物蒸腾速率大，根系分布对水分的影响较大，为了减小模拟误差，本研究将 5 月 18 日—9 月 26 日的根系平均值作为第二阶段根系分布。

表 1-8　　　　　　　　　　　　　根 系 吸 水 参 数

参数名	P0 /cm	P0pt /cm	P2H /cm	P2L /cm	P3 /cm	r2H /(cm/d)	r2L /(cm/d)
数值	−15	−30	−325	−600	−8000	0.5	0.1

假设滴头下方 $10cm\times10cm$ 范围内吸水根数量标准化后为 1 个单位，那么其他位置相对吸水跟数量可以表示为

$$Root(x,z)=\frac{\sigma(x,z)}{\sigma_0} \tag{1-56}$$

式中：$Root(x,z)$ 为不同位置根长密度的相对值；σ_0 为滴头下方 $10cm\times10cm$ 范围内根长密度；$\sigma(x,z)$ 为其他位置根长密度。在 HYDRUS-2D 中不同节点根系吸水量 $\beta(x,z)$ 与对应节点的根量成比例关系为

$$\beta(x,z)=\frac{Root(x,z)}{\int_\Omega Root(x,z)d\Omega} \tag{1-57}$$

　　在整个模拟过程中，将第一阶段模拟后的最后一天的土壤含水量分布作为第二阶段第一天土壤含水率的初始值。

　　误差分析是利用均方根误差（$RMSE$）、平均绝对误差（MAE）、平均相对误差（MRE）分析模拟值与实测值之间误差，其表达式分别为

$$RMSE = \left[\frac{1}{n} \sum_{i=1}^{n} (P_i - O_i)^2 \right]^{1/2} \tag{1-58}$$

$$MAE = \frac{1}{n} \sum_{i=1}^{n} |P_i - O_i| \tag{1-59}$$

$$MRE = \frac{\dfrac{1}{n} \sum_{i=1}^{n} |P_i - O_i|}{O_i} \times 100\% \tag{1-60}$$

式中：P_i 为模拟值；O_i 为测量值。

　　2. 灌水制度优化模型

　　ISAREG 模型是由葡萄牙里斯本技术大学研发的用于灌溉制度模拟的模型，它以水量平衡原理为基础，依据不同的时间尺度与气象数据，对试验中的不同土层进行水量平衡计算，以模拟土壤含水率的变化，并通过有关灌溉效率指标，评价现有灌溉制度，进而制定更适宜的灌溉制度。

　　模型是以水量平衡原理为基础建立的（图 1-6）。设作物生长初期根系吸水深度为 H_0，后期为 H_m，中间呈线性增长，时间从 t 到 $t+\Delta t$，根系吸水深度由 H 变化到 $H+\Delta H$，根系层土壤平均含水量有 θ_i 变化到 θ_{i+1}，则

$$\theta_{i+1}(H+\Delta H) - \theta_i = \theta_0 + P + I + G - D - ET_a \Delta t \tag{1-61}$$

式中：θ_0 为时段初根层下土壤含水率，$\mathrm{cm^3/cm^3}$；P 为时段内有效降雨量，mm；I 为时段内灌溉水量，mm；G 为时段内地下水补给量，mm；D 为时段内土壤深层渗漏水量，mm；ET_a 为农田蒸散量，mm。

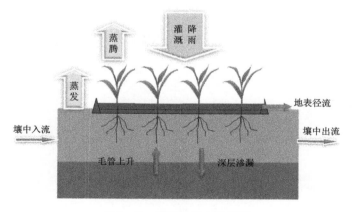

图 1-6　根层土壤水量平衡

　　该模型主要是通过模拟大田土壤水分的运移转化，计算作物需水量与灌溉用水量，进而评价并制定灌溉制度，也可以通过对不同灌水方案的模拟，在水资源短缺的情况下，

寻找出最优的灌溉制度。

对于间套作模式下的产量反应系数，采用综合反应系数，计算公式为

$$K_{y(field)} = \frac{f_1 Y_{m1} K_{y1} + f_2 Y_{m2} K_{y2}}{f_1 Y_{m1} + f_2 Y_{m2}} \tag{1-62}$$

式中：$K_{y(field)}$ 为间套作模式下的综合产量反应系数；Y_{m1}、Y_{m2} 分别为间套作模式下高秆和低秆作物最大产量，kg/hm^2。

当出现水分胁迫时，其对产量的影响主要以相对腾发量的损失与相对产量的损失的线性关系来描述，即

$$1 - \frac{Y_a}{Y_m} = K_y \left(1 - \frac{ET_a}{ET_m}\right) \tag{1-63}$$

式中：Y_a、Y_m 分别为实际产量与最大产量，kg/hm^2；ET_a、ET_m 分别为实际产量与最大产量对应的蒸散量，mm。

当出现水分与盐分共同胁迫时，其公式为

$$1 - \frac{Y_a}{Y_m} = \left[(EC_e - EC_{ethreshold})\frac{b}{100}\right]\left[K_y\left(1 - \frac{ET_a}{ET_m}\right)\right] \tag{1-64}$$

式中：EC_e 为实际电导率，dS/m；$EC_{ethreshold}$ 为临界电导率，dS/m。

模型所需数据主要分为以下 4 个部分：

（1）基础数据：包括作物数据，如作物系数、计划湿润层深度、产量反应系数及作物生育期划分等；及土壤数据，如凋萎系数、田间持水率、土层厚度及土壤干密度等。

（2）气象数据：有效降雨量、风速、日最高最低温度、相对湿度及参照作物腾发量等。

（3）灌溉数据：地下水埋深、深层渗漏量、地下水补给量、灌水时间及灌水方案等。

（4）田间实测数据：土壤含水率等。

第 2 章　间套作农田作物生理生态指标

本章主要针对不同灌水技术条件下间套作农田——番茄/玉米间套作、小麦/玉米间套作、小麦/向日葵间套作，分析不同灌水技术和不同种植模式对作物株高、茎粗、叶面积指数、光合作用、干物质量的影响，形成不同灌水技术条件下间套作农田节水高效型灌溉制度，为北方干旱区节水灌溉发展及粮食增收提供理论依据和技术支持。

2.1　不同灌水技术对间套作农田作物株高的影响

不同灌水量条件下，玉米株高在不同生育阶段的变化规律不同。相同种植模式不同水分处理对玉米株高具有明显差异，图 2-1 和图 2-2 分别给出了 2013 年和 2014 年相同种植模式不同水分条件下玉米株高的变化过程，总体上表现为灌水量大种植行距大的种植模式，各处理间的差异较明显，2 年各生育期平均株高最大高差为 31.25cm。比较 2013 年和 2014 年，2 行番茄间套作 2 行玉米模式（IC_{2-2}）、4 行番茄间套作 2 行玉米模式（IC_{4-2}）和单作全生育期玉米株高，苗期（5 月中旬、下旬），相同种植模式不同水分处理的玉米株高差异不明显。从拔节期至大喇叭口期（6 月上旬、中旬）开始，IC_{2-2}、IC_{4-2} 分别与单作相比，均出现了一些差异，即立体种植模式优于单作模式，且这种差异随着灌水量的增加变得明显。抽雄期至吐丝期（7 月上旬、中旬），相同种植模式不同水分和相同水分不同种植模式条件下株高差异显著，主要是因为此阶段玉米进入营养生长各处理间差异显著，即立体种植模式高于单作模式，表现为充分灌溉条件下 2 行番茄间套作 2 行玉米（IC_{2-2C}）＞单作玉米（SC）＞轻度控水条件下 2 行番茄间套作 2 行玉米（IC_{2-2Q}）＞亏缺灌溉条件下 2 行番茄间套作 2 行玉米（IC_{2-2K}）、充分灌溉条件下 4 行番茄间套作 2 行玉米（IC_{4-2C}）＞SC＞轻度控水条件下 4 行番茄间套作 2 行玉米（IC_{4-2Q}）＞亏缺灌溉条件下 4 行番茄间套作 2 行玉米（IC_{4-2K}）。在相同种植模式不同水分上来看（图 2-1），随着灌水量的增加与株高成正比例关系，且 IC_{4-2} 比 IC_{2-2} 表现更显著。原因是 IC_{4-2} 比 IC_{2-2} 行间距更大，通风好，可使玉米接受较多的光照，从而延长玉米的光照时间。充分灌溉条件下，IC_{4-2} 与 IC_{2-2} 相比（图 2-2），前者的株高优势尤其显著。而在轻度控水和亏缺灌溉条件下，由于水分不能得到及时的补给直接影响了玉米关键生育阶段株高生长，对进入下一阶段的生长受到制约。

本试验中选用的番茄苗是屯河 48 号，2013 年和 2014 年全生育期相同种植模式不同水分处理和相同水分处理不同种植模式番茄株高变化如图 2-3 和图 2-4 所示。初期（5 月 20 日移苗），此时番茄属于营养生长，各处理间番茄株高主要受田间土壤水分的不同而有差异，且差异较小。开花—坐果期（6 月中旬、下旬），番茄从营养生长转入生殖生长，在该阶段由于田间灌水次数增多，相同种植模式不同水分处理下表现为：充分灌溉＞轻度

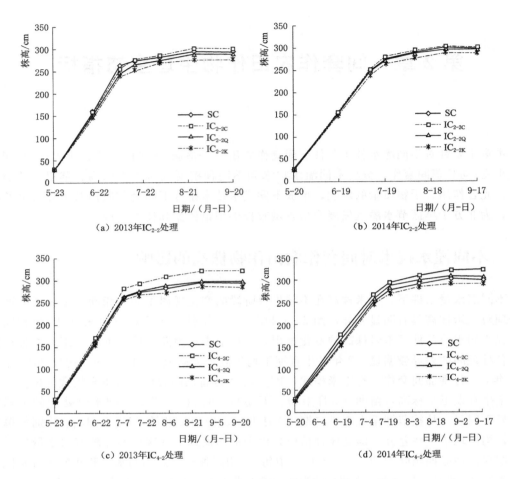

图 2－1　相同种植模式不同水分处理玉米株高变化

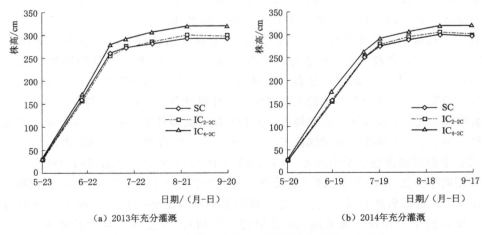

图 2－2（一）　相同水分处理不同种植模式下玉米株高

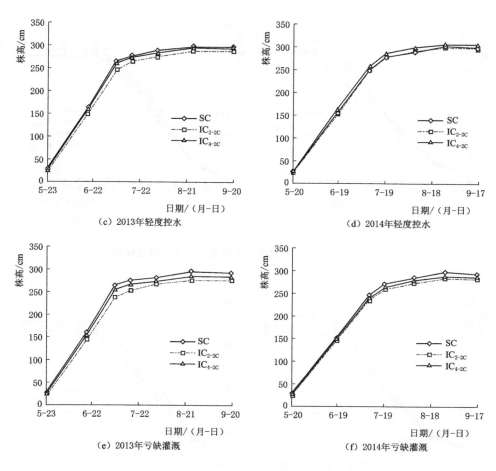

图 2-2（二）　相同水分处理不同种植模式下玉米株高

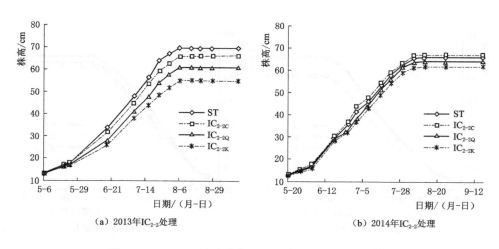

图 2-3（一）　相同种植模式不同水分处理下番茄株高

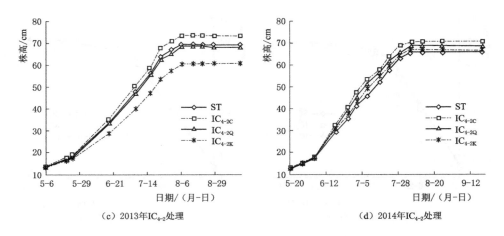

(c) 2013年IC$_{4-2}$处理　　　　　　　　(d) 2014年IC$_{4-2}$处理

图 2-3 （二）　相同种植模式不同水分处理下番茄株高

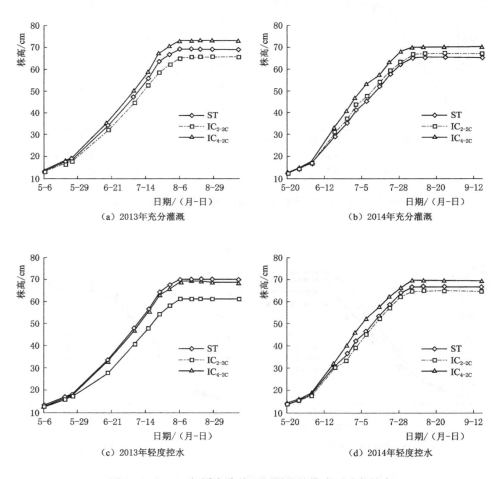

（a）2013年充分灌溉　　　　　　　　（b）2014年充分灌溉

（c）2013年轻度控水　　　　　　　　（d）2014年轻度控水

图 2-4 （一）　相同水分处理不同种植模式下番茄株高

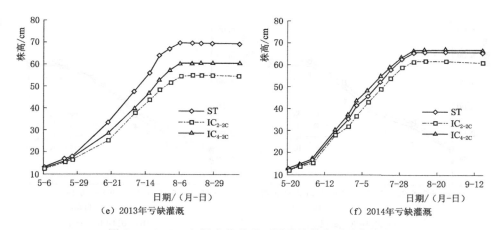

（e）2013年亏缺灌溉　　　　　　　　　（f）2014年亏缺灌溉

图2-4（二）　相同水分处理不同种植模式下番茄株高

控水＞亏缺灌溉（图2-3）；相同水分处理不同种植模式下，IC_{4-2} 种植模式的番茄株高显著大于 IC_{2-2} 种植模式及单作（图2-4），这是由于此品种番茄属于密植、喜光性作物，但是番茄在生长过程中大面积的暴露在日光下和过多地被玉米遮荫都会影响番茄正常生长，所以 IC_{4-2} 与 IC_{2-2} 和单作相比较，不仅为番茄提供了适宜的光照强度，而且还为番茄的生长提供了良好的通风环境，更有利于番茄生长。成熟—采摘期（7月中旬至9月上旬），该阶段番茄主要以生殖生长为主，且株高基本不再发生变化。

综上分析，全生育期番茄株高最大值出现在 IC_{4-2} 种植模式的充分灌溉处理，为68.93cm，最小值出现在 IC_{2-2} 种植模式的水分亏缺处理，为59.55cm。可见，IC_{4-2} 与 IC_{2-2}、单作相比较对番茄的生长更加有利。

2.2　不同灌水技术对间套作农田作物茎粗的影响

相同种植模式不同水分处理和相同水分处理不同种植模式对玉米茎粗都有影响。苗期（5月中旬、下旬），各处理差异不大。从拔节期至大喇叭口期（6月上旬、中旬），各处理间茎粗出现一定差异。相同种植模式不同水分处理：充分灌溉＞轻度控水＞亏水灌溉；相同水分处理不同种植模式处理：IC_{4-2}＞IC_{2-2}＞单作模式。抽雄期至吐丝期（7月上旬、中旬），相同种植模式不同水分和相同水分不同种植模式条件下茎粗均较之前有显著差异，主要是因为此时玉米进入营养生长阶段，IC_{4-2} 种植模式更利于玉米生长发育。在相同种植模式下，玉米茎粗随着灌水量的增加而明显提高。然而，IC_{4-2} 种植模式下茎粗的变化比 IC_{2-2} 种植模式茎粗的变化表现更加显著（图2-5）。原因是与 IC_{2-2} 种植模式相比，IC_{4-2} 种植模式的行间距更大，田间通风性更好，更利于玉米茎粗生长；而在相同水分不同种植模式条件下（图2-6），各水分处理中 IC_{4-2} 种植模式的茎粗显著大于 IC_{2-2} 种植模式的茎粗，说明 IC_{4-2} 种植模式优于 IC_{2-2} 种植模式。灌浆期至收获期（8月中旬至9月上旬），在该时期玉米生长转入生殖生长阶段，其茎粗也随之不再发生变化。综上分析，IC_{4-2} 种植模式比 IC_{2-2} 种植模式表现更为显著，且 IC_{4-2} 种植模式利于玉米茎粗发育。

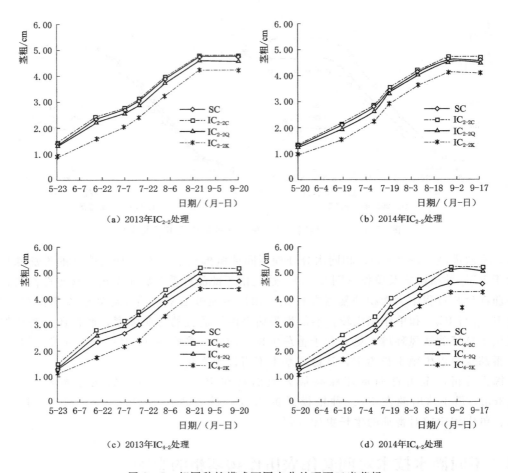

图 2-5 相同种植模式不同水分处理下玉米茎粗

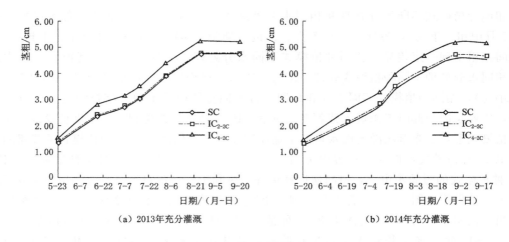

图 2-6（一） 相同水分处理不同种植模式下玉米茎粗

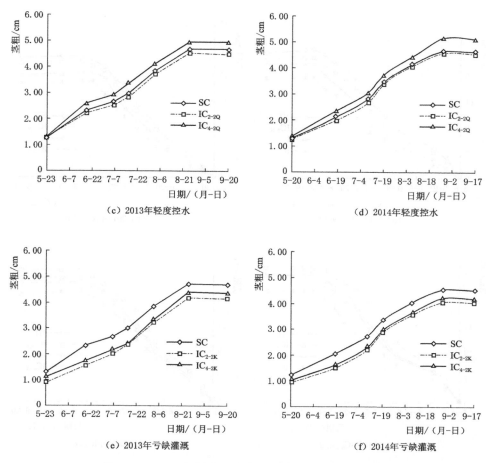

（c）2013年轻度控水

（d）2014年轻度控水

（e）2013年亏缺灌溉

（f）2014年亏缺灌溉

图2-6（二） 相同水分处理不同种植模式下玉米茎粗

通过分析2013年和2014年全生育期各处理条件下番茄茎粗变化（图2-7、图2-8），总体表现为：前期变化小—中期变化快—后期无变化。由于番茄茎较细，用游标卡尺测量其茎部依然存在偶然误差，所以导致其变化曲线波动明显。

番茄苗期（5月上旬、中旬），由于本试验是将番茄苗直接移植田间，所以在该阶段番茄茎粗基本无差异。开花—坐果期（6月中旬、下旬），该阶段番茄从营养生长进入生殖生长，且此时田间灌水次数增多，相同种植模式不同水分处理下表现为：充分灌溉＞轻度控水＞亏水灌溉（图2-7）；相同水分处理不同种植模式下，IC_{4-2} 种植模式的番茄茎粗变化较显著（图2-8），这是由于番茄属于喜光性、短日照作物，而 IC_{4-2} 种植模式不仅为番茄提供了适宜的光照强度及光照时间，而且还为番茄茎粗的生长提供了良好的田间环境。成熟—采摘期（7月中旬至9月上旬），该阶段番茄以生殖生长为主，茎粗也不再发生变化。

综上分析，2013年和2014年番茄全生育期茎粗：IC_{4-2} 种植模式为11.886mm，IC_{2-2} 种植模式为10.732mm，单作模式下为11.147mm。可见相同条件下 IC_{4-2} 种植模式对番茄茎粗的影响比 IC_{2-2} 种植模式和单作模式更大。

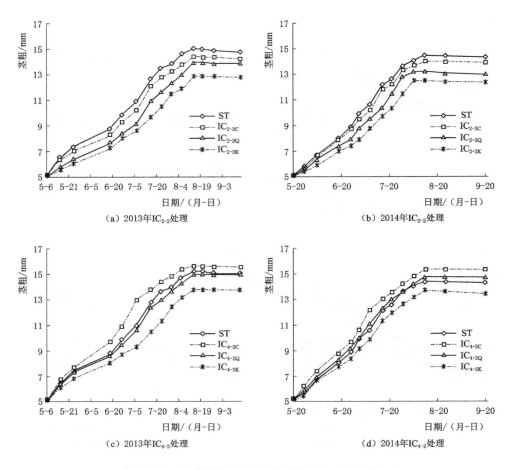

图 2-7　相同种植模式不同水分处理番茄茎粗

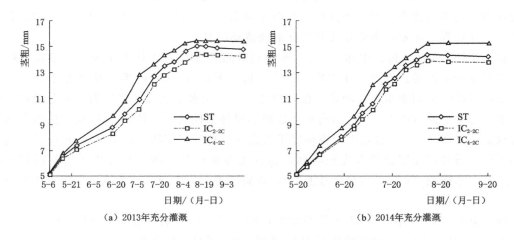

图 2-8（一）　相同水分处理不同种植模式下番茄茎粗

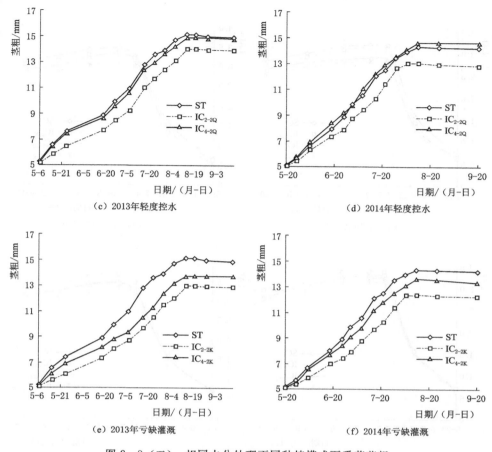

（c）2013年轻度控水　　　　　　　　　　（d）2014年轻度控水

（e）2013年亏缺灌溉　　　　　　　　　　（f）2014年亏缺灌溉

图 2-8（二）　相同水分处理不同种植模式下番茄茎粗

2.3　不同灌水技术对间套作农田作物叶面积指数的影响

　　叶面积指数（LAI）与作物产量关系密切，玉米叶面积指数与作物品种、种植密度、气象条件等有关。本试验对 2013 年和 2014 年全生育期玉米叶面积观测，并计算了叶面积指数，变化规律如图 2-9 和图 2-10 所示。玉米从播种至出苗约 5～7d，植株矮小，叶片只有 2～3 片，光合作用较弱，所以苗期各处理间无差异。从拔节期—抽雄期，该阶段叶面积指数呈线性增长期，即叶面积指数增长最快。在相同种植模式不同水分条件下（图 2-9），高水分处理对叶面积指数影响更大，且大于轻度控水和水分亏缺处理；在相同水分不同种植模式下（图 2-10），IC_{4-2} 种植模式下 LAI 优于 IC_{2-2} 种植模式，这是因为 IC_{4-2} 种植模式较 IC_{2-2} 种植模式在空间上对光能利用更充分，减少了作物的漏光率，从而促进作物更好、更快的生长发育。玉米在灌浆期—乳熟期阶段，其叶面积指数呈现由相对稳定随后略有下降的趋势，这是因为玉米从营养生长、生殖生长共存时期进入生殖生长阶段，其各项生理生态指标趋于稳定，之后玉米停止营养生长进入成熟期，该阶段 LAI 有降低趋势，因此玉米下部叶片出现凋落现象。

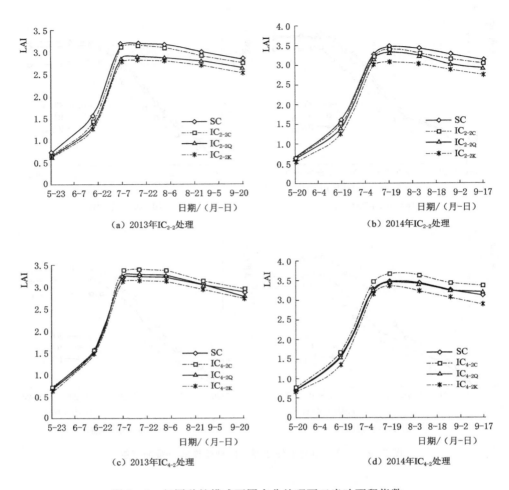

（a）2013年IC$_{2-2}$处理　　（b）2014年IC$_{2-2}$处理

（c）2013年IC$_{4-2}$处理　　（d）2014年IC$_{4-2}$处理

图 2-9　相同种植模式不同水分处理下玉米叶面积指数

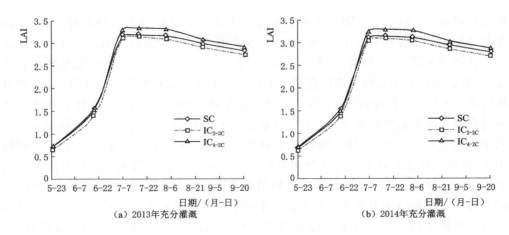

（a）2013年充分灌溉　　（b）2014年充分灌溉

图 2-10（一）　相同水分处理不同种植模式玉米叶面积指数

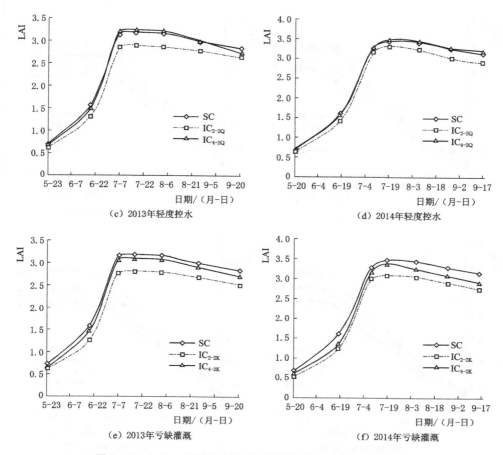

（c）2013年轻度控水

（d）2014年轻度控水

（e）2013年亏缺灌溉

（f）2014年亏缺灌溉

图2-10（二） 相同水分处理不同种植模式玉米叶面积指数

番茄叶片生长不规则，对叶面积的测量有一定难度，根据刘浩等通过模型得到以叶片长宽成绩估算番茄叶面积的折算系数值为0.6393。叶面积指数（LAI）是作物群体结构的重要指标之一，过大或者过小的LAI都对作物的生长不利，适宜的叶面积指数是作物充分利用光能，提高产量的主要途径。

通过对2013年和2014年全生育期各处理番茄叶面积指数的分析可知（图2-11和图2-12）：番茄叶面积指数总体表现为苗期小、开花坐果期变大、成熟采摘期逐渐减小的规律。苗期，番茄植株矮小，叶片数量较少，叶面积指数也较小；开花坐果期，植株生长旺盛，叶片数量增多，在开花坐果后期，番茄叶面积指数达到最大，且各处理随着灌水量或种植模式不同，叶面积指数差异显著。在相同种植模式不同水分处理下（图2-11），随着灌水量的增大叶面积指数增大，且差异显著，IC_{2-2K} 和 IC_{4-2K} 的叶面积指数最小。在相同水分处理不同种植模式处理下（图2-12），具有显著生长优势的种植模式为 IC_{4-2} 种植模式；成熟采摘期，该阶段番茄从营养生长进入生殖生长，番茄下部可以接受光照的叶片越来越少，而番茄自身也开始逐渐衰老，下部叶片变黄和脱落的数量增多，叶面积指数随之变小。

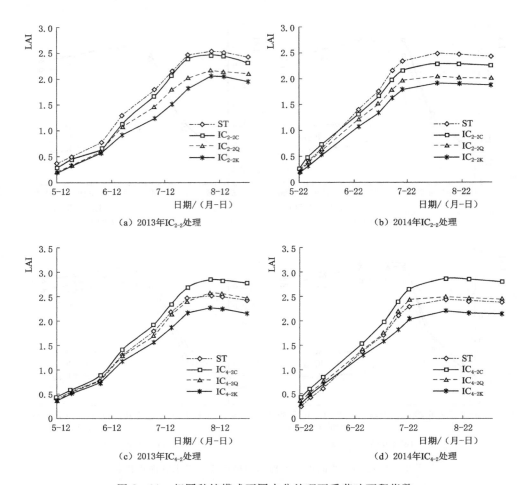

图 2-11　相同种植模式不同水分处理下番茄叶面积指数

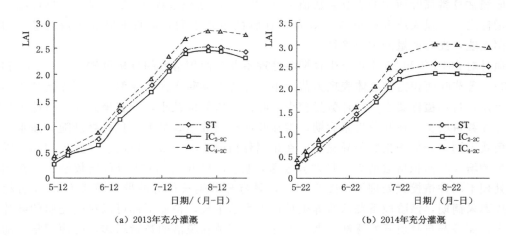

图 2-12（一）　相同水分处理不同种植模式下番茄叶面积指数

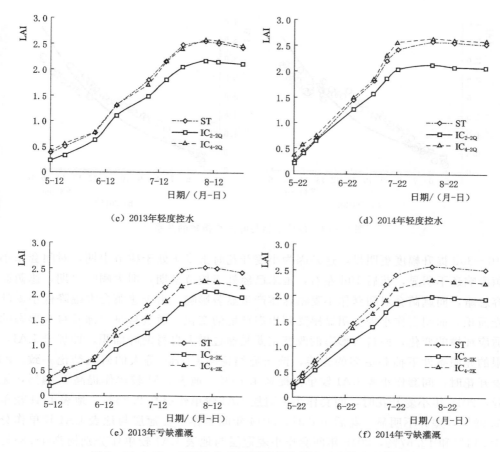

（c）2013年轻度控水 （d）2014年轻度控水

（e）2013年亏缺灌溉 （f）2014年亏缺灌溉

图 2-12（二） 相同水分处理不同种植模式下番茄叶面积指数

2013 年和 2014 年番茄茎粗与叶面积指数的变化基本一致，将番茄全生育期各处理所测茎粗与叶面积指数进行对比分析（图 2-13）发现，不同水分处理及不同种植模式下番茄叶面积指数均随茎粗的增大而增大，且二者呈现良好的指数关系。将各处理的全生育期茎粗与叶面积指数作回归分析，所得回归方程决定系数 R^2 均大于 0.85，二者关系达到显著水平（$P<0.05$），回归方程系数也达到显著水平（表 2-1）。可见，番茄茎粗与叶面积指数的关系受水分与种植模式的影响较小。

表 2-1　　　　　　　　　　回归方程系数参数估计

试验时间	方程决定系数 R^2	方程系数		P 值
2013 年	0.8682	a	0.1492	$P<0.05$
		b	0.2062	$P<0.05$
2014 年	0.8667	a	0.1565	$P<0.05$
		b	0.2095	$P<0.05$

由表 2-2 可以看出，通过 2 年的田间试验观测可以得出，小麦/玉米间套作模式下，由于间套作玉米对间套作小麦的遮荫作用，会明显提高间套作模式下小麦的 LAI，特别是

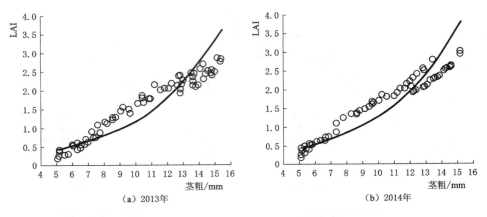

（a）2013年　　　　　　　　　　（b）2014年

图 2 - 13　番茄茎粗与叶面积指数的关系

花后 10～30d 提升幅度更明显，这是因为小麦开花时玉米正处于拔节中期，对间套作小麦的遮荫影响还不明显，花后 10d 左右，玉米已经处于拔节末期，即大喇叭口期，遮荫影响已不容忽略，而遮荫会对间套作小麦植株体产生显著影响，由于遮荫会大幅降低小麦叶片的受光面积，而间套作小麦会明显感受到生态环境的变化，通过自身内部及自身形态的改变来适应环境的变化，而自身形态的改变主要是通过增大自身的叶面积，即提升 LAI，以在有限的光照条件下捕获更多的光能，该研究结论与 Clarke 等人的研究结论一致。2014年小麦开花时，间套作小麦 LAI 较单作提高 4.10%，地表 LAI 较单作提高 1.44%，无明显差异，2015 年小麦开花时，间套作小麦冠层 LAI 较单作提高 2.25%，地表 LAI 较单作提高 2.99%，差异不明显。花后 10d 时，2014 年间套作小麦冠层与地表 LAI 较单作分别提高 18.14% 和 12.67%，2015 年间套作小麦冠层与地表 LAI 较单作分别提高 18.88% 和14.29%。花后 20d 时，间套作小麦冠层与地表 LAI 较单作分别提高 40.76% 和 31.93%，2015 年间套作小麦冠层与地表 LAI 较单作分别提高 45.91% 和 31.16%。花后 30d 时，间套作小麦冠层 LAI 较单作分别提高 30.77%（2014 年）和 27.45%（2015 年），间套作小麦地表 LAI 较单作分别提高 20.51%（2014 年）和 17.95%（2015 年）。可见，无论年际变化与否，小麦花后相同时间均存在间套作小麦 LAI 较单作提高的情况，且提高幅度冠层高于地表，这是由于小麦下层叶片无论间套作与否，均存在着上层（即冠层）叶片对下层叶片的遮荫影响，在小麦开花以前就已经适应了弱光条件，对光强的影响敏感度降低，即使后期存在间套作下的玉米对间套作小麦的遮荫影响，也不会对间套作小麦下层叶片产生显著影响，而上层叶片（特别是旗叶）则不同，由于上层叶片前期不存在遮荫影响，只有在小麦开花后才逐渐产生，由于以前适应了强光下的生长，而对后期的遮荫比较敏感，会做出比较明显的改变（增大叶面积以提高光能的捕获能力，进而补偿光照强度的降低）来适应环境的变化，从而造成了间套作小麦冠层 LAI 提高幅度高于地表LAI 提高幅度的情况。此外，与单作小麦相比，由于遮光的影响，间套作小麦同时提高了冠层与底层叶片的 LAI。花后 20d 左右，两种种植模式下的小麦 LAI 均迅速下降，但是间套作模式下的小麦 LAI 下降速率明显低于单作小麦，说明遮荫延缓了间套作小麦群体的衰老。

表 2－2   遮荫对间套作小麦叶面积指数的影响

测定年份	种植模式	测量位置	叶面积指数（LAI）			
			0d	10d	20d	30d
2014	单作	冠层	2.67	2.26	1.57	0.52
		地表	4.87	4.34	2.85	0.78
	间套作	冠层	2.73	2.67	2.21	0.68
		地表	4.94	4.89	3.76	0.94
2015	单作	冠层	2.68	2.33	1.59	0.51
		地表	4.68	4.34	2.92	0.78
	间套作	冠层	2.79	2.77	2.32	0.65
		地表	4.82	4.96	3.83	0.92

注 0d、10d、20d、30d 表示小麦开花后天数，下同。

2.4 不同灌水技术对间套作农田作物光合作用及遮荫的影响

2.4.1 遮荫对间套作小麦光合有效辐射（PAR）的影响

光合有效辐射（PAR）是指波长范围在 380～710nm 能为绿色植物进行光合作用的那部分太阳辐射。PAR 是形成生物量的基本能源，直接影响着绿色植物的生长发育、产量和品质，是植物体生命活动、有机质合成与产量形成的能量来源，也是一种宝贵的气候资源，充当着地表和大气物质交换与能量交换的媒介。

目前，PAR 有 3 种计量系统：①光学系统，用光照度（lx）来衡量，该系统是以人眼对亮度的反应为基础的；②能量系统，用某一波长范围内的辐射通量密度来度量，即光合有效波段辐射通量密度，单位为 W/m^2，常称为光和辐射度（QPAR），主要用于气象、辐射等与气候相关方面的研究；③量子系统，常称为光合有效量子密度（UPAR），也称为光量子通量密度（PPFD），$\mu mol/(m^2 \cdot s)$，主要用于生态、农业等领域的研究。两者间的转换关系为

$$UPAR = \mu QPAR \tag{2-1}$$

式中：μ 为转化系数，取值为 4.55，而事实上 μ 值的大小受多种因素的影响。

PAR 与总太阳辐射也存在着一定的转换关系，其表达式为

$$PAR = \eta_Q Q \tag{2-2}$$

式中：η_Q 为光合有效系数，即光合有效辐射占太阳总辐射的比值。

大量研究表明 η_Q 不是一个定值，其受天文、气象等因数的共同作用而不断变化，Montheith 通过研究得出 η_Q 的值为 0.5，而黄秉维则提出 η_Q 为 0.47，可见 η_Q 的值在 0.5 左右不断变化。

光合有效辐射的测量位置均为小麦的麦芒顶端，从相邻玉米边行开始，每隔 12.5cm 设置一个测量点，直到小麦条带另一侧，共 5 个测点，数据取 5 点的平均值，测量时间为 11：00—14：00。随着间套作玉米的逐渐生长，其对间套作小麦的遮荫影响越来越高，由表 2-3 可见，小麦开花时间套作较单作 PAR 下降 9.09%～11.71%，花后 10d 时，间套作小麦较单作小麦 PAR 下降 19.84%～22.26%，花后 20d 与花后 30d 时，间套作小麦较单作小麦 PAR 分别下降了 28.81%～34.70% 和 36.97%～39.10%。可见，间套作模式下的小麦 PAR 较单作明显降低，且随花后天数的增加呈逐渐下降的趋势，降低幅度由 10% 增加到 40%，这是由于随着间套作玉米高度的增加，间套作模式下的小麦受遮荫影响的小麦比例逐渐增加，进而造成间套作小麦 PAR 的下降。而遮荫下的小麦仍能维持着 50% 以上的光合有效辐射量，是因为随着遮荫比例的逐步增加，总光照辐射量逐渐下降的同时，伴随着散射光的增加，而散射光可以提高植株叶片对 CO_2 的吸收，保证叶片继续维持正常的光合速率，促进作物生长。随着遮荫程度增加，间套作小麦接受光的光谱组成会慢慢发生改变，光谱中蓝光（400～500nm）的比例会逐步增多，而红光（600～700nm）的比例则会逐步下降，光谱中散射光比例的增加及光谱组成的变化会对植物体的内部与外部造成一定程度的影响，外部主要是叶面积与茎秆长度等的变化，而内部就会比较复杂。虽然遮荫会对植物体产生一定程度的负面影响，但是植物体可以通过对其光合作用及光化学效率的调整来补偿由于 PAR 的降低而对植物体本身所造成的伤害。而且，由于小麦群体底层叶片长时间生长在遮荫环境下而具有较高的耐荫能力，所以光谱组成的改变更有利于底层叶片对光能的利用。

表 2-3　　　　　　　遮荫对间套作小麦冠层光合有效辐射的影响

测定年份	种植模式	冠层光合有效辐射/[$\mu mol/(m^2 \cdot s)$]			
		0d	10d	20d	30d
2014	单作	1287.6	1457.3	1538.2	1627.5
	间套作	1136.8	1168.2	1004.5	1025.8
2015	单作	1328.4	1214.2	1436.3	1574.8
	间套作	1207.7	943.9	1022.5	959.1

2.4.2　遮荫对间套作小麦净光合速率的影响

光合作用的正常进行是小麦产量的基本保证，而小麦高产的关键是改善光合作用，提高光能利用率，光合作用的大小可以通过仪器来测定。研究发现，遮光对小麦上部叶片净光合速率的影响大于对小麦群体净光合速率的影响，且轻度的遮光对小麦下部叶片的光合作用有提升作用，进而在一定程度上补偿了群体光合速率的降低。由表 2-4 可见，遮荫对间套作小麦不同位置叶片的净光合速率的影响程度不同，且与测定时间相关，两种种植模式下旗叶与冠层叶片净光合速率均在花后 10d 时达到最大值，而下层叶片则在开花时达到最高。开花时，间套作小麦旗叶、冠层叶片与下层叶片分别较单作降低了 4.88%～5.06%、2.75%～3.98% 和 -2.99%～-3.29%；花后 10d，间套作小麦旗叶与冠层叶片净光合速率分别较单作降低了 8.06%～13.58% 与 4.27%～9.21%，而下层叶片则较单作提高了 2.63%~5.04%；花后 20d 与花后 30d，间套作小麦旗叶净光合速率分别较单作降低了 2.31%~3.96%和−25.64%~−37.38%，间套作小麦冠层叶片净光合速率分别较单作降低了 2.07%~3.13%和−27.08%~−66.67%，而下层叶片则分别较单作提高了 16.94%~21.19%和50.87%~62.5%。可见，遮荫对间套作小麦净光合速率的影响程度为旗叶＞冠层叶片＞下层叶片，这是由于叶片位置越靠下越早适应暗光环境，对光照环境的改变适应性越强，这也解释了为何遮荫条件下间套作小麦群体净光合速率下降幅度低于旗叶的现象。而花后 30d 时出现间套作下的不同位置叶片净光合速率均高于单作的现象，是由于遮荫延缓了间套作小麦的衰老引起的。出现间套作模式下的小麦下层叶片在花后 0~30d 内均高于单作的现象，是由于下层叶片具有较强的耐荫能力，受光光谱组成的改变提高了下层叶片对光能的利用率所导致的，该现象的出现也在一定程度上弥补了由于间套作小麦旗叶净光合速率下降引起的群体净光合速率下降程度。

表 2-4　　　　　　　　　遮荫对间套作小麦净光合速率的影响

测定年份	种植模式	测量位置	净光合速率/$[\mu molCO_2/(m^2 \cdot s)]$			
			0d	10d	20d	30d
2014	单作	旗叶	24.6	27.3	22.7	9.9
		冠层叶片	21.8	23.4	19.2	6.3
		下层叶片	16.7	15.2	12.4	3.2
	间套作	旗叶	23.4	25.1	21.8	13.6
		冠层叶片	21.2	22.4	18.6	10.5
		下层叶片	17.2	15.6	14.5	5.2
2015	单作	旗叶	23.7	26.5	21.6	11.7
		冠层叶片	20.1	22.8	19.3	9.6
		下层叶片	15.2	13.9	11.8	5.7
	间套作	旗叶	22.5	22.9	21.1	14.7
		冠层叶片	19.3	20.7	18.9	12.2
		下层叶片	15.7	14.6	14.3	8.6

由于净光合速率日变化对时间比较敏感，要监测小麦旗叶、上层叶片与下层叶片的净光合速率日变化会造成时间的拖延，导致数据出现较大波动，试验只选取了旗叶作为观测对象进行净光合速率日变化的观测，且测定时间均为小麦花后 10d。由图 2-14 可见，单作模式下的小麦净光合速率日变化均呈现双峰曲线变化，在上午 11：00 与下午 15：00 时达到峰值，而间套作模式下的小麦净光合速率没有比较明显的峰值，均在 14：00 时取得最大值，但均低于单作模式下的最大值。连续 2 年间套作模式下的小麦净光合速率均出现在 12：00—13：00 时高于单作模式，而 15：00—16：00 时过后又低于单作模式的情况，即单作模式下"午休"现象明显，而间套作模式则不存在"午休"现象，这是由于中午时段太阳辐射强度大，而单作模式下的小麦由于没有遮挡，太阳直射小麦，而小麦由于要保存自身水分而关闭气孔，隔绝与外界的联系，造成了单作小麦中午时段的净光合速率下降。间套作小麦中午时段净光合速率未出现下降，反而保持较高水平，是因为间套作模式

下的小麦存在着间套作玉米对间套作小麦的光线遮挡，中午时段太阳辐射最大，穿过间套作玉米的太阳光增加，而间套作模式下的小麦由于遮荫影响而未造成气孔关闭，随着太阳光的增加而增大了净光合速率所引起的。这也部分补偿了由于遮荫对间套作小麦群体造成的净光合速率下降幅度。

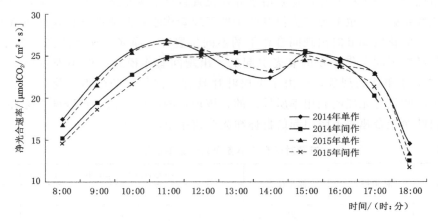

图 2-14　遮荫对间套作小麦净光合速率日变化的影响

2.4.3　遮荫对间套作小麦蒸腾速率的影响

植物叶片吸收的光能只有很少一部分用于光合作用，其余大部分用于蒸腾作用，蒸腾作用的大小与光照条件相关。气孔是叶片也是植物体与外界进行水和 CO_2 交流的主要通道，不同光照条件下的叶片气孔会随着光照条件的改变而改变，因而蒸腾速率的大小与气孔导度密切相关。Bauer 等研究表明，减少光照导致蒸腾速率下降明显。而 Zhao 等通过对棉花中午从正常光照转入低光照时的观测得出，棉花叶片的气孔导度增加了，而蒸腾速率却无明显变化。可见，目前研究遮阴对蒸腾速率的影响无统一结论。

通过 2 年大田试验观测，遮荫对间套作小麦的蒸腾速率具有显著影响。由图 2-15 可知，2 年均出现间套作小麦蒸腾速率低于单作的情况，且随着生育进程的继续，蒸腾速率呈现逐渐下降的趋势，并在花后 20d 时出现大幅下降。如图 2-16 所示，可以看出，一天之中间套作小麦的蒸腾速率不是一直低于单作，而是会在中午时段（12：00—15：00）出现间套作小麦蒸腾速率高于对照的现象，这是由于中午时段太阳辐射强，导致直射下的单作小麦叶片为保存自身水分而关闭气孔，降低了蒸腾速率，而间套作模式下的小麦由于存在着间套作玉米对间套作小麦的光线遮挡，使大部分光线不会直射间套作小麦，不会造成间套作小麦叶片气孔的关闭，从而造成间套作小麦蒸腾速率在中午时段高于单作的现象，这也在一定程度上补偿了间套作小麦蒸腾速率日均值的进一步降低。间套作小麦的蒸腾速率日变化曲线在 12：00—15：00 均维持在一个较高的水平，没有出现一个比较明显的峰值，而单作小麦的蒸腾速率日变化曲线为双峰曲线，在 12：00 与 15：00 时达到峰值，且 12：00 时的峰值略高于 15：00，但均明显高于间套作小麦蒸腾速率最大值，这是由光照强度、温度与气孔开度等多因素共同作用所引起的。

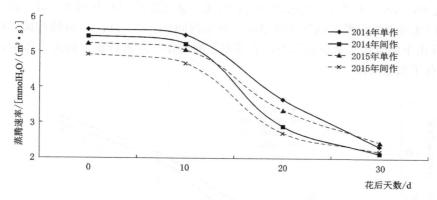

图 2-15 遮荫对间套作小麦蒸腾速率的影响

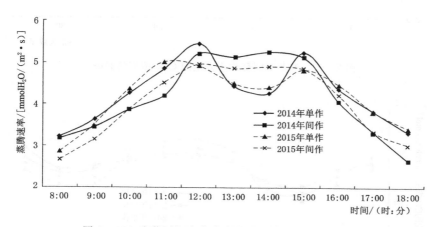

图 2-16 遮荫对间套作小麦蒸腾速率日变化的影响

2.4.4 遮荫对间套作小麦胞间 CO_2 浓度的影响

小麦胞间 CO_2 浓度的变化如图 2-17 所示,间套作与单作均呈现先降低后升高的趋势,在花后 10d 时取得最低值,且均呈现间套作小麦胞间 CO_2 浓度高于单作的现象。这是由于测量时间均为上午 9:00—11:00,此时光照强度有利于小麦的光合作用,而间套作小麦由于光线遮挡导致净光合速率下降,小麦叶肉细胞利用 CO_2 的能力下降,使细胞间 CO_2 浓度增加,从而造成间套作小麦胞间 CO_2 浓度高于单作的现象。遮荫对间套作小麦胞间 CO_2 浓度日变化的影响如图 2-18 所示,小麦胞间 CO_2 浓度日变化曲线呈现类似抛物线"下降—上升—下降—上升"的规律变化,间套作小麦胞间 CO_2 浓度与单作交替变化,在 9:00—11:30 间套作小麦胞间 CO_2 浓度高于单作,在 11:30—15:30 单作小麦胞间 CO_2 浓度高于间套作小麦,之后又出现间套作小麦胞间 CO_2 浓度高于单作的情况,这是因为 9:00—11:30 时段光照强度正适于直射状态(单作)下的小麦,因而该时段单作小麦净光合速率高、CO_2 利用率高,进而导致细胞间 CO_2 浓度降低幅度高于间套作。11:30—15:30 时段又出现间套作小麦胞间 CO_2 浓度低于单作的现象,是因为单作小麦光照强度过大，导致气孔关闭，无法进行光合作用，进而造成 CO_2 利用率下降。而 15：30—18：00 时段又出现单作低于间套作的情况，其原因同 9：00—11：30 时段相同，均是该时段光照强度由于间套作玉米遮荫影响，满足不了间套作小麦进行正常的光合作用，导致多余 CO_2 留存于细胞间隙。

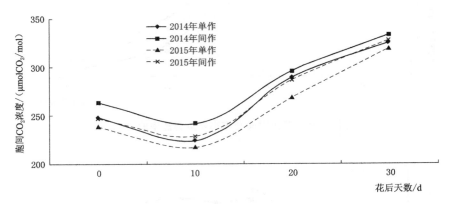

图 2-17　遮荫对间套作小麦胞间 CO_2 浓度的影响

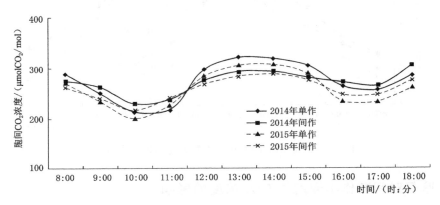

图 2-18　遮荫对间套作小麦胞间 CO_2 浓度日变化的影响

2.4.5　遮荫对间套作小麦气孔导度的影响

前人对气孔导度在遮光下的变化规律也做了一些研究，如吕晋慧等通过研究遮荫对金莲花叶片气孔导度的影响表明，40％与 60％的遮荫条件下提高了金莲花的叶片气孔导度；刘贤赵等通过研究水分与遮荫对棉花叶片光合特性的影响表明，遮光 75％与遮光 40％的气孔导度在高水分下分别较对照组提高了 16.69％和 28.01％，中水分下，遮光 75％与遮光 40％的气孔导度分别增加了 28.86％与 23.28％；周兴元等研究得出，弱光使假俭草的叶片气孔导度明显下降。但盐渍化地区是否也有相同的规律，且前人多是人工对光照强度进行不同程度的弱化，而不是由于间套作作物的逐渐生长而引起的对相邻间套作作物造成的光线遮挡而引起的光照强度降低，因此，研究小麦/玉米间套作模式下，玉米对光线的遮挡是否会对间套作模式下的气孔导度造成影响具有重要的实际意义。

　　遮荫对间套作小麦气孔导度的影响如图 2-19 所示，变化规律与净光合速率、蒸腾速率相同，均呈现随时间逐渐下降的趋势，且间套作小麦气孔导度低于单作的规律，其原因同净光合速率与蒸腾速率，均是由于光照强度不同引起的。遮荫时间套作小麦气孔导度日变化如图 2-20 所示，变化规律同净光合速率的变化规律，均是单作模式下日变化曲线呈现双峰曲线规律，分别在 11：00 和 15：00 达到峰值，间套作则呈现单峰曲线，在 13：00—14：00 达到峰值，但峰值不明显，可见小麦的气孔导度对遮荫的响应与净光合速率表现较为相似。

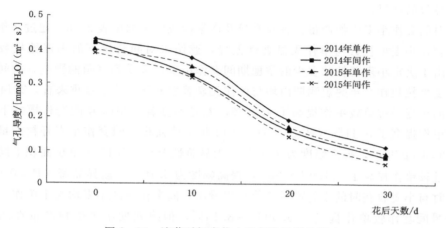

图 2-19　遮荫对间套作小麦气孔导度的影响

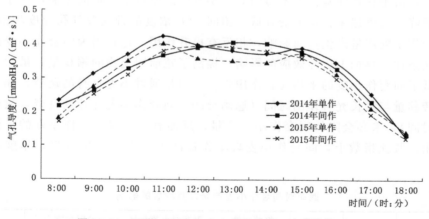

图 2-20　遮荫对间套作小麦气孔导度日变化的影响

2.4.6　遮荫对间套作小麦生物产量与经济产量及其构成的影响

　　小麦产量分为生物产量和经济产量，生物产量主要指收获时地上部分的干物质量，经济产量指小麦收获时籽粒产量，其产量构成主要由单位面积穗数、穗粒数和千粒重构成，任何影响到麦穗发育与籽粒灌浆的环境变化均会影响小麦的产量。李华伟指出适度遮光对小麦的产量具有促进作用，但花后不同时期的遮光会造成小麦产量显著下降。Jedel 等对 2

种小麦（Houser 与 Benni）开花前后 2 周 50％遮光处理后发现，Houser 的总生物产量和籽粒产量均下降显著，而 Benni 的生物产量与籽粒产量却无影响。可见，遮荫有时也会对产量有提升作用，这主要与作物种类、基因类型、生长环境、遮荫时期、遮荫时长及遮荫强度等因素密切相关。但是大部分研究表明，遮光降低了小麦产量，但降低幅度显著低于光照强度的降低幅度。通过以上研究发现，前人研究弱光对作物的影响多通过人工模拟不同光强来进行，所以一定程度的遮光，可能不会对小麦的籽粒产量造成负面影响，甚至可能有利于小麦籽粒产量的提升，特别是对于间套作模式下的小麦，这也可能是由于边际效应的影响导致的结果。

　　遮荫对间套作小麦生物产量、籽粒产量及产量构成的影响见表 2-5。通过 2 年的观测可知，间套作小麦穗粒数与单作无显著性差异，遮荫未对间套作下的小麦穗粒数造成影响，这是由于决定小麦穗粒数多少的孕穗期间套作小麦还未受到遮荫的影响，故间套作模式下的小麦穗粒数在 2 年的观测期内均与单作无显著性差异。从千粒重来看，2014 年间套作模式下的小麦千粒重较单作提高了 4.29％，差异不显著；2015 年间套作模式下的小麦千粒重较单作提高了 5.41％（$P<0.05$）。2014 年单位面积上间套作小麦籽粒产量较单作提高了 120.4 kg/hm²，提高幅度为 3.05％，无显著性差异；2015 年单位面积上间套作小麦籽粒产量较单作提高了 171.9 kg/hm²，提高幅度为 6.10％，差异显著（$P<0.05$）。从小麦开花时与小麦收获时的生物产量差值可以看出，间套作下的小麦均大于单作，且开花时生物产量间套作较单作提高了 6.09％～8.15％，但成熟期小麦生物产量在两种种植模式下无显著差异。可见，间套作小麦较单作在开花期之前储存了更多的碳水化合物，开花期之后，由于存在间套作玉米对间套作小麦遮荫而带来的负面影响，如净光合速率日均值的下降、蒸腾速率日均值的降低、胞间 CO_2 浓度的升高及气孔导度均值的下降，但未对间套作小麦产量产生负面影响，相反有提升作用。这是因为间套作小麦由于改善了通风透光条件，再加上边际效应的影响，提高了花前同化物的累积量，虽然花后由于遮光而降低了间套作小麦的平均光合作用强度，但是通过小麦自身的调节，如增加花前同化物的转移量与延长光合作用时间（遮荫延缓了间套作小麦叶片的衰老，故延长了光合作用的时间），未必会降低间套作小麦产量，反而有可能对间套作小麦的产量具有一定提升作用。收获指数上，间套作小麦较单作提高了 1.73％～3.70％，年度间无显著性差异。

表 2-5　　　　　　　　　　　　遮荫对间套作小麦产量及其构成的影响

年份	处理	穗粒数	千粒重/g	籽粒产量/(kg/hm²)	开花时生物产量/(kg/hm²)	收获时生物产量/(kg/hm²)	收获指数
2014	单作	31.8ᵃ	39.6ᶜ	3948.3ᵃᵇ	5246.5ᵇ	5789.0ᵃ	0.405ᵃ
	间套作	32.2ᵃ	41.3ᵇᶜ	4068.7ᵃ	5674.3ᵃ	5804.7ᵃ	0.412ᵃ
2015	单作	28.4ᵇ	42.5ᵇ	3637.5ᶜ	4872.4ᶜ	5350.7ᵇ	0.405ᵃ
	间套作	29.1ᵇ	44.8ᵃ	3859.4ᵇ	5168.9ᵇ	5328.4ᵇ	0.420ᵃ

注　数据后不同小写字母表示同一生长季内不同处理间差异达 0.05 显著水平，下同。

2.5 不同灌水技术对间套作农田作物干物质量的影响

通过对 2013 年和 2014 年玉米全生育期干物质累积量分析（图 2-21 和图 2-22）发现，全生育期玉米干物质累积呈"S"形变化曲线。苗期植株矮小，叶片数量少，光合作用弱，对玉米干物质累积量（叶干重、茎干重）影响小；随着玉米生长发育，以营养生长为主，该阶段玉米叶片、茎等发育较快，光合作用逐渐加强，使干物质累积量逐渐增大，该阶段除了水分亏缺处理增长缓慢，其余处理趋势一致；随着玉米植株进入营养生长和生殖生长共存阶段（玉米吐丝期），该时期干物质累积量最适宜群体后期获得高产，且该时期在相同种植模式不同水分处理下（图 2-21），玉米干物质累积量表现为充分灌溉＞轻度控水灌溉＞亏缺灌溉，可见水分亏缺对作物干物质累积量影响较大；在相同水分不同种植模式下（图 2-22），IC_{4-2} 种植模式优于 IC_{2-2} 种植模式的原因是 IC_{4-2} 比 IC_{2-2} 在空间上延长了单位面积上的光合时间，减少漏光率，所以 IC_{4-2} 种植模式更利于玉米光合产物累积，$IC_{4-2}＞IC_{2-2}＞SC$。以 2013 年玉米为例，在相同种植模式不同水分条件下，全生育期内干物质平均累积量：IC_{2-2C} 比 IC_{2-2Q} 和 IC_{2-2K} 分别高 7.44％和 28.18％，IC_{4-2C} 比 IC_{4-2Q} 和 IC_{4-2K} 分别高 7.76％和 25.73％；在相同水分不同种植模式条件下，IC_{4-2C} 比 IC_{2-2C} 和 SC

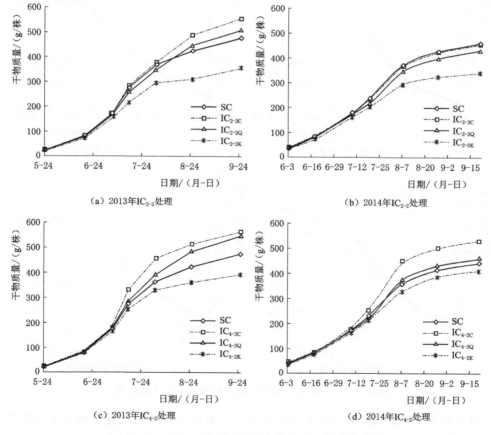

图 2-21　相同种植模式不同水分处理玉米干物质量

分别高 9.13％和 16.55％。随着玉米从灌浆期到成熟期，玉米干物质累积量逐渐趋于平缓，之后基本不再变化。

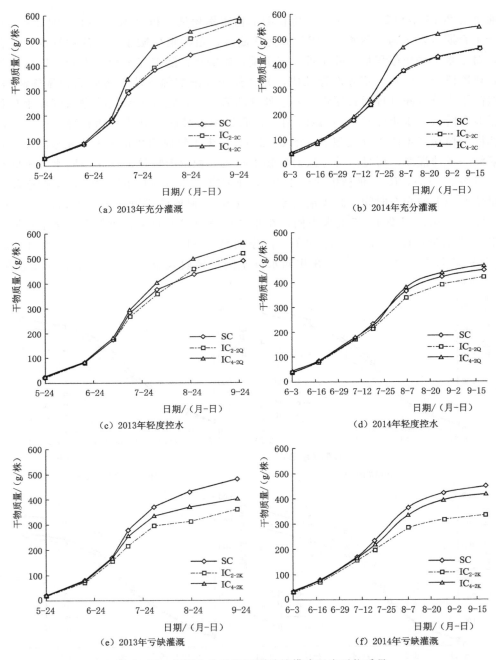

图2-22 相同水分处理不同种植模式玉米干物质量

不同生育期不同种植模式和不同水分条件下的番茄干物质累积量、根系生长和产量如图2-23、图2-24、图2-25所示。

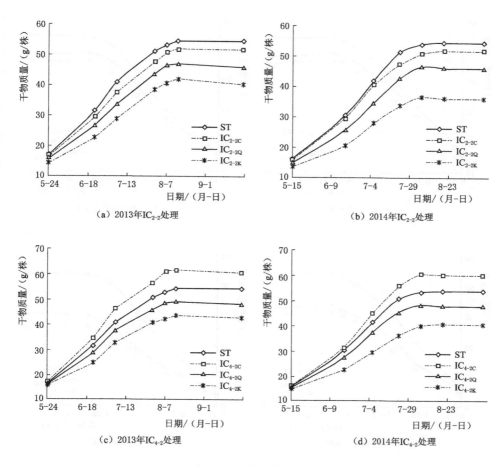

（a）2013年IC$_{2-2}$处理

（b）2014年IC$_{2-2}$处理

（c）2013年IC$_{4-2}$处理

（d）2014年IC$_{4-2}$处理

图 2-23　相同种植模式不同水分处理番茄干物质量累积

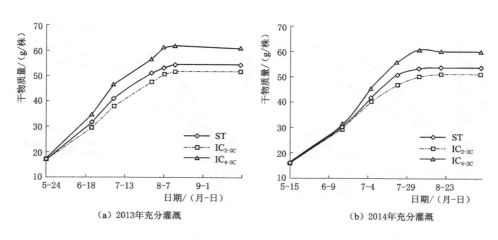

（a）2013年充分灌溉

（b）2014年充分灌溉

图 2-24（一）　相同水分不同种植模式下番茄干物质量累积

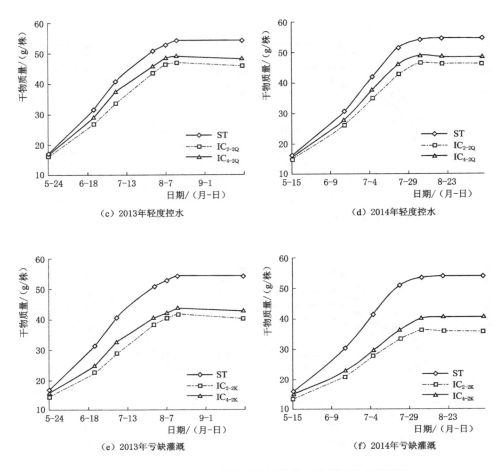

（c）2013年轻度控水

（d）2014年轻度控水

（e）2013年亏缺灌溉

（f）2014年亏缺灌溉

图 2-24（二）　相同水分不同种植模式下番茄干物质量累积

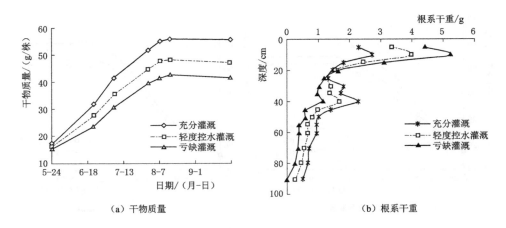

（a）干物质量

（b）根系干重

图 2-25　2013 年番茄不同水分处理下地上与地下部分变化

苗期，水分和种植模式对番茄的干物质量（叶干重、茎干重）影响小，当番茄进入开花坐果期，番茄以营养生长为主，随着植株的发育逐渐向生殖生长递进，在该生育期不同种植模式和不同水分对番茄同化物的积累和分配至关重要，且直接影响番茄最终产量的高低。开花坐果期，相同种植模式不同水分处理下番茄干物质量影响（图 2-23）为充分灌溉＞轻度控水灌溉＞亏缺灌溉，可见水分亏缺对作物干物质累积量影响更大。

但在相同水分不同种植模式下（图 2-24），IC_{4-2} 种植模式不仅提高了作物的光能利用率，促进了作物光合产物积累，而且增大了田间通风性，增加了作物的同化量，具体表现为 $IC_{4-2}>IC_{2-2}>ST$。成熟采摘期，该阶段番茄群体趋于封闭，植株也逐渐衰老，从图 2-24 中可以看出番茄在该阶段干物质量基本不再变化。

2013 年 3 种灌溉条件下，番茄干物质累积量与不同深度根系干重变化如图 2-25 所示，可见，地上部分干物质量与根部相互依赖。由于本试验是在滴灌条件下进行，所以作物扎根较浅。在 0～20cm 土层深度根系干重关系表现为亏缺灌溉＞轻度控水灌溉＞充分灌溉；20～40cm 深度根系干重关系表现为充分灌溉＞轻度控水灌溉＞亏缺灌溉；40～100cm 深度，亏水灌溉处理根系干重越来越小，在 100cm 深度几乎无根系。

综上所述，地上部分生长良好会促进根系生长，而根系生长发育良好，地上部分的枝叶也会生长的比较茂盛。灌溉量的大小，对作物生长起到至关重要的作用，因此选择合理的灌溉制度在农田灌溉中尤其重要。适宜的水分不仅可以使作物形成适宜的生物量，且同化产物在作物地上和地下部分的分配会更加合理，同时为提高作物产量奠定良好基础。

限量灌溉对间套作模式下小麦穗粒干质量积累有明显影响（图 2-26）。在小麦/玉米间套作模式下，灌水总量较少的处理（298～328mm）小麦穗粒干质量积累量明显高于灌水总量较高的处理（358～388mm），且呈现出在生育期内灌水总量为 328mm 时小麦穗粒干质量积累量最大，随着灌溉定额的提高，间套作玉米模式下的小麦穗粒干质量均呈下降趋势，可见过多或过少灌溉定额均不利于产量的提高。由图 2-26 还可以得出，灌溉定额较少的处理（298～328mm）小麦穗粒干质量积累显著高于单作，而灌溉定额较高的处理（358～388mm）则相反，说明轻微水分胁迫有利于提高小麦穗粒的干质量积累。间套作向日葵种植模式下的各处理小麦穗粒干质量积累在整个灌浆期均高于单作，且 WS-4处理（拔节期、孕穗期、灌浆期、成熟期灌水定额分别为 82mm、97mm、97mm、

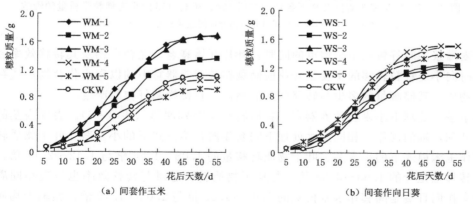

（a）间套作玉米　　　　　　　　　　（b）间套作向日葵

图 2-26　限量灌溉对不同间套作模式下小麦穗粒干质量积累的影响

82mm）最高。可见，相同的水分处理不同间套作也会对间套作下的小麦穗粒干质量积累产生显著影响。

　　限量灌溉对不同间套作模式下各处理花后 15d、30d、45d 的小麦穗粒干质量有显著影响（图 2－27）。在同一时间各处理小麦穗粒的干质量差异显著，其中间套作玉米模式下WM－1（分蘖期、拔节期、孕穗期、乳熟期灌水定额均为 82mm）、WM－2（分蘖期、拔节期、孕穗期、乳熟期灌水定额分别为 67mm、82mm、82mm、67mm）、WM－3（分蘖期、拔节期、孕穗期、乳熟期灌水定额分别为 67mm、97mm、97mm、67mm）处理花后15d、30d、45d 的小麦穗粒干质量均显著高于 CKW（分蘖期、拔节期、孕穗期、乳熟期灌水定额分别为 0mm、0mm、97mm、97mm），WM－4（分蘖期、拔节期、孕穗期、乳熟期灌水定额分别为 82mm、97mm、97mm、82mm）处理与 CKW 无显著差异（$P>$0.05），WM－5（分蘖期、拔节期、孕穗期、乳熟期灌水定额均为 97mm）处理花后 30d与 45d 时低于 CKW，差异显著（$P<0.05$）。间套作向日葵模式下的各处理花后小麦干质量均高于 CKW（$P<0.05$）。15d 小麦穗粒干质量相差较小，而 30d 和 45d 时差异较大，说明各处理主要通过影响小麦灌浆中后期的穗粒干质量积累影响产量。

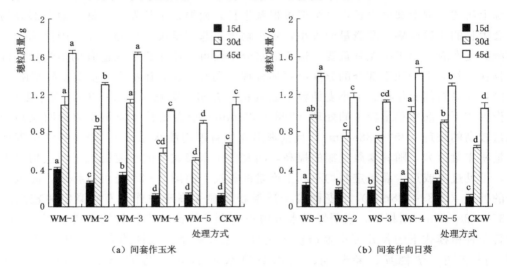

图 2－27　限量灌溉对间套作下各处理花后 15d、30d、45d 的小麦穗粒干质量的影响
注　不同小写字母表示相同时间不同处理间差异显著性（$P<0.05$）。

　　小麦灌浆期间籽粒在不断增重的同时，叶片开始衰老，光合产物及其转移效率逐渐下降，这时向小麦籽粒转移的主要是开花前储藏在各营养器官中的以碳水化合物形式存在的储藏性物质，其储藏量的多少与转移效率的高低，直接影响籽粒的产量。

　　限量灌溉处理下小麦各营养器官干物质转移量差别明显（表 2－6）。表现为茎的转移量大于叶和颖轴的规律，相同灌水处理下间套作向日葵模式下的小麦茎、叶干物质转移量是间套作玉米模式下的小麦茎、叶干物质转移量的 1.08～1.86 倍与 1.12～2.17 倍，各处理茎的转移量是叶的 1.63～3.08 倍，每株干物质转移总量与转移效率也呈现相同灌水处理下间套作向日葵是间套作玉米模式的 1.08～1.39 倍与 1.02～1.42 倍，颖轴干物质转移量则表现出间套作玉米是间套作向日葵模式的 1～1.19 倍。各间套作处理干物质转移总量

在 0.384～0.648g/株，转移效率在 40.98％～68.98％，对籽粒的贡献率在 23.01％～
55.08％，各间套作处理（WM－1、WM－3 除外）干物质转移量均比 CKW 大，而 WM－
1 与 WM－3 处理花前干物质转移量与对籽粒的贡献率均明显低于 CKW 和其他处理，但
花后同化物转移量和籽粒干重却显著高于其他处理，可见，这 2 个处理会抑制小麦花前干
物质的转移，但却会促进小麦花后同化量的转移，进而有利于提高小麦籽粒的饱满度。间
套作玉米模式下 WM－4 处理小麦的干物质转移效率最高，对籽粒的贡献率为 WM－5 处
理最高，间套作向日葵模式下的小麦干物质转移效率呈现 WS－2（拔节期、孕穗期、灌浆
期、成熟期灌水定额分别为 67mm、82mm、82mm、67mm）＞WS－5（拔节期、孕穗
期、灌浆期、成熟期灌水定额均为 97mm）＞WS－4＞WS－3（拔节期、孕穗期、灌浆期、
成熟期灌水定额分别为 67mm、97mm、97mm、67mm）＞WS－1（拔节期、孕穗期、灌浆
期、成熟期灌水定额均为 82mm），对籽粒的贡献率呈现 WS－5＞WS－3＞WS－2＞WS－4＞
WS－1 的趋势，且各处理间套作向日葵模式下的小麦干物质转移效率均高于间套作玉米模
式，可见间套作作物不同对小麦干物质转运的影响差异显著。

表 2－6 限量灌溉下小麦各营养器官干物质转运

处理	叶 /(g/株)	茎 /(g/株)	颖轴 /(g/株)	籽粒 /(g/株)	干物质转移总量 /(g/株)	同化物转移量 s /(g/株)	转移效率 γ_1 /%	对籽粒贡献率 η /%
WM－1	0.069e	0.178e	0.137b	1.669a	0.384e	1.285a	44.11fg	23.01e
WS－1	0.150ab	0.250d	0.135b	1.499b	0.535bc	0.964b	45.34fg	35.69d
WM－2	0.111e	0.238d	0.152a	1.358c	0.501c	0.857c	54.21cd	36.89d
WS－2	0.157a	0.256cd	0.129bc	1.233d	0.542bc	0.691d	68.98a	43.92bc
WM－3	0.094d	0.177e	0.121cd	1.688a	0.392e	1.296a	40.98g	23.22e
WS－3	0.107cd	0.330b	0.105e	1.216d	0.542bc	0.674d	51.92de	44.58b
WM－4	0.140b	0.318b	0.105e	1.043e	0.564b	0.479e	59.59bc	54.05a
WS－4	0.157a	0.386a	0.105e	1.516b	0.648a	0.868c	60.74b	42.75bc
WM－5	0.106cd	0.282c	0.112de	0.907f	0.500c	0.407f	47.26ef	55.08a
WS－5	0.141b	0.387a	0.094f	1.377c	0.622a	0.755c	67.07a	45.15b
CKW	0.113c	0.194e	0.124c	1.100e	0.431d	0.669d	40.96g	39.17cd

由表 2－7 可知，各方程的决定系数为 0.996～0.998，可见，在不同灌水处理与间套
作模式下的小麦籽粒灌浆规律符合"慢—快—慢"的"s"形曲线，可用 Logistic 方程模
拟现实条件下小麦的籽粒灌浆过程。由 Logistic 方程可知，a 为最大穗粒重，b 为不同水
分胁迫下的籽粒累积初始值参数，c 为灌浆速率，结合灌水量可知，灌水总量为 298～
328mm 时，间套作玉米模式下的小麦最大穗粒重高于间套作向日葵模式下的小麦最大穗
粒重，在灌水总量为 358～388mm 时，则呈现出间套作向日葵模式下的小麦最大穗粒重高
于间套作玉米模式下的小麦最大穗粒重，而参数 b 与参数 c 则相反。

表 2 - 7   限量灌溉下小麦籽粒灌浆模拟方程及拟合效果

处理编号	模拟方程	标准误差 D	决定系数 R^2
WM - 1	$Y = 1.7220/[1 + 30.3671\exp(-0.1362t)]$	0.0410	0.9983
WS - 1	$Y = 1.5017/[1 + 64.2877\exp(-0.1634t)]$	0.0610	0.9956
WM - 2	$Y = 1.3983/[1 + 38.2540\exp(-0.1368t)]$	0.0433	0.9971
WS - 2	$Y = 1.2669/[1 + 43.9496\exp(-0.1458t)]$	0.0481	0.9959
WM - 3	$Y = 1.7384/[1 + 29.4321\exp(-0.1299t)]$	0.0402	0.9983
WS - 3	$Y = 1.2371/[1 + 69.0857\exp(-0.1622t)]$	0.0326	0.9981
WM - 4	$Y = 1.0738/[1 + 103.9987\exp(-0.1632t)]$	0.0328	0.9975
WS - 4	$Y = 1.5454/[1 + 63.9389\exp(-0.1603t)]$	0.0391	0.9983
WM - 5	$Y = 0.9380/[1 + 84.4174\exp(-0.1575t)]$	0.0296	0.9973
WS - 5	$Y = 1.4349/[1 + 30.4502\exp(-0.1330t)]$	0.0458	0.9968
CKW	$Y = 1.1475/[1 + 54.4334\exp(-0.1432t)]$	0.0416	0.9963

通过分析不同灌水总量对小麦各生理指标的影响总结出如下方程，该方程能较好地表达水分是如何影响方程中的各参数进而影响产量的，即

$$Y = \frac{a}{(1 + be^{-ct})^N} \qquad (2 - 3)$$

式中：N 为灌水总量。

当灌水量为 328mm 时，穗粒重最大，当灌水总量大于或小于 328mm 时，穗粒重的最大值均下降，可见最大穗粒重随灌水总量呈抛物线规律变化，故当灌水量为 328mm 时，取 $N = 1$，当灌水总量小于 328mm 时，取 $N =$ 实际灌水总量/328，当灌水总量大于 328mm 时，取 $N = 328/$实际灌水总量。则 $0 < N \leqslant 1$，且 N 越小，曲线越偏右，最大穗粒重越低，N 越大，曲线越偏左，最大穗粒重越高。通过分析 Logistic 方程模拟限量灌溉下的间套作小麦籽粒灌浆过程，得到各处理的小麦籽粒灌浆参数见表 2 - 8。

表 2 - 8   限量灌溉下的小麦籽粒灌浆参数

处理	T_{max} /d	V_{max} /(g/d)	V_m /(g/d)	T /d	D /d	X_1 /d	X_2 /d	X_3 /d	V_1 /(g/d)	V_2 /(g/d)	V_3 /(g/d)
WM - 1	25.06[c]	0.059[ab]	0.039[ab]	50.58[abc]	44.05[ab]	15.39[f]	19.34[ab]	15.85[ab]	0.024[a]	0.051[a]	0.020[a]
WS - 1	25.47[bc]	0.061[a]	0.041[a]	46.74[e]	36.71[d]	17.42[cd]	16.12[c]	13.21[d]	0.018[bc]	0.054[a]	0.021[a]
WM - 2	26.65[abc]	0.048[cd]	0.032[c]	52.06[ab]	43.87[ab]	17.02[de]	19.26[ab]	15.79[ab]	0.017[cd]	0.042[cd]	0.016[cd]
WS - 2	25.94[abc]	0.046[cd]	0.031[cd]	49.78[bcd]	41.14[bc]	16.91[de]	18.06[b]	14.81[c]	0.016[de]	0.040[de]	0.016[cd]
WM - 3	26.03[abc]	0.056[b]	0.038[b]	52.78[a]	46.18[a]	15.89[ef]	20.27[a]	16.62[a]	0.023[a]	0.050[b]	0.019[b]
WS - 3	26.11[abc]	0.050[c]	0.033[c]	47.53[de]	36.98[d]	17.99[cd]	16.24[c]	13.31[d]	0.015[e]	0.044[c]	0.017[c]
WM - 4	28.46[a]	0.044[de]	0.029[de]	49.76[bcd]	36.76[d]	20.39[a]	16.14[c]	13.23[d]	0.011[g]	0.038[ef]	0.015[de]
WS - 4	25.94[abc]	0.062[a]	0.041[a]	47.64[cde]	37.44[d]	17.73[cd]	16.44[c]	13.47[d]	0.018[bc]	0.054[a]	0.021[a]

续表

处理	T_{max} /d	V_{max} /(g/d)	V_m /(g/d)	T /d	D /d	X_1 /d	X_2 /d	X_3 /d	V_1 /(g/d)	V_2 /(g/d)	V_3 /(g/d)
WM-5	28.16^{ab}	0.037^f	0.025^f	50.22^{abcd}	38.09^{cd}	19.80^{ab}	16.72^c	13.71^d	0.010^g	0.032^g	0.012^f
WS-5	25.69^{abc}	0.048^{cd}	0.032^c	51.82^{ab}	45.12^a	15.78^{ef}	19.81^a	16.24^a	0.019^b	0.042^{cd}	0.016^{cd}
CKW	27.91^{abc}	0.041^{ef}	0.027^{ef}	52.19^{ab}	41.9^b	18.72^{bc}	18.40^b	15.08^{bc}	0.013^f	0.036^f	0.014^e

注 T_{max} 为达最大灌浆速率的历时，d；V_{max} 为最大灌浆速率，g/d；V_m 为平均灌浆速率，g/d；T 为灌浆持续时间，d；D 为活跃灌浆期，d；X_1、X_2、X_3 为灌浆各阶段持续时间，d；V_1、V_2、V_3 为灌浆各阶段灌浆速率，g/d，通过模拟方程求得。

限量灌溉下各灌水处理达灌浆速率最大值的时间比 CKW 处理提前（WM-4 与 WM-5 处理除外）1.26～2.90d，最大灌浆速率与平均灌浆速率分别提高 0.003～0.021g/d 和 0.002～0.014g/d（WM-5 除外），除 WM-3 处理外，各处理的灌浆持续时间较 CKW 减少 0.13～5.45d（表 2-8）。对小麦的活跃灌浆期（D）则表现为灌水总量较少的处理（298～328mm）有利于延长间套作玉米模式下小麦的活跃灌浆期，而灌水量较高的处理（358～388mm）则会延长间套作向日葵种植模式下小麦的活跃灌浆期，可见相同的灌水处理不同的间套作作物也会对小麦的活跃灌浆期产生显著影响。从表 2-8 还可得出，WM-1、WM-2、WM-3、WS-5 处理的小麦活跃灌浆期均高于 CKW，但其灌浆持续时间均低于 CKW，可见适当的水分胁迫会明显减少灌浆持续时间，但会增加活跃灌浆期，提高灌浆质量。对比灌浆的渐增期（X_1）、快增期（X_2）、缓增期（X_3）3 个灌浆阶段可知，WM-1、WM-2、WM-3、WS-5 处理的 X_2 与 X_3 均高于 CKW，而 X_1 则低于 CKW，结合小麦的活跃灌浆期可知，这 4 个处理主要是通过延长小麦的 X_2 与 X_3，特别是 X_2 来延长小麦的活跃灌浆期的。而 WM-4 与 WM-5 处理与对照（CKW）相比则延长了 X_1，对比 WM-1、WM-2、WM-3 处理可知，对间套作玉米模式下的小麦，灌水总量较少处理（298～328mm）会增加 X_2 与 X_3 的持续时间，而灌水量较高（358～388mm）则会增加 X_1 的持续时间。对于间套作向日葵模式下的小麦，WS-1、WS-2、WS-3、WS-4 等 4 个处理在灌浆的 3 个阶段的灌浆持续时间均低于 CKW，只有 WS-5 处理的 X_2 与 X_3 高于 CKW。且 WS-1、WS-3、WM-4、WS-4、WM-5 处理与 CKW 均符合 $X_1 > X_2 > X_3$ 的规律，可见不同水分胁迫程度、灌水总量与间套作作物会对灌浆 3 个阶段的持续时间产生较大影响。通过表 2-8 中各阶段的灌浆速率可知，除 WM-5 处理的整个灌浆期与 WM-4 处理的 X_1 外，所有处理在各个阶段的灌浆速率均高于 CKW，可见适当的水分胁迫有利于提高小麦的灌浆速率及活跃灌浆期所占比重。

小麦穗粒干质量积累与小麦产量紧密相关，穗粒干物质积累又与不同的水分处理直接相关。从本试验可知，相同水分处理不同间套作作物也会对间套作下小麦的穗粒干质量积累产生显著影响，这是由于同一时间间套作小麦模式下的玉米与向日葵所处的生育期不同，作物需水量也存在显著差异，导致玉米与向日葵条带的土壤含水量差异明显，造成对间套作模式下小麦条带土壤水分的补给产生差异，从而影响间套作下的小麦穗粒干质量积累。研究表明，不同的土壤水分会对小麦营养器官储存的同化物产生调控作用，而不同的土壤水分主要是由于不同的灌水处理造成的。由试验可知，各非充分灌溉处理主要是通过影响小麦灌浆中后期的穗粒干质量积累来影响产量的，且不同水分胁迫处理下小麦各营养器官干物质转移量差别明显，各间套作处理干物质转移总量、转移效率、对籽粒的贡献率比小麦干物质转移总量在 0.26～0.42g/株，转移效率在 2.3％～36.4％，对籽粒贡献率波动范围在 25％～29％之间，这是由于小麦受到水分胁迫会增加干物质转移量，可使干物质转移效率及对籽粒的贡献率超过 50％。由试验还可得出，间套作作物的不同也会对小麦干物质转运产生显著影响。这是由于间套作下的向日葵需水量低于间套作下的玉米需水量，使向日葵条带对小麦条带的水分补给高于玉米条带，进而使间套作玉米模式下的小麦需水量得不到满足，受水分胁迫较重影响干物质运输通道所致。

限量灌溉下的各处理间套作小麦灌浆速率普遍高于常规灌溉，相同的水分处理不同的间套作作物也会影响小麦灌浆速率峰值的出现时间，各处理达最大灌浆速率的时间与对照相比普遍减少，最大灌浆速率与平均灌浆速率均提高。小麦的活跃灌浆期则表现为灌水总量较少的各处理（298～328mm）有利于延长间套作玉米模式下小麦的活跃灌浆期，而灌水总量较高的（358～388mm）则会延长间套作向日葵种植模式下小麦的活跃灌浆期，可见相同的灌水处理不同的间套作作物也会对小麦的活跃灌浆期产生显著影响。

2.6　结论

（1）相同种植模式不同水分处理对玉米株高具有明显差异，灌水量大且种植行距大的种植模式明显高于其他处理，2 年各生育期平均株高最大高差 31.25cm；而全生育期番茄株高最大值出现在 4 行番茄 2 行玉米间套作种植模式的充分灌溉处理中（IC_{4-2C}），为 68.93cm，最小值出现在 2 行番茄 2 行玉米间套作种植模式的亏缺灌溉处理中（IC_{2-2K}），为 59.55cm。可见，IC_{4-2} 种植模式下的番茄生长比 IC_{2-2} 种植模式和单作更有利。

（2）玉米全生育茎粗平均最大差值 1.04cm，水分和种植模式均对茎粗有直接影响，且 IC_{4-2} 种植模式有利于玉米茎粗发育并影响产量；番茄全生育期茎粗：IC_{4-2} 种植模式为 11.9mm，IC_{2-2} 种植模式为 10.7mm，单作模式下 11.1mm。可见相同条件下 IC_{4-2} 种植模式对番茄茎粗的影响比 IC_{2-2} 种植模式、单作模式更大。

（3）相同种植模式不同水分条件下，高水分处理对叶面积指数（LAI）影响更大，且大于轻度控水和水分亏缺处理；在相同水分不同种植模式条件下，IC_{4-2} 种植模式下的 LAI 优于 IC_{2-2} 种植模式；2013 年和 2014 年全生育期各处理番茄的叶面积指数总体表现为苗期小、开花坐果期变大、成熟采摘期逐渐减小的规律。其中，番茄茎粗与叶面积指数的变化基本一致，不同水分处理和不同种植模式下番茄叶面积指数均随茎粗的增大而增大，二者呈现良好的指数关系。小麦/玉米间套作模式下，间套作玉米对间套作小麦的遮荫会明显提高间套作模式下小麦的 LAI，特别是花后 10～30d 提升幅度更明显，且提高幅度冠层高于地表，LAI 的增加，还提高了间套作小麦群体对光能的截获效率，从而部分弥补了光合有效辐射的降低。

（4）花后间套作小麦光合有效辐射量（PAR）较单作明显降低，降幅从 10％到 40％，且随着遮荫程度增加，间套作小麦受光光谱组成慢慢发生改变，光谱中蓝光（400～500nm）的比例逐步增多，而红光（600～700nm）的比例则逐步下降，光谱中散射光比例的增加及光谱组成的变化对植物体的外部造成一定程度的影响，但植物体可以通过对其光合作用及光化学效率的调整来补偿由于 PAR 的降低而对植物体本身所造成的伤害。而且由于小麦群体底层叶片具有较高的耐荫能力，光谱组成的改变更有利于底层叶片对散射光的利用。另外，遮荫使间套作小麦具有更强的可塑性，从而使间套作小麦全群体通过增大叶面积来提高光能的截获率，用以补偿光强的下降。

（5）间套作模式下的小麦群体净光合速率不会因高秆作物的遮阴而出现大幅度的下降。由于散射光比例的增加，小麦群体净光合速率的下降幅度也显著低于太阳有效辐射量的下降幅度；间套作小麦的蒸腾速率日变化曲线在 12：00—15：00 维持在一个较高的水平，无较明显峰值，而单作小麦的蒸腾速率日变化曲线则为双峰曲线，在 12：00 与 15：00 时达到峰值，且 12：00 的峰值略高于 15：00 的峰值，但均明显高于间套作小麦蒸腾速率最大值，这也在一定程度上补偿了间套作小麦蒸腾速率日均值的进一步下降；小麦胞间 CO_2 浓度日变化曲线呈现类似抛物线"下降—上升—下降—上升"规律变化，间套作小麦胞间 CO_2 浓度与单作交替变化，在 9：00—11：30 间套作小麦胞间 CO_2 浓度高于单作，在 11：30—15：30 单作小麦胞间 CO_2 浓度高于间套作小麦，之后又出现间套作小麦胞间 CO_2 浓度高于单作的情况，这均是由于气孔开闭与光合作用强弱导致的，且其变化呈现与净光合速率相反的规律；间套作小麦气孔导度呈现随时间逐渐下降的趋势，其变化规律与净光合速率、蒸腾速率相同，且间套作小麦气孔导度低于单作的规律，是由于光照强度不同引起的。

（6）通过对 2013 年和 2014 年玉米全生育期内干物质量累积进行分析。全生育期玉米干物质累积呈"S"形的数量变化关系，全生育期内干物质平均累积量。充分灌溉处理下 2 行番茄 2 行玉米间套作种植模式（IC_{2-2C}）较轻度控水灌溉处理下 2 行番茄 2 行玉米间套作种植模式（IC_{2-2Q}）、IC_{2-2K} 分别提高了 7.44%、28.18%，IC_{4-2C} 较轻度控水灌溉处理下 4 行番茄 2 行玉米间套作种植模式（IC_{4-2Q}）、亏缺灌溉处理下 4 行番茄 2 行玉米间套作种植模式（IC_{4-2K}）分别提高了 7.76%、25.73%。在相同水分不同种植模式条件下，IC_{4-2C} 较 IC_{2-2C}、单作分别提高了 9.13%、16.55%。对于番茄，不同生育期不同种植模式和不同水分对番茄干物质累积量、根系生长和产量影响不同。相同种植模式不同水分处理下番茄干物质量影响为充分灌溉＞轻度控水灌溉＞亏缺灌溉；在相同水分不同种植模式下表现为 IC_{4-2}＞IC_{2-2}＞单作模式。

（7）限量灌溉会显著提高间套作小麦穗粒干质量积累与物质转运效率及对籽粒的贡献率，间套作作物的不同也会对间套作小麦穗粒干质量积累与物质转运产生显著影响。限量灌溉会使间套作模式下的小麦灌浆速率峰值提前出现，提高最大灌浆速率、平均灌浆速率与活跃灌浆时间，减少灌浆持续时间，相同的水分处理不同的间套作作物也会对间套作小麦的籽粒灌浆参数产生显著影响。

第3章 间套作农田作物根系分布

间套作农田中不同作物之间存在水分、养分、光热等竞争，如作物间株高、叶面积等差异会直接影响作物吸收光热，从而导致间套作农田不同作物蒸散量存在差异。同时，间套作农田不同作物根系分布特征对于作物水肥竞争及利用效率具有关键作用，而水肥利用效率又间接影响了作物株高和叶面积，故掌握间套作农田根系分布特征对于明确作物间水肥竞争机理，提高间套作农田水肥高效利用效率具有重要意义。

目前国内外学者对作物根系的研究大多集中在根系分布、分形、根构型、根系生长以及根系吸水等方面，如国外学者 Jongrungklang 等对不同基因型号的花生根系进行了分析，完善了花生根系分布模型。我国学者周青云等采用原位取土法和根系生态监测系统对葡萄根系空间分布进行了研究，发现葡萄根系在水平方向主要分布在距树干 0～100cm 范围内，占总根系量的 80% 以上，在垂直方向上，主要分布在 0～60cm 范围内，占总根系量的 75% 以上。杨培岭等研究了冬小麦的根系形态分形特征，并从根系分形维数上进行了分析，得到了维数与时间、空间、水分之间的相互关系。通常，间套作模式下的根系分布受作物种类、土壤质地、土壤含水率、温度、养分等因素的综合影响，且国内外学者对此做了大量研究，如 Li 等通过田间试验研究了间套作作物产量与根系分布间的相互作用关系。Gao 等通过田间试验研究表明，指数模型适合描述垂直与水平两个单作与间套作模式根长度密度，且充分灌溉模式下间套作玉米根系渗透较大豆更深，横向甚至扩展到大豆的正下方。Nielsen 等通过研究间套作模式下根系间的相互促进作用，指出由于种间竞争及植物生长，促进根系相互作用最有可能是在营养贫瘠土壤和低投入农业生态系统中，且通过试验证明 ^{32}P 示踪技术是确定间套作系统根动态的重要工具。Nina 等通过研究肯尼亚中部地区单作与间套作模式的根系垂直分布，指出间套作模式下细根总数的 50% 分布在表层 36cm 内，而单作细根的 50% 分布在 15～21cm 土层深度内。本书针对间套作群体在不同灌溉水平下根系分布规律及吸水特性进行了研究，旨在明确间套作农田的节水增产机理。

3.1 不同生育期番茄玉米根系分布特征

3.1.1 不同生育期种间套作物根系二维分布差异

间套作农田区别于单作农田主要在于同一农田中有多种作物在同一时期生长，两种作物对农田水分和养分的吸收存在竞争关系，这种竞争关系主要受两种作物根系在不同生育期在整个剖面上分布的影响。本书研究了充分灌溉（T1）、轻度控水灌溉（T2）、亏缺灌溉（T3）条件下，间套作种植农田根系的二维分布（图 3-1、图 3-2）。

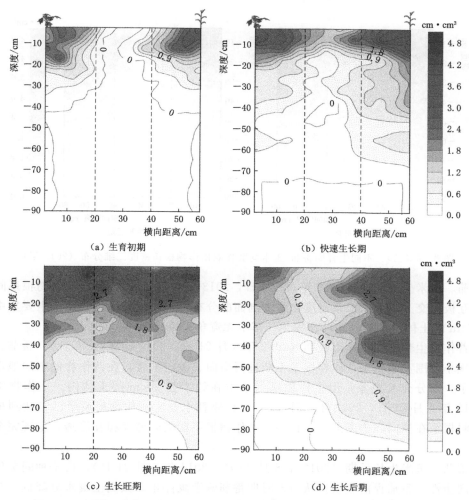

图 3-1　不同生育期番茄/玉米间套作农田作物根长密度二维分布（2012 年）

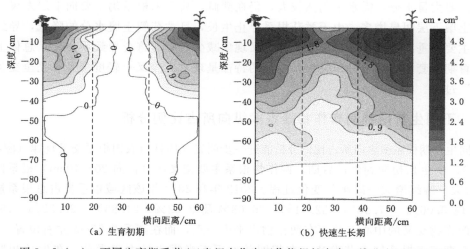

图 3-2（一）　不同生育期番茄/玉米间套作农田作物根长密度二维分布（2013 年）

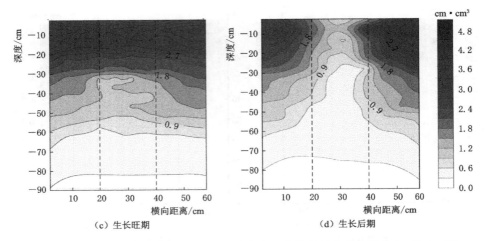

（c）生长旺期　　　　　　　　　（d）生长后期

图 3-2（二）　不同生育期番茄/玉米间套作农田作物根长密度二维分布（2013 年）

番茄、玉米生长初期（2012 年 6 月 6 日，2013 年 6 月 5 日），种间套作物根系间在空间上相互极小交叉，且从根系密度在整个剖面的分布可知，两种作物根系量主要集中在约半径 15cm 的土体内，该时期两作物生长基本无竞争关系。

随着作物生长进入快速生长期（2012 年 6 月 21 日，2013 年 6 月 28 日），番茄、玉米根系出现小范围竞争状态，作物根系不断进行横向、垂向扩展，在两作物的中间地带根系间出现了少部分交叉现象，但主要根系仍集中在约半径 20cm 的土体内。在作物生长旺期（2012 年 7 月 21 日，2013 年 7 月 24 日）作物耗水量大，作物根系量已经达到最大阶段，同时根系在横向和垂向进一步扩展，两作物根系在横向继续相互渗透，呈现完全交叉现象。

在番茄、玉米生长后期（2012 年 8 月 20 日，2014 年 8 月 21 日），由于种间套作物生长的不同步性，番茄提前收获，从而该时期番茄侧灌溉停止，该侧土壤水分降低，其地上生物量部分凋萎，从而导致番茄根系死亡数远大于新生数，根系趋于萎缩态势，而玉米该阶段仍需要大量水分，需水量仍然较大，仍在灌溉，故玉米根系仍主要向下层发展，导致根系在土壤下层明显增多。由于番茄根系停止生长，且番茄侧土壤水分的降低，导致玉米侧根系主要在垂向进行扩展，根系生长交叉现象减少，最终将会导致不交叉。总体上，在整个生育期间套作农田两种作物根系生长的特征呈现"不交叉—轻度交叉—完全交叉—轻度交叉"过程。

3.1.2　不同生育期种间套作物根系横纵向所占比例分析

不同生育期根系横纵向所占比例分析能进一步明确立体种植农田根系交叉规律（图 3-3、图 3-4）。从生长初期到生长后期，两作物根系主要交叉区（横向 20~40cm）根系比重呈"小—增大—继续增大—减小"变化过程。2012 年和 2013 年该区域根系量占总根系量的百分比呈现 3.06%—17.98%—32.71%—26.68% 及 3.62%—24.83%—30.39%—19.26% 变化，两作物交叉的中心点并不在两作物水平中心点，而在离番茄 25cm 左右位置。可见，整个生育期玉米根系较番茄发达，在相同条件下玉米需水量大于番茄。在生长初期半径

15cm 范围土体内根系量超过全部根系量的 80％。在作物生长快速期半径 20cm 范围土体内根系量占全部根系量的 80％。另外，作物生长快速期玉米根系量占总根系量的 60％，玉米根系量明显大于番茄。而在生长旺期根系呈现完全交叉现象，根系横向比重曲线几乎是一水平线，故该时期横向根系分布较均匀。而在生长后期由于番茄已收获，根系基本停止生长，灌溉也停止，故玉米根系占整个根系主要部分，约为 65％，且集中在主根附近。综上所述，玉米根系量总体大于番茄，从而奠定了玉米侧灌水定额应大于番茄侧的理论依据。从根系横向所占比重可知，随着生育期的发展，间套作农田作物根系横向半径由小变大再变小的过程，若灌水定额能随着根系发展做相应调整，使根系分布与土壤湿润体相适应将有利于提高间套作农田水分利用效率。

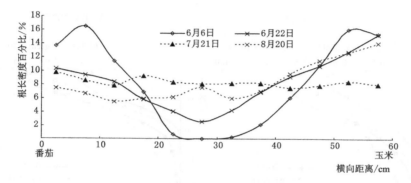

图 3-3　不同生育期番茄/玉米根长在横向位置所占百分比（2012 年）

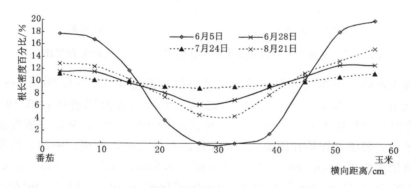

图 3-4　不同生育期番茄/玉米根长在横向位置所占百分比（2013 年）

番茄/玉米间套作农田不同生长阶段根密度变化不同。为明确不同生育时期作物根系在垂直方向上的生长变化，对实测的根长密度、根体积密度、根表面积密度和根重密度进行分析（图 3-5）。图中根系的测量均是在充分灌水条件下得到的，且不同横向位置的根密度均为该层平均之后的根密度。由于不同生育时期番茄玉米根系的生长变化不同，将 6 月 6 日定为前期，6 月 22 日定为中期，7 月 21 日定为后期，8 月 20 日定为末期。

从图 3-5 可以看出，不同时期的根系分布主要集中在 0～20cm 土层内，约占总根系的 65％～75％，其中根系密度分布最大位置出现在 10cm 处，之后开始下降。从根长密度、根体积密度、根表面积密度、根重密度来看，均是前期最小，后期最大，整个生育期

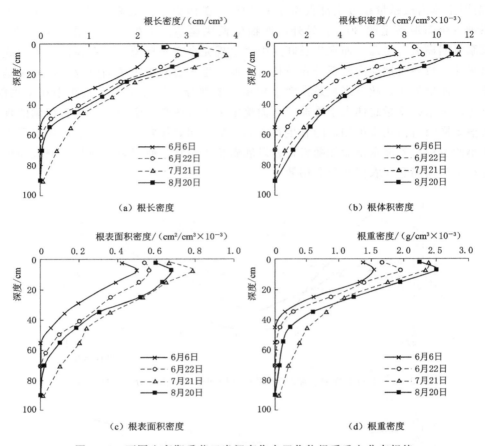

图 3-5　不同生育期番茄玉米间套作农田作物根系垂向分布规律

根长密度表现为前期<中期<末期<后期，平均根长密度在 0.9～1.73cm/cm³ 之间，平均根体积密度在 2.6～5.2cm³/cm³×10⁻³ 之间，平均根表面积密度在 0.19～0.4cm²/cm³×10⁻³ 之间，平均根重密度在 0.55～1.06g/cm³×10⁻³ 之间。从根系密度在垂直方向的生长状况来看，各项指标均在距地表 10cm 处达到最大值，前期、中期、后期、末期根长密度最大值依次为 2.18cm/cm³、2.80cm/cm³、3.79cm/cm³、3.19cm/cm³，根体积密度最大值依次为 7.47cm³/cm³×10⁻³、9.07cm³/cm³×10⁻³、11.27cm³/cm³×10⁻³、10.86cm³/cm³×10⁻³，根表面积密度最大值依次为 0.5cm²/cm³×10⁻³、0.56cm²/cm³×10⁻³、0.79cm²/cm³×10⁻³、0.68cm²/cm³×10⁻³，根重密度最大值依次为 1.55g/cm³×10⁻³、1.96g/cm³×10⁻³、2.35g/cm³×10⁻³、2.52g/cm³×10⁻³。这是由于充分灌溉水分能有效作用于 0～10cm 范围，且耕层主根区的根系分布较多，因此在 10cm 以上根系最发达，从 15cm 开始，根系逐渐减少，毛根系逐渐增多。

随着生育期的延长，各个根系指标均有所增加，但末期的根系密度少于后期，这是由于该时期番茄停止生长，作物根系开始萎蔫，因此末期根量较后期的有所减少。

不同生育时期番茄/玉米间套作农田根系密度分布不同。通过对不同时期各层的根系各项根系密度相关参数列表分析（表 3-1）可知。在作物生育前期，上层土壤（0～10cm）

为根系分布的主要区间。中期根系在横向和纵向都有所延伸，垂直方向可达到 0～60cm。后期为作物生长的旺盛时期，该时期根系最发达，番茄根系主要分布在 40cm 以上，而玉米则可达到 55cm 左右。到了末期，番茄根系出现了大量的死亡现象，而玉米根系仍保持在 60cm 范围内。可见，作物根系在不缺水的状况下生长较为旺盛。从根长密度来看，各个时期分别占整个生育期的比重为 17.4%、22.7%、33.3% 和 26.58%；从根体积密度来看，各个时期分别占整个生育期的比重为 15.9%、22.1%、30.2% 和 31.8%；从根表面积密度来看，各个时期分别占整个生育期的比重为 15.9%、21.8%、33.7% 和 28.7%；从根重密度来看，各个时期分别占整个生育期的比重为 16.8%、21.1%、31.1% 和 30.1%。

表 3-1 不同生育时期番茄玉米间套作农田作物根系密度分布

根系密度	日期	0～10 cm	10～20 cm	20～30 cm	30～40 cm	40～50 cm	50～60 cm	60～80 cm	80～100 cm	平均值 /cm
根长密度 /(cm/cm^3)	6 月 6 日	2.05	2.18	1.98	1.12	0.61	0.17	0.00	0.00	0.9
	6 月 22 日	2.60	2.80	2.47	1.66	0.80	0.22	0.03	0.00	1.18
	7 月 21 日	3.27	3.79	3.14	1.94	1.47	0.88	0.63	0.34	1.73
	8 月 20 日	2.53	3.19	2.70	1.77	1.27	0.69	0.19	0.05	1.38
根体积密度 /(cm^3/cm^3×10^{-3})	6 月 6 日	7.10	7.47	4.23	2.80	1.44	0.41	0.00	0.00	2.61
	6 月 22 日	8.56	9.07	6.26	3.76	2.47	1.52	0.82	0.00	3.61
	7 月 21 日	11.28	11.27	7.75	5.15	4.01	2.61	1.78	0.60	4.94
	8 月 20 日	10.50	10.86	9.15	5.77	4.29	2.96	2.16	1.09	5.2
根表面积密度 /(cm^2/cm^3×10^{-3})	6 月 6 日	0.42	0.50	0.39	0.20	0.12	0.05	0.00	0.00	0.19
	6 月 22 日	0.54	0.56	0.51	0.36	0.20	0.10	0.03	0.00	0.26
	7 月 21 日	0.67	0.79	0.65	0.53	0.36	0.24	0.20	0.10	0.4
	8 月 20 日	0.60	0.68	0.63	0.52	0.30	0.19	0.10	0.02	0.34
根重密度 /(g/cm^3×10^{-3})	6 月 6 日	1.38	1.55	1.32	0.60	0.15	0.00	0.00	0.00	0.55
	6 月 22 日	1.67	1.96	1.40	0.88	0.28	0.08	0.02	0.00	0.70
	7 月 21 日	2.39	2.35	1.76	1.09	0.80	0.51	0.38	0.22	1.06
	8 月 20 日	2.25	2.52	1.95	1.22	0.60	0.23	0.12	0.07	1.0

3.2 不同水分处理对间套作农田作物根系分布的影响

3.2.1 不同水分处理下间套作农田根系垂向分布规律

明确不同水分处理对根系在垂向分布的影响有利于制定合理灌溉制度。通过对每层不同横向位置的番茄、玉米吸水根（直径小于 2mm）进行平均后，得到根长密度、根体积密度、根表面积密度以及根长密度垂向分布图（图 3-6、图 3-7）。不同水分处理下根系分布主要集中在土壤表层，特别是 0～30cm 土层，作物根系分布最密集，约占总根的 60%～70%。而 0～20cm 根系占总根量的 50% 以上，其中根系密度最大位置出现在距地表 10cm，之后呈线性下降。不同水分处理对根系的影响较明显，根长密度、根体积密度、根表面密度以及根重密度在 0～30cm 土层范围有 T1＞T2＞T3 的规律。T3 处理在 0～30cm 含水率较小，根系密度小，所以吸水量小，难以满足生长旺盛期作物生长，故根系在土壤下层生长较 T1、T2 处理旺盛，导致在 40～100cm 土层，根系密度从大到小依次为 T3、T2、T1。然而在 0～30cm 根系占根系的主要部分，对于不同水分处理，依然有高水分处理土体内根量大于低水分处理，故适度水分胁迫有助于提高土壤下层吸水根量。

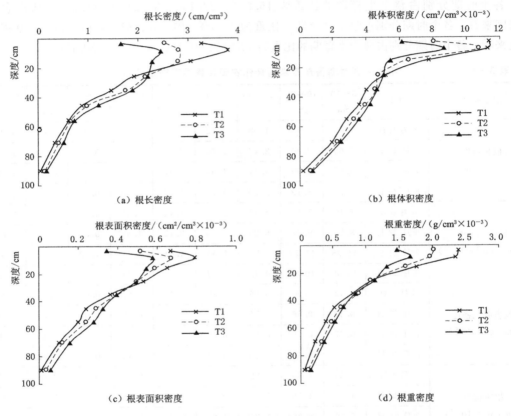

（a）根长密度   （b）根体积密度

（c）根表面积密度   （d）根重密度

图 3-6　不同水分处理间套作农田作物根系垂向分布规律（2012 年）

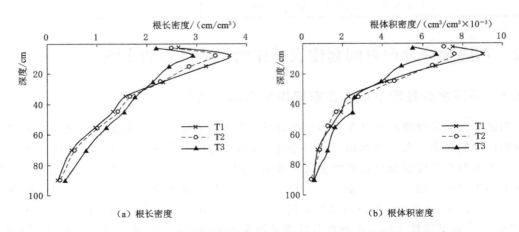

（a）根长密度   （b）根体积密度

图 3-7（一）　不同水分处理间套作农田作物根系垂向分布规律（2013 年）

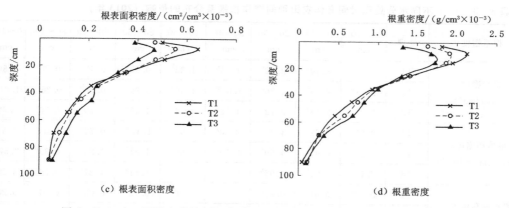

图 3-7（二） 不同水分处理间套作农田作物根系垂向分布规律（2013 年）

通过对不同水分处理各层的根系各参数（根长密度、根体积密度、根表面积密度、根重密度）列表分析显示（表 3-2，表 3-3），不同水分处理番茄、玉米根系在 0～10cm，10～20cm 差异最显著，其中不同水分处理番茄、玉米根系参数在 0～10cm 土层差异达到极显著（$P<0.01$），且不同根系参数有相同结果。在 10～20cm 土层不同水分处理根系都存在显著差异（$P<0.05$），而在 20～30cm，30～40cm 土层各处理根系基本无显著差异。可见，高频小流量灌溉方式主要对湿润体内根系产生显著影响。在土壤下层 40～100cm，不同水分处理对根系生长有影响，其中 T1 处理与 T3 处理存在显著（$P<0.05$）差异，而 T2 处理与 T1、T3 差异并不明显。可见，充分灌溉条件下土壤上层根系生长最好，控水灌溉存在一定的水分亏缺，影响了根系生长，水分亏缺灌溉缺水程度增大，故对根系生长的影响程度也加大。

表 3-2　　　不同水分处理对间套作农田种间套作物根系分布的影响（2012 年）

根系密度	处理	0～10 cm	10～20 cm	20～30 cm	30～40 cm	40～50 cm	50～60 cm	60～80 cm	80～100 cm	0～100 cm
根长密度 /(cm/cm³)	T1	3.53[a]	3.05[a]	1.94[a]	1.47[a]	0.88[b]	0.63[b]	0.34[b]	0.06[b]	2.09[a]
	T2	2.68[b]	2.80[ab]	2.15[a]	1.76[ab]	0.99[ab]	0.65[b]	0.42[b]	0.14[b]	1.99[ab]
	T3	2.05[c]	2.29[b]	2.20[a]	1.89[a]	1.22[a]	0.75[a]	0.52[a]	0.17[a]	1.82[b]
根体积密度 /(cm³/cm³×10⁻³)	T1	11.27[a]	7.75[a]	5.15[a]	4.01[b]	3.57[b]	2.81[b]	1.92[b]	0.21[b]	5.36[a]
	T2	9.37[b]	6.51[b]	5.05[a]	4.60[b]	3.93[ab]	3.19[ab]	2.24[ab]	0.67[ab]	4.99[ab]
	T3	7.36[c]	5.46[c]	5.05[a]	4.61[a]	4.22[a]	3.54[a]	2.52[a]	0.78[a]	4.54[b]
根表面积密度 /(cm²/cm³×10⁻³)	T1	0.73[a]	0.65[a]	0.53[a]	0.36[a]	0.24[a]	0.20[b]	0.10[b]	0.01[b]	0.40[a]
	T2	0.59[b]	0.59[ab]	0.50[a]	0.39[a]	0.29[ab]	0.24[ab]	0.12[a]	0.04[ab]	0.37[a]
	T3	0.46[c]	0.55[b]	0.50[a]	0.40[a]	0.33[a]	0.28[a]	0.16[a]	0.06[a]	0.35[a]
根重密度 /(g/cm³×10⁻³)	T1	2.37[a]	1.76[a]	1.09[a]	0.80[a]	0.51[b]	0.38[b]	0.22[b]	0.06[b]	1.06[a]
	T2	1.98[b]	1.59[ab]	1.06[a]	0.88[a]	0.62[ab]	0.47[ab]	0.32[a]	0.12[a]	1.00[ab]
	T3	1.55[c]	1.31[b]	1.13[a]	0.84[a]	0.66[a]	0.52[a]	0.36[a]	0.16[a]	0.90[b]

注 同列数值后不同小写字母表示差异达 0.05 显著水平。

表 3 - 3　　不同水分处理对间套作农田种间套作物根系分布的影响（2013 年）

根系密度	处理	0~10 cm	10~20 cm	20~30 cm	30~40 cm	40~50 cm	50~60 cm	60~80 cm	80~100 cm	0~100 cm
根长密度 /（cm/cm³）	T1	3.15[a]	3.19[a]	2.32[a]	1.55[b]	1.32[b]	0.95[b]	0.47[b]	0.20[b]	1.86[a]
	T2	2.93[b]	2.85[b]	2.26[a]	1.67[ab]	1.40[b]	0.99[b]	0.54[b]	0.26[ab]	1.81[ab]
	T3	2.55[c]	2.44[c]	2.12[a]	1.76[a]	1.54[a]	1.18[a]	0.79[a]	0.36[a]	1.76[b]
根体积密度 /(cm³/cm³×10⁻³)	T1	8.27[a]	6.62[a]	4.20[a]	2.30[a]	1.92[b]	1.41[ab]	0.72[b]	0.50[a]	3.67[a]
	T2	7.35[b]	6.47[a]	4.59[a]	2.79[a]	1.66[b]	1.21[b]	0.82[b]	0.39[b]	3.57[ab]
	T3	6.10[c]	4.91[b]	3.95[b]	2.59[a]	2.45[a]	1.61[a]	1.21[a]	0.54[b]	3.26[b]
根表面积密度 /(cm²/cm³×10⁻³)	T1	0.57[a]	0.51[a]	0.35[a]	0.21[a]	0.16[a]	0.12[a]	0.06[a]	0.04[a]	0.28[a]
	T2	0.51[b]	0.47[b]	0.35[a]	0.24[a]	0.17[a]	0.12[a]	0.08[ab]	0.04[a]	0.28[a]
	T3	0.42[c]	0.40[b]	0.32[a]	0.24[a]	0.21[a]	0.15[a]	0.11[a]	0.05[a]	0.27[a]
根重密度 /(g/cm³×10⁻³)	T1	1.96[a]	1.94[a]	1.37a	0.92[a]	0.68[b]	0.46[b]	0.26[b]	0.04[b]	1.09[a]
	T2	1.76[b]	1.86[ab]	1.41[a]	0.96[a]	0.75[ab]	0.58[b]	0.25[b]	0.12[a]	1.09[a]
	T3	1.49[c]	1.72[b]	1.29[a]	1.00[a]	0.83[a]	0.69[a]	0.32[a]	0.09[ab]	1.05[b]

注　同列数值后不同小写字母表示差异达 0.05 显著水平，不同大写字母表示 0.01 显著水平。

3.2.2　不同水分亏缺条件下间套作农田根系二维分布

　　番茄/玉米间套作农田在不同水分亏缺条件下根系的分布情况不同。本书研究了充分灌溉（T1）、轻度控水灌溉（T2）、水分亏缺灌溉（T3）对作物根系密度产生的影响，以 7 月 21 日为例，详细分析了不同水分亏缺状况对根系二维分布的影响。

　　番茄/玉米间套种在不同水分亏缺条件下的根长密度二维分布如图 3 - 8 所示。可以看出，根系生长随着深度的增加而减少，且垂直根系随着灌水量的减少而增加。间套作农田的根系分布特征主要体现在纵横两方面。在纵向上，T1 处理中番茄根系在 0~10cm 之间分布最多，且番茄根系几乎主要集中在 40cm 以上范围内，而玉米根系在 0~20cm 之间分布的最多，且主要集中在 40cm 范围内。番茄和玉米在 20cm 以上的根长密度约占总根长密度的 62.85%。然而，在 T2 处理下，番茄根系则在 0~20cm 之间分布的最多，且番茄根系同样也是集中在 40cm 以上范围内。而玉米的根系在 0~30cm 之间分布的最多，主要集中在 50cm 范围内，番茄和玉米在 20cm 以上的根长密度约占总根长密度的 55.08%。在 T3 处理下，番茄根系在 0~40cm 之间分布较多，且番茄根系主要集中在 50cm 以上范围内，而玉米的根系在 0~50cm 之间分布较多，玉米根系则是全部集中在 60cm 范围内，番茄和玉米在 20cm 以上的根长密度约占总根长密度的 47.58%。

　　从以上结果可知，随着灌水量的减小，根系在垂直生长方向上比较旺盛，但 20cm 土层范围内根长密度则是随着灌水量的减少而减少。从横向上来分析，根系交叉主要分布在 30~50cm 范围内，根系密度较大。从试验上可以看出同一层次，番茄根系生长比玉米的弱，作物根系表现出横向生长的现象。玉米根系在横向生长上较为旺盛，这满足作物根系生长的一般规律。

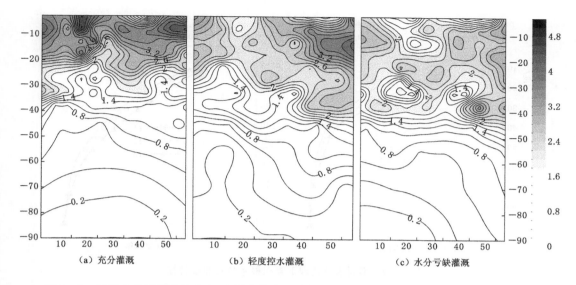

图 3-8　不同水分处理下番茄/玉米间套作农田作物根长密度二维分布图 ［单位/(cm/cm³) ］

3.3　不同水分和生育期累积根系分布特征

利用 Gale 等和 Neykova 等提出的累积根系分布非线性数学模型计算并绘制累积根系分布曲线，定量分析不同水分处理根系在垂向方向分布特征和不同生育期根系在水平方向分布特征，进一步明确根系在垂向和横向的分布规律，累积根系分布非线性模型公式为

$$Y_c = 1 - \beta^d \tag{3-1}$$

式中：Y_c 为累积根系分数（在 0～1 之间）；d 为土壤深度，cm；β 为拟合参数。

垂向 Y_c 的计算从土壤表层开始一直计算到土壤最深层，水平 Y_c 的计算从作物主根一直到番茄、玉米分界处。β 参数利用 SPSS 软件，基于 Levenberg - Marquardt 算法的非线性最小二乘法拟合得到。

通过累积根系曲线对不同水分处理根系在垂向累积分布的影响分析。结果显示，在相同土壤深度，高水分处理根系累积分数总是大于低水分处理根系累积分数（图 3-9）。比如 T1 处理在 0～20cm 土层的根量占总根量约 60％，T2 约占总根量的 50％，T3 约占总根量的 42％，差异非常明显。从回归得到的非线性模型参数（β）也可看出，β 值存在显著差异（表 3-4，表 3-5）。2012 年 T1、T2、T3 处理下 β 值分别为 0.948、0.956、0.962（$P < 0.05$），2013 年分别为 0.961、0.964、0.968（$P < 0.05$）。可见随着灌水量减少，土壤含水率降低，农田吸水根系将向土壤下层生长，呈现随着土壤水分下降，土壤下层根系比重将提高。从根系在剖面的分布可以看出，在 40cm 后，土壤中根量与土壤含水率成反比关系。从回归得到的非线性模型参数 β 值与土壤平均含水率的关系显示，从 T1 到 T3 处理土壤平均含水率下降了 15％，而 β 值提高了 1.5％。可见利用根系累积分数的回归参数在一定程度上能定量描述不同含水率对根系在垂向分布的影响。

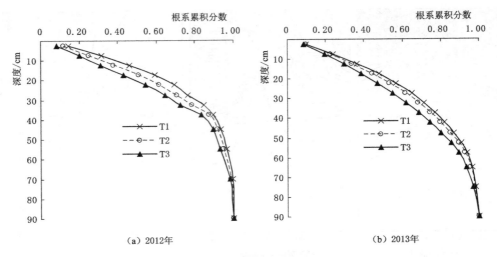

（a）2012年　　　　　　　　　　　（b）2013年

图 3-9　不同水分处理下累积根系分布曲线特征

表 3-4　　　　　不同水分处理及不同生育期累积根系曲线参数 β 值（2012 年）

水分处理	β	标准差	R^2	番茄侧	β	标准差	R^2	玉米侧	β	标准差	R^2
T1	0.948[a]	0.001	0.995	6-6	0.866[a]	0.009	0.978	6-6	0.867[a]	0.006	0.989
T2	0.956[b]	0.002	0.986	6-22	0.904[b]	0.006	0.978	6-22	0.914[b]	0.005	0.977
T3	0.962[c]	0.002	0.974	7-21	0.931[c]	0.007	0.927	7-21	0.945[d]	0.006	0.925
				8-20	0.934[c]	0.007	0.922	8-20	0.930[c]	0.004	0.971

表 3-5　　　　　不同水分处理及不同生育期累积根系曲线参数 β 值（2013 年）

水分处理	β	标准差	R^2	番茄侧	β	标准差	R^2	玉米侧	β	标准差	R^2
T1	0.961[a]	0.001	0.992	6-6	0.864[a]	0.009	0.982	6-6	0.841[a]	0.008	0.987
T2	0.964[a]	0.001	0.989	6-22	0.916[bc]	0.007	0.961	6-22	0.917[bc]	0.007	0.960
T3	0.968[b]	0.001	0.981	7-21	0.926[c]	0.008	0.938	7-21	0.926[c]	0.008	0.939
				8-20	0.907[b]	0.007	0.971	8-20	0.903[b]	0.007	0.973

　　不同生育期间套作农田根系在横向生长规律也可以用累积根系曲线的渐近式非线性模型进行定量分析。由于从作物生长初期到作物快速生长期根系在横向方向扩展，在间套作农田根系主要交叉区的根系比重呈增加趋势，不同生育期累积根系曲线也呈明显差异（图3-10），从作物生长初期到作物快速生长期根系累积分数也出现减少趋势，模型参数（β）数值明显增大，呈显著差异（$P<0.05$）（表3-4，表3-5）。在 8 月末作物生长末期由于番茄早已收获，不进行灌溉，导致番茄侧根系基本停止生长，故番茄侧 β 值无显著差异，但玉米侧由于仍在灌溉，根系仍在生长，且主要向垂向发展，故累积根系曲线参数 β 值与作物生长旺期相比呈下降趋势，可见玉米侧根系在横向方向呈收缩态势。

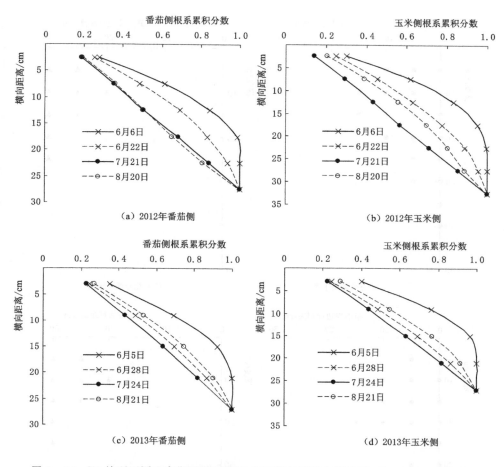

图 3-10 T1 处理不同生育期番茄侧和玉米侧累积根系曲线特征（2012 年，2013 年）

3.4 非充分灌溉条件下间套作农田作物根系分布及吸水规律

3.4.1 非充分灌溉条件下小麦/玉米根系二维分布

充分灌溉与非充分灌溉下间套作农田小麦、玉米根系二维分布如图 3-11 所示，充分灌溉下的小麦下扎深度为 40cm，侧向伸展距离为 15cm，玉米下扎深度为 25cm，侧向伸展距离为 10cm，两作物根系间相距 5cm。充分灌溉下的小麦下扎深度为 50cm，侧向伸展距离为 15cm，玉米下扎深度为 25cm，侧向伸展距离为 10cm，两作物根系间相距 5cm。可见，充分灌溉与非充分灌溉下间套作玉米根系下扎深度与侧向伸展距离均无差异。这是由于间套作玉米正处于苗期，对水分需求不强。而非充分灌溉下间套作小麦根系下扎深度较充分灌溉间套作小麦下扎深度多 5cm，但侧向伸展距离无差距，这是由于该次取样小麦正处于拔节期，对水分需求较高。

在小麦播后第 89 天，充分灌溉下根系交叉区域主要位于横向距小麦边行 0～

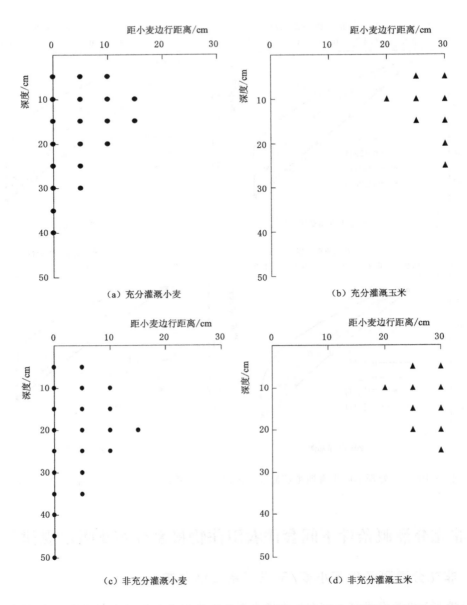

图 3-11　充分灌溉与非充分灌溉下间套作农田小麦、玉米根系二维分布（5 月 25 日）

20cm（图 3-12），深度 15~30cm 范围内，此时充分灌溉下的小麦下扎深度与侧向伸展距离分别达到 60cm 和 20cm，15~20cm 深度土层的根系侧向伸展距离最远。充分灌溉下小麦的根系平均分布深度为 25.3cm，玉米的下扎深度达到 60cm，而侧向伸展距离最远则已超越了边行小麦，根系平均分布深度为 27.7cm。非充分灌溉下根系交叉区域主要位于横向距小麦边行 0~20cm，深度 25~40cm 范围内，此时非充分灌溉下的小麦下扎深度与侧向伸展距离分别达到 80cm 和 20cm，下扎深度较充分灌溉小麦深了 20cm，30cm 深土层的根系侧向伸展距离最远，根系平均分布深度为 35.6cm，玉米的下扎深度达到 85cm，而侧向伸展距离最远则已到达边行小麦，根系平均分布深度为 41.3cm。可见，小麦与玉米在该段时间内生长较快，非充分灌溉较充分灌溉下扎明显。

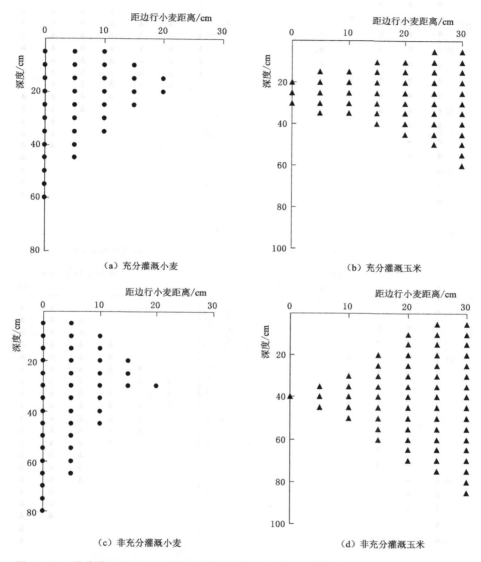

图 3-12　充分灌溉与非充分灌溉下间套作农田小麦、玉米根系二维分布（6 月 18 日）

在小麦播后第 113 天，小麦与玉米的根系混合程度变化不大（图 3-13），较第 2 次取样时只是在下扎深度与侧向伸展上略有增加，由于相邻两次取样之间均相隔相同天数，说明第 1 次取样与第 2 次取样间是间套作小麦、玉米根系的快速生长期。其中非充分灌溉下的小麦下扎深度较充分灌溉深了 10cm，根系平均分布深度为 36.9cm，充分灌溉根系平均分布深度为 28.9cm，分别较第 2 次取样时增加 1.4cm 与 3.6cm。非充分灌溉下玉米下扎深度较充分灌溉深了 15cm，根系平均分布深度为 46.2cm，充分灌溉根系平均分布深度为 34.1cm，分别较第 2 次取样时增加 4.9cm 与 6.4cm。可见，根系分布已基本趋于稳定。

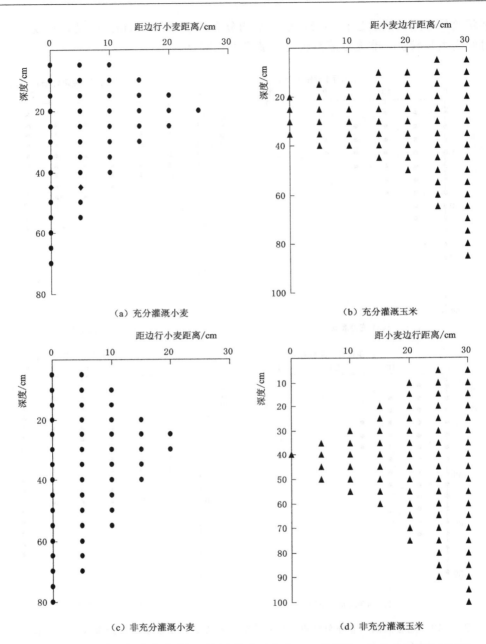

图 3-13　充分灌溉与非充分灌溉下间套作农田小麦、玉米根系二维分布（7 月 12 日）

3.4.2　非充分灌溉条件下小麦/玉米间套作物根质量密度分布

充分灌溉与非充分灌溉下不同位置土壤含水率均值变化趋势如图 3-14 所示。图中实线为充分灌溉下第 1 次取样至第 3 次取样（小麦播后 65～113d）期间不同位置土壤含水率均值连续变化趋势。可以看出，该段时间内不同位置土壤含水率均值出现了 2 次峰值，这是由于 5 月 26 日与 6 月 26 日灌水所致。

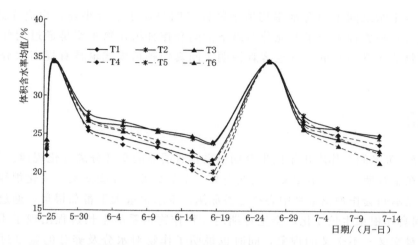

图 3-14　充分灌溉与非充分灌溉下不同位置土壤含水率均值变化趋势

注　T1：充分灌溉下边行小麦；T2：充分灌溉下边行小麦与边行玉米之间；T3：
充分灌溉下边行玉米；T4：非充分灌溉下边行小麦；T5：非充分灌溉下边
行小麦与边行玉米之间；T6：非充分灌溉下边行玉米。

还可看出每次灌水后均出现边行小麦与边行玉米之间土壤含水率均值高于边行小麦也高于边行玉米的情况，这是因为灌水过后，土壤水分含量高，作物的正下方 0~100cm 土体内根系较多，而两作物之间根系较少，且纵向分布范围也较短，导致作物根系正下方吸水较多，而两作物之间吸水较少，进而出现灌后边行小麦与边行玉米之间土壤含水率均值高于边行小麦也高于边行玉米的情况。一段时间之后又出现边行小麦与边行玉米之间土壤含水率均值低于其中一种作物而高于另一种作物土壤含水率均值，是由于一段时间之后需水量高的作物把自身正下方土壤中的水分吸收得差不多了，为维持生长而向外测吸水，而另一种作物由于正处于生育前期或生育后期，需水量低，从而出现该情况。

图中出现在 6 月 26 日灌水前边行小麦土壤含水率均值低于边行玉米，而灌水后又出现反转的现象是因为作物不同，需水量与需水时间不同，灌前小麦处于灌浆期，需水量大，而玉米处于苗期—拔节期，需水量较小麦低，而灌后小麦处于成熟期而需水量降低，但玉米已进入大喇叭口期—抽雄期，需水量明显升高，故灌前灌后两作物土壤含水率均值间出现反转。

图中虚线为非充分灌溉下第 1 次取样至第 3 次取样（小麦播后 65~113d）期间不同位置土壤含水率均值连续变化趋势，对比可以看出，非充分灌溉下不同位置土壤含水率均值变化趋势与充分灌溉下的变化趋势基本一致，只是数值比充分灌溉略小，其次是非充分灌溉边行小麦与边行玉米之间土壤含水率均值较充分灌溉提前 5d 左右下降到边行小麦与边行玉米土壤含水率均值之间，这是由于非充分灌溉灌水量少，导致作物行下侧土壤水分被较早吸收掉，从而使根系较早向外侧吸水所致。

第 1 次取样至第 3 次取样期间非充分灌溉边行小麦土壤含水率均值较非充分灌溉下降了 3.30%，非充分灌溉边行玉米土壤含水率均值较非充分灌溉下降了 3.21%，非充分灌溉边行小麦与边行玉米之间土壤含水率均值较充分灌溉下降了 4.96%，可见，边行小麦与边行玉米之间土壤含水率均值下降幅度明显高于边行小麦，也高于边行玉米，这也从土壤含水率方面解释了非充分灌溉下的间套作种植作物主要是通过向外侧汲取水分来保证作物的正常生长的，这也客观说明了间套作种植模式也具有提高水分利用效率的可能。

3.5　结论

（1）番茄/玉米间套作农田不同生育期根系具有明显的交叉分离变化规律。结果显示，两作物根系在生育期呈现"不交叉—轻度交叉—完全交叉—轻度交叉"变化规律。根系横向比重分析显示间套作种植根系中心靠近番茄侧，玉米根量大于番茄根量。通过分析研究番茄/玉米间套作根系生长变化，全生育期内 2 种作物根系的生长过程出现了不交叉—少量交叉—大量交叉—不交叉的现象，同时也说明了作物对水分及养分的竞争过程为不竞争—少量竞争—大量竞争—不竞争的现象。从不同灌水量对作物根系的影响来看，充分灌溉条件下作物根系主要分布在 0～40cm 范围内，控水灌溉条件下的根系主要分布在 0～50cm 范围内，水分亏缺灌溉条件下的根系多数分布在 0～60cm 范围内，说明水分的亏缺促进了根系的下扎能力，同时根系也表现出了坑逆性的特点。

（2）土壤含水率显著影响间套作农田作物根系生长。间套作农田根系主要分布在 0～30cm 范围，约占总根量的 60%～70%，其中根系密度最大出现在距表层 10cm，之后呈线性下降。高水分处理在 0～30cm 土层内根系生长量大于低水分处理，根长密度、根体积密度、根表面密度以及根重密度均有充分＞轻控＞亏水的规律，在 40cm 以下呈相反趋势。

（3）累积根系分布曲线分析显示随着土壤水分增加根系向土壤下层发展，随着生育期推进根系向作物中间发展，在生长后期玉米侧根系向土壤下层发展趋势。随着土壤含水率的降低，累积根系曲线模型参数 β 逐渐增大。随着生育期的推进，番茄侧、玉米侧 β 值逐渐增大。而玉米侧在生长后期由于番茄侧土壤水分降低，整体根系向下发展趋势导致 β 值变小。

（4）小麦/玉米间套作条件下作物根系混合程度主要经历"不混合—较大范围混合—大范围混合"三个过程。充分灌溉下小麦最大横向伸展距离为 20cm，最大下扎深度为 70cm，根系最终平均分布深度为 28.9cm。非充分灌溉下小麦最大横向伸展距离为 20cm，最大下扎深度为 80cm，根系最终平均分布深度为 36.9cm。充分灌溉下的玉米最大横向伸展距离超过 30cm，最大下扎深度为 85cm，根系最终平均分布深度为 34.1cm。非充分灌溉下的小麦最大横向伸展距离为 30cm，最大下扎深度为 100cm，根系最终平均分布深度为 46.2cm。

（5）小麦/玉米间套作农田根质量密度呈现"随离作物行距离增加而减小"的规律。充分灌溉小麦 0～30cm 土层中分布着 91% 的根系，而非充分灌溉 0～30cm 土层中小麦的根系只占总根系的 79%；充分灌溉下的玉米在 0～30cm 土层中分布着 91% 的根系，而非充分灌溉 0～30cm 土层中玉米的根系只占总根系的 78%。

（6）小麦/玉米间套作农田土壤剖面含水率呈现每次灌后边行小麦与边行玉米之间土

壤含水率均值高于边行小麦也高于边行玉米，一段时间之后又出现边行小麦与边行玉米之间土壤含水率均值低于其中一种作物而高于另一种作物土壤含水率均值的变化规律。其中非充分灌溉边行小麦与边行玉米之间土壤含水率均值较充分灌溉提前 5d 左右下降到边行小麦与边行玉米土壤含水率均值之间。整个取样期内间套作作物条带土壤含水率均值变化表现为条带间＞小麦条带＞玉米条带。

第 4 章　间套作农田作物耗水规律及模拟

由于间套作农田植株高度存在明显空间差异，导致种间作物微环境中辐射和风速条件差异显著，进一步造成间套作农田中不同作物蒸腾速率出现差异。如张莹等人研究了辽西半干旱区玉米、大豆单间套作田间耗水规律，发现玉米/大豆间套作的实际蒸散量均低于玉米、大豆单作，水分亏缺量分别比大豆、玉米单作低 45.54mm 和 5.68mm。因此，亟需构建一种可以预测复杂下垫面的间套作农田蒸散模型。Wallace 通过考虑种间套作物遮阴度和辐射重分布对耗水的影响，发展了一种基于 SW 模型的间套作蒸散模型（ERIN 模型），该模型将间套作农田总作物蒸腾区进一步细化为不同作物蒸腾集合。然而，ERIN 模型主要针对裸地条件下间套作农田蒸散预测，未能考虑地膜覆盖对作物耗水的影响。由于地膜覆盖可以切断地表水汽与大气的交换途径，导致地膜覆盖下土壤表面阻力显著增大，有效减小土壤蒸发。因此，构建地膜覆盖条件下间套作农田蒸散模型十分重要。另外，当前蒸散模型均为一维模型，即仅考虑了种间作物在垂直空间的竞争，未考虑种间作物在水平空间上的竞争。因此，有必要在间套作农田蒸散模型基础上，构建一个光截获条件下间套作蒸散模型，以明确日照变化对间套作农田种间作物耗水的影响，并进一步精确量化各组成的耗水差异。

4.1　间套作农田作物耗水规律

4.1.1　不同间套作种植模式下作物耗水差异

生长初期由于作物植株矮小，试验区气温较低，蒸腾作用较弱，农田实际蒸散量（ET_c）均小于参考作物需水量（ET_0），随着作物生长发育，气温逐步升高，ET_c 亦不断加强。从 4 月下旬至 5 月中旬，由于气温大幅度升高，作物叶片生长迅速，加大了作物蒸腾面积，所以在该阶段 ET_c 呈现快速增长的趋势，并逐渐大于 ET_0。随着作物不断生长发育，出现营养生长、生殖生长并进的生长阶段，该阶段发生在 5 月下旬至 7 月中旬，其中玉米（图 4-1）在 6 月 18 日进入拔节期，玉米株高迅速生长，在 7 月 8 日进入抽雄期，此时玉米叶面积达到最大，即 ET_c 达到最大值，其中 IC_{2-2} 和 IC_{4-2} 种植模式下 ET_c 较单作玉米模式分别提高了 3.8% 和 9.5%。而番茄（图 4-2）在 5 月 20 日移苗，先有一周左右的缓苗期，之后逐渐快速生长，6 月中旬进入开花—坐果期，番茄株高、茎粗和叶面积逐渐增大促使 ET_c 迅速增加。IC_{2-2} 和 IC_{4-2} 种植模式下 ET_c 较单作番茄模式（ST）分别降低了 12.5% 和 10.3%。从 7 月下旬至 8 月上旬，玉米进入灌浆期，番茄则进入成熟采摘期，该阶段当地最高日气温达到 36.42℃，平均最高气温达到 30.15℃，全天平均气温 22.80℃，ET_c 强烈，但全天 ET_c 变化幅度相对较缓慢，主要因为作物均做了覆膜处理，虽然当地全天平均温差 14.39℃，但是覆膜对作物起到了保温作用，减小了温差，保证果实形成。从 8 月中旬至 8 月下旬，玉米逐渐进入成熟期，番茄开始第 2 次采摘，该阶段气温开始逐渐下降，全天平均气温 19.45℃，全天平均温差 16.35℃，该阶段作物叶片开始从底部衰竭枯萎，所以 ET_c 逐渐接近或小于 ET_0。总体上，IC_{2-2} 和 IC_{4-2} 种植模式下全生育期 ET_c 较单作玉米（SC）分别降低了 3.3% 和 8.8%，而较 ST 分别提高了 9.1% 和 3.6%（图 4-3、图 4-4）。

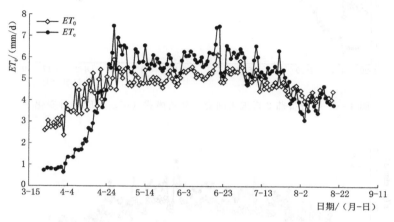

图 4-1 单作玉米（SC）ET_c 日变化

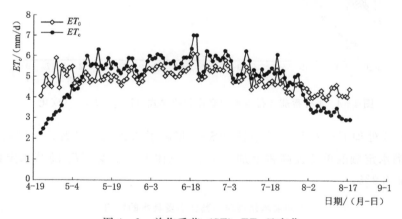

图 4-2 单作番茄（ST）ET_c 日变化

4.1.2 不同灌水水平下不同种间作物耗水差异

小麦/玉米、小麦/向日葵间套作条件下的小麦 ET_c 与单作小麦（CKW）ET_c 存在明显差异，不同灌水处理对间套作小麦耗水的影响见表 4-1，可以看出，WM-1、WS-1 处理下的小麦 ET_c 分别较 CKW 减小了 4.0%、6.3%。随着灌水水平的提高，不同种植模式下小麦 ET_c 均明显提高。在小麦/玉米间套作模式下，WM-2、WM-3、WM-4、WM-5 处理下小麦 ET_c 分别较 WM-1 提高了 0.3%、1.5%、4.4%、6.5%，即小麦 ET_c 随灌水定额的单位提高将增加 3.2%。在小麦/向日葵间套作模式下，WS-2、WS-3、

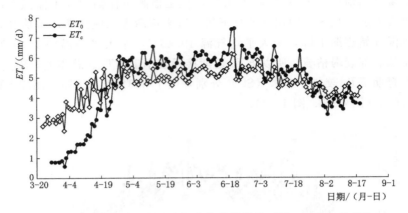

图 4-3　2 行番茄 2 行玉米间套作种植模式（IC$_{2-2}$）ET_c 日变化

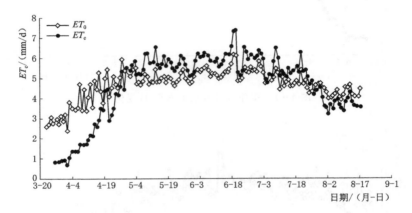

图 4-4　4 行番茄 2 行玉米间套作种植模式（IC$_{4-2}$）ET_c 日变化

WS-4、WS-5 处理下小麦 ET_c 分别较 WS-1 提高了 2.2%、2.5%、5.1%、9.0%，即小麦 ET_c 随灌水定额的单位提高将增加 4.7%。总体上，小麦 ET_c 随灌水定额的单位提高将平均增加 3.9%。

表 4-1　　　　　　　　　　不同灌水处理对间套作小麦耗水的影响

处理编号	Δw/mm	I/mm	P/mm	G/mm	ET_c/mm
CKW	89.36	388	47.8	88.47	613.63
WM-1	105.23	328	47.8	107.87	588.9
WS-1	90.63	328	47.8	108.74	575.17
WM-2	129.5	298	47.8	115.28	590.58
WS-2	98.31	298	47.8	118.37	562.48
WM-3	103.3	328	47.8	101.27	580.37
WS-3	106.88	328	47.8	106.75	589.43

续表

处理编号	$\Delta w/mm$	I/mm	P/mm	G/mm	ET_c/mm
WM-4	112.59	358	47.8	96.34	614.73
WS-4	105.14	358	47.8	93.46	604.4
WM-5	110.52	388	47.8	81.09	627.41
WS-5	101.51	388	47.8	89.34	626.65

小麦/玉米间套作条件下的玉米 ET_c 与单作玉米（CKM）相比有明显差异。不同灌水处理对间套作玉米耗水的影响见表 4-2，可以看出，WM-1 处理下的玉米 ET_c 较 CKW 提高了 13.1%，说明间套作模式下的灌溉定额应高于单作模式。随着灌水水平的提高，不同种植模式下玉米 ET_c 均明显提高。在小麦/玉米间套作模式下，WM-2、WM-3、WM-4、WM-5 处理下玉米 ET_c 分别较 WM-1 提高了 2.0%、2.4%、5.6%、8.4%，即玉米 ET_c 随灌水定额的单位提高将增加 4.6%。

表 4-2 不同灌水处理对间套作玉米耗水的影响

处理编号	$\Delta w/mm$	I/mm	P/mm	G/mm	ET_c/mm
CKM	55.26	291	76	88.67	510.93
WM-1	24.37	369	76	108.24	577.61
WM-2	75.80	339	76	98.36	589.16
WM-3	48.43	377	76	90.48	591.41
WM-4	41.80	407	76	85.78	610.08
WM-5	32.43	437	76	81.34	626.27

不同灌溉定额的小麦/向日葵间套作模式下向日葵的 ET_c 明显高于单作向日葵（CKS）。不同灌水处理对立体种植模式下向日葵水分利用效率的影响，可以看出，WS-1 处理下的向日葵 ET_c 较 CKS 提高了 19.3%。随着灌水水平的提高，不同种植模式下向日葵 ET_c 变化差异较大。WS-2、WS-3、WS-4、WS-5 处理下向日葵 ET_c 分别较 WS-1 提高了 -6.6%、-3.7%、6.9%、12.1%，即向日葵 ET_c 随灌水定额的单位提高将增加 2.2%。

表 4-3 不同灌水处理对立体种植模式下向日葵水分利用效率的影响

处理编号	$\Delta w/mm$	I/mm	P/mm	G/mm	ET_c/mm
CKS	62.24	291	69.2	45.82	468.26
WS-1	66.45	369	69.2	75.84	580.49
WS-2	64.94	339	69.2	68.79	541.93
WS-3	48.91	377	69.2	64.58	559.19
WS-4	87.58	407	69.2	57.39	620.67
WS-5	92.62	437	69.2	52.34	650.66

4.2　间套作农田种间作物耗水竞争机制

4.2.1　不同间套作种植模式下种间作物的耗水竞争差异

不同间套作系统下番茄/玉米种间作物耗水竞争规律基本相似。总体上，随着作物生育期的推进，IC_{2-2} 和 IC_{4-2} 系统中番茄/玉米种间耗水竞争强度均表现为"先增加后减小"的趋势，最强烈的竞争出现在作物生育中期（图 4-5）。IC_{2-2} 和 IC_{4-2} 系统中 2018 年作物生育中期玉米竞争比（CR_c）分别较番茄竞争比（CR_t）增加了 49.0% 和 16.1%，2019 年分别增加了 54.2% 和 33.0%。此外，不同间套作系统中最大的 CR_c 出现在 IC_{2-2} 系统。2018 年和 2019 年 IC_{2-2} 系统全生育期平均 CR_c 分别较 IC_{4-2} 增加了 4.3% 和 5.3%。可见，IC_{2-2} 系统中番茄/玉米耗水竞争强度高于 IC_{4-2}。然而，不同间套作系统中最高的耗水竞争当量比（LER_T）出现在 IC_{4-2} 系统。IC_{4-2} 系统 2018 年和 2019 年 LER_T 分别较 IC_{2-2} 提高了 6.7% 和 5.8%。可见，IC_{4-2} 系统更有利于作物吸收水分，提高整个间套作系统的有效耗水量和农田生产率。因此，IC_{4-2} 系统可被推荐作为当地最优的间套作模式。

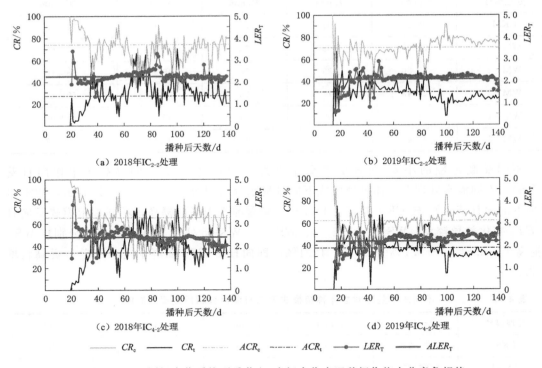

图 4-5　不同间套作系统下番茄/玉米间套作农田种间作物水分竞争规律

4.2.2　不同灌水水平下种间作物耗水竞争机制

不同的灌溉水平也限制了番茄和玉米的耗水强度。灌水深度越浅，间套作生态系统总耗水量越低，但种间作物耗水强度越高。此外，与番茄相比，玉米的抗水分亏缺性更高。

当灌溉深度由高水（HI）降低到中水（MI）和低水（LI）时，番茄的蒸腾（T）值分别降低12.9%和22.4%，玉米的 T 值分别降低10.7%和16.3%。产生该现象的原因主要是由于番茄和玉米根区水分的差异。由于随着灌水量的减小，玉米根区土壤水分含量会较番茄侧更低，因此，番茄和玉米根区间水分水平梯度被增大，导致水分将从高水势的番茄侧向低水势的玉米侧补给，从而抵消了玉米的水分亏缺现象，但加重了番茄的水分亏缺。由于种间作物生理特性和生长规律的时空差异性导致不同作物耗水竞争机制在不同生育期出现差异性变化。总体上，番茄和玉米的竞争强度在全生育期表现为先增加后减小的趋势。在第一阶段，由于间套作农田仅存在玉米作物，故 CR 稳定在100%，且此阶段高水条件下2018年和2019年玉米蒸腾量分别为 1.55mm/d 和 0.67mm/d。随着番茄的移入，在第二阶段，番茄和玉米耗水竞争强烈，特别在2018年，CR 最低可达 -192.2%，表明番茄在该阶段某些时期的作物蒸腾显著高于玉米。但总体上，玉米的作物蒸腾量仍高于番茄，2018年和2019年第二阶段玉米作物蒸腾量分别为 3.53mm/d 和 2.07mm/d，番茄作物蒸腾量分别为 2.58mm/d 和

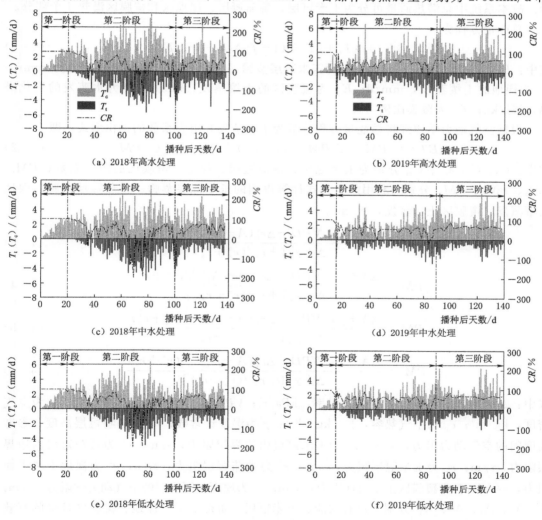

（a）2018年高水处理　　　　　　　　　　（b）2019年高水处理

（c）2018年中水处理　　　　　　　　　　（d）2019年中水处理

（e）2018年低水处理　　　　　　　　　　（f）2019年低水处理

图 4-6　不同灌水水平番茄/玉米间套作农田种间作物水分竞争规律

1.31mm/d，平均 CR 分别为 32.9% 和 42.8%。在第三阶段，由于番茄基本停止生长，故玉米耗水强度明显高于番茄，2018 年和 2019 年玉米作物蒸腾量分别为 3.10mm/d 和 1.79mm/d，番茄作物蒸腾量分别为 3.22mm/d 和 1.19mm/d，CR 分别可达 31.8% 和 63.9%。

4.3　间套作覆膜农田蒸散模型构建

4.3.1　间套作覆膜农田蒸散模型原理

本书基于 ERIN 模型，构建了番茄/玉米间套作覆膜农田蒸散模型（MERIN）。MERIN 模型通过假设 2 种间套作作物在全生育期无空间水平重叠（仅存在空间垂直重叠），考虑了地膜覆盖下番茄和玉米地上竞争机制对农田蒸散的影响，如太阳辐射和风速。另外，本模型假设地膜可以完全阻隔地膜与大气间的水汽交换，即地膜覆盖区域无潜热通量。故本系统中总潜热通量可分为玉米冠层、番茄冠层、裸地区和覆膜区潜热 4 个部分。

总能量方程为

$$\lambda ET = \lambda T_c + \lambda T_t + (1 - f_m)\lambda E_s + f_m\lambda E_m \tag{4-1}$$

式中：ET 为冠层蒸腾，mm/d；T_c 为玉米冠层蒸腾，mm/d；T_t 为番茄冠层蒸腾，mm/d；E_s 为裸地的土壤蒸发，mm/d；E_m 为覆膜区的土壤蒸发，mm/d；λ 为水蒸发的汽化潜热，MJ/kg；f_m 为覆膜比例，%。

根据空气动力学原理将总能量方程分解为土壤蒸发和阻力系数的乘积形式，即

$$\lambda ET = C_c PM_c + C_t PM_t + (1 - f_m)C_s PM_s + f_m C_m PM_m \tag{4-2}$$

式中：C_c、C_t、C_s、C_m 分别为玉米冠层、番茄冠层、裸地、覆膜区的阻力系数；PM_c、PM_t、PM_s、PM_m 分别为利用彭曼公式计算得到的玉米冠层蒸腾、番茄冠层蒸腾、裸地土壤蒸发、覆膜区土壤蒸发，W/m²。

$$PM_c = \frac{\Delta A + [\rho c_p VPD - \Delta r_a^c (A - A_c)]/(r_a^a + r_a^c)}{\Delta + \gamma[1 + r_s^c/(r_a^a + r_a^c)]} \tag{4-3}$$

$$PM_t = \frac{\Delta A + [\rho c_p VPD - \Delta r_a^t (A - A_t)]/(r_a^a + r_a^t)}{\Delta + \gamma[1 + r_s^t/(r_a^a + r_a^t)]} \tag{4-4}$$

$$PM_s = \frac{\Delta A + [\rho c_p VPD - \Delta r_a^s (A - A_s)]/(r_a^a + r_a^s)}{\Delta + \gamma[1 + r_s^s/(r_a^a + r_a^s)]} \tag{4-5}$$

$$PM_m = \frac{\Delta A + [\rho c_p VPD - \Delta r_a^s (A - A_m)]/(r_a^a + r_a^s)}{\Delta + \gamma[1 + r_s^m/(r_a^a + r_a^s)]} \tag{4-6}$$

式中：Δ 为饱和水气压—温度曲线斜率，kPa/K；VPD 为饱和水汽压差，kPa；ρ 为空气密度，kg/m³；c_p 为空气热容，J/(kg·K)；γ 为湿度计常数；r_a^a 为作物冠层高度与参考高度间的空气动力阻力，s/m；r_a^c 为玉米冠层内边界层阻力，s/m；r_a^t 为番茄冠层内边界层阻力，s/m；r_s^c 为玉米冠层阻力，s/m；r_s^t 为番茄冠层阻力，s/m；r_s^s 为裸地土壤表面阻力，s/m；r_s^m 为覆膜区土壤表面阻力，s/m；r_a^s 为地面与冠层间的空气动力学阻力，s/m；A、A_c、A_t、A_s、A_m 分别为总有效能、玉米冠层、番茄冠层、裸地、覆膜区接受的有效能量，W/m²。

阻力系数项分别为

$$C_c = \frac{R_a + R_c}{R_c} \left[1 + \frac{R_a}{R_c} + \frac{R_a}{R_t} + (1 - f_m)\frac{R_a}{R_s} + f_m \frac{R_a}{R_m} \right]^{-1} \qquad (4-7)$$

$$C_t = \frac{R_a + R_t}{R_t} \left[1 + \frac{R_a}{R_c} + \frac{R_a}{R_t} + (1 - f_m)\frac{R_a}{R_s} + f_m \frac{R_a}{R_m} \right]^{-1} \qquad (4-8)$$

$$C_s = \frac{R_a + R_s}{R_s} \left[1 + \frac{R_a}{R_c} + \frac{R_a}{R_t} + (1 - f_m)\frac{R_a}{R_s} + f_m \frac{R_a}{R_m} \right]^{-1} \qquad (4-9)$$

$$C_m = \frac{R_a + R_m}{R_m} \left[1 + \frac{R_a}{R_c} + \frac{R_a}{R_t} + (1 - f_m)\frac{R_a}{R_s} + f_m \frac{R_a}{R_m} \right]^{-1} \qquad (4-10)$$

假设覆膜区域的土壤表面阻力 r_s^m 无限大，故 $\lambda E_m \approx 0$，则总能方程修改为

$$\lambda ET = \lambda T_c + \lambda T_t + (1 - f_m)\lambda E_s \qquad (4-11)$$

$$\lambda ET = C_c PM_c + C_t PM_t + (1 - f_m)C_s PM_s \qquad (4-12)$$

$$C_c = \frac{R_a + R_c}{R_c} \left[1 + \frac{R_a}{R_c} + \frac{R_a}{R_t} + (1 - f_m)\frac{R_a}{R_s} \right]^{-1} \qquad (4-13)$$

$$C_t = \frac{R_a + R_t}{R_t} \left[1 + \frac{R_a}{R_c} + \frac{R_a}{R_t} + (1 - f_m)\frac{R_a}{R_s} \right]^{-1} \qquad (4-14)$$

$$C_s = \frac{R_a + R_s}{R_s} \left[1 + \frac{R_a}{R_c} + \frac{R_a}{R_t} + (1 - f_m)\frac{R_a}{R_s} \right]^{-1} \qquad (4-15)$$

$$R_c = (\Delta + \gamma)r_a^c + \gamma r_s^c \qquad (4-16)$$

$$R_t = (\Delta + \gamma)r_a^t + \gamma r_s^t \qquad (4-17)$$

$$R_s = (\Delta + \gamma)r_a^s + \gamma r_s^s \qquad (4-18)$$

$$R_a = (\Delta + \gamma)r_a^a \qquad (4-19)$$

$$A = R_n - G_s \qquad (4-20)$$

$$A_c = f_c R_n \qquad (4-21)$$

$$A_t = f_t R_n \qquad (4-22)$$

$$A_s = (R_n - G_s)[1 - (f_c + f_t)] \qquad (4-23)$$

式中：R_n、R_a、R_c、R_t、R_s 分别为总净辐射量、大气、玉米、番茄和裸地区土壤接受的净辐射量，W/m^2；G_s 为地表热通量，W/m^2；f_c 为被玉米冠层截获的入射辐射比例；f_t 为被番茄冠层截获的入射辐射比例。

$$f_c = f_c^s + F(f_c^d - f_c^s) \qquad (4-24)$$

$$f_t = f_t^s + (1 - F)(f_t^d - f_t^s) \qquad (4-25)$$

$$f_c^s = e^{-k_t LAI_t}(1 - e^{-k_c LAI_c}) \qquad (4-26)$$

$$f_c^d = 1 - e^{-k_c LAI_c} \qquad (4-27)$$

$$f_t^s = e^{-k_c LAI_c}(1 - e^{-k_t LAI_t}) \qquad (4-28)$$

$$f_t^d = 1 - e^{-k_t LAI_t} \qquad (4-29)$$

$$F = \frac{h_c^2}{h_c^2 + h_t^2} \qquad (4-30)$$

式中：F 为变化范围 $0 \sim 1$ 的比例因子；k_c、k_t 分别代表玉米（0.39）和番茄（0.65）的消光系数；LAI_c、LAI_t 分别代表玉米、番茄的叶面积指数；h_c、h_t 分别代表玉米、番茄的株高，m。其中，上标 d 表示该作物在间套作农田辐射竞争中处于主导地位，上标 s 表示该作物在间套作农田辐射竞争中处于次要地位。

由于 MERIN 模型中 VPD 采用的是冠层以上的值，不能直接反映各潜热通量分量，故本书采用一个修正的 PM 模型确定冠层内番茄和玉米蒸腾以及土壤蒸发：

$$\lambda T_c + \lambda T_t + (1 - f_m)\lambda E_s = \frac{\Delta A_c + (\rho c_p VPD_0)/r_a^c}{\Delta + \gamma(1 + r_s^c/r_a^c)} + \frac{\Delta A_t + (\rho c_p VPD_0)/r_a^t}{\Delta + \gamma(1 + r_s^t/r_a^t)}$$
$$+ (1 - f_m)\frac{\Delta A_s + (\rho c_p VPD_0)/r_a^s}{\Delta + \gamma(1 + r_s^s/r_a^s)} \tag{4-31}$$

其中

$$VPD_0 = VPD + \frac{r_a^a}{\rho c_p}[\Delta A - (\Delta + \gamma)\lambda ET] \tag{4-32}$$

式中：VPD_0 为冠层平均高度处的饱和水汽压差，kPa。

4.3.2　间套作覆膜农田二维蒸散模型原理

本书基于 MERIN 模型，构建了番茄/玉米间套作覆膜农田二维蒸散模型（DERIN）。DERIN 模型通过假设间套作作物在全生育期会出现空间水平和垂直重叠 2 种现象，考虑了地膜覆盖下番茄和玉米地上竞争机制对农田蒸散的影响，如太阳辐射和风速。本系统中总的潜热通量可分为玉米冠层、番茄冠层和裸地区潜热 3 个部分。

总能量方程为

$$\lambda ET = \lambda T_c + \lambda T_t + (1 - f_m)\lambda E_s \tag{4-33}$$

根据空气动力学原理将总能量方程分解为土壤蒸发和阻力系数的乘积形式，即

$$\lambda ET = C_c PM_c + C_t PM_t + (1 - f_m)C_s PM_s \tag{4-34}$$

式中：C_c、C_t、C_s 分别为玉米冠层、番茄冠层、裸地区的阻力系数；PM_c、PM_t、PM_s 分别为利用彭曼公式计算得到的玉米冠层蒸腾、番茄冠层蒸腾、裸地土壤蒸发，W/m^2。

在含有多种植物的均一冠层内的辐射截留与单个成分的结构参数以及叶片元素间的空间相互作用有关。为量化玉米和番茄冠层入射辐射截获比例，本书引入了一个二维光截获模型。该模型假设叶片为黑色，且叶片弥散随机，将消光系数，叶面积密度和辐射路径长度的乘积分成 4 类。即番茄和玉米的入射辐射截获比例可采用 Beer 公式计算得到

$$f_c = \left[\frac{g_{\Psi,c} a_c}{g_{\Psi,c} a_c + g_{\Psi,t} a_t}\right]\{1 - \exp[-g_{\Psi,c} a_c(S_{\Psi,\Phi,c} + S_{\Psi,\Phi,c/t}) - g_{\Psi,t} a_t(S_{\Psi,\Phi,t} + S_{\Psi,\Phi,c/t})]\}$$
$$\tag{4-35}$$

$$f_t = \left[\frac{g_{\Psi,t} a_t}{g_{\Psi,c} a_c + g_{\Psi,t} a_t}\right]\{1 - \exp[-g_{\Psi,c} a_c(S_{\Psi,\Phi,c} + S_{\Psi,\Phi,c/t}) - g_{\Psi,t} a_t(S_{\Psi,\Phi,t} + S_{\Psi,\Phi,c/t})]\}$$
$$\tag{4-36}$$

式中：$g_{\Psi,c}$、$g_{\Psi,t}$ 分别为在天顶角 Ψ 时的玉米、番茄消光系数；a_c、a_t 分别为玉米、番茄的叶面积密度；$S_{\Psi,\Phi,c}$、$S_{\Psi,\Phi,t}$、$S_{\Psi,\Phi,c/t}$ 分别为在给定的太阳位置上（天顶角为 Ψ，方位角为 Φ）从玉米冠层、番茄冠层、玉米番茄混合冠层到土壤表面的总辐射路径长度。

从冠层表面到地面的辐射传输量可采用下式计算得到

$$f_s = \exp[-g_{\Psi,c}a_c S_{\Psi,\Phi,c} - g_{\Psi,t}a_t S_{\Psi,\Phi,t} - (g_{\Psi,c}a_c + g_{\Psi,t}a_t)S_{\Psi,\Phi,c/t}] \tag{4-37}$$

在天顶角为 Ψ 时，玉米和番茄的消光系数可采用下式计算

$$g_{\Psi,c} = \frac{\sqrt{\chi_c^2 \cos^2\Psi \sin^2\Psi}}{\chi_c + 1.774(\chi_c + 1.182)^{-0.733}} \tag{4-38}$$

$$g_{\Psi,t} = \frac{\sqrt{\chi_t^2 \cos^2\Psi \sin^2\Psi}}{\chi_t + 1.774(\chi_t + 1.182)^{-0.733}} \tag{4-39}$$

式中：χ_c、χ_t 分别为玉米、番茄冠层垂直投影与水平投影之比。$\chi \to 0$ 代表叶片角垂直分布，$\chi \to \infty$ 代表叶片角水平分布，对于球形叶角分布，$\chi = 1$。

假设光束能够击中水平地面，则番茄/玉米间套作系统中天顶角可采用下列公式计算，即

$$\cos\Psi = \cos\theta_b \cos\theta_c \tag{4-40}$$

$$\sin\Psi = \frac{\sin\theta_c}{\cos\theta_a} \tag{4-41}$$

式中：θ_a 为行方位角与太阳方位角之间的差值，（°）；θ_b 为入射辐射在行带横截面中水平投影方向上的角度，（°）；θ_c 为穿过天顶和行带的垂直平面与穿过天顶和行带横截面的垂直平面之间的夹角，（°）。

假设行带内叶面积密度均匀，则可以利用行间距与行带横截面宽度之比计算出叶面积密度，即

$$a_c = \frac{w_{row}LAI_c}{wh_c} \tag{4-42}$$

$$a_t = \frac{w_{row}LAI_t}{wh_t} \tag{4-43}$$

式中：w_{row} 为间套作系统的行间距，m；w 为间套作系统中行带横截面宽度，m；LAI_c、LAI_t 分别为玉米、番茄的叶面积指数；h_c、h_t 分别为玉米、番茄的株高，m。

SC，ST 和 IC$_{2-2}$ 系统中 w_{row} 和 w 分别为 1.0 和 0.8 m，而 IC$_{4-2}$ 系统中 w_{row} 和 w 分别为 2.0 和 1.8m。

采用 Gijzen 和 Goudriaan 方法分别计算了每个 $S_{\Psi,\Phi}$ 分量的路径长度，即

$$S_{\Psi,\Phi,c} = \frac{S\theta_{b,c}}{\cos\theta_c \sin\theta_b} \tag{4-44}$$

$$S_{\Psi,\Phi,t} = \frac{S\theta_{b,t}}{\cos\theta_c \sin\theta_b} \tag{4-45}$$

$$S_{\Psi,\Phi,c/t} = \frac{S\theta_{b,c/t}}{\cos\theta_c \sin\theta_b} \tag{4-46}$$

其中

$$S\theta_{b,c} = h_c \tan\theta_b \tag{4-47}$$

$$S\theta_{b,t} = h_t \tan\theta_b \tag{4-48}$$

$$S\theta_{b,c/t} = h_{c/t} \tan\theta_b \tag{4-49}$$

式中：$S\theta_{b,c}$、$S\theta_{b,t}$、$S\theta_{b,c/t}$ 分别为玉米、番茄、玉米番茄混合行带横截面中水平分量的辐射路径长度，m。

4.3.3　间套作覆膜农田蒸散模型参数

冠层阻力计算公式为

$$r_s^c = \frac{r_L^c}{2LAI_c}, r_L^c = 1/g_L^c \tag{4-50}$$

$$r_s^t = \frac{r_L^t}{2LAI_t}, r_L^t = 1/g_L^t \tag{4-51}$$

式中：r_L^c、r_L^t 分别为玉米、番茄的叶片平均气孔阻力，s/m；g_L^c、g_L^t 分别为玉米、番茄的叶片平均气孔导度，mol/(m^2·s)，该因子主要受饱和水汽压差、太阳辐射、大气温度和土壤水分的影响，以连乘的形式表示气孔导度受环境因子的控制，即

$$g_L^c = g_{max}^c f(VPD) f(PAR) f(T_a) f(\theta_c') \tag{4-52}$$

$$g_L^t = g_{max}^t f(VPD) f(PAR) f(T_a) f(\theta_t') \tag{4-53}$$

式中：g_{max}^c、g_{max}^c 分别为玉米、番茄叶片最大气孔导度，mol/(m^2·s)；PAR 为光合有效辐射，W/m^2；T_a 为大气温度，℃；θ_c'、θ_t 分别为玉米、番茄根区平均含水率，cm^3/cm^3。

玉米和番茄的饱和水汽压差环境因子函数可由下式计算得到

$$f(VPD) = \begin{cases} 1-0.238VPD & 玉米 \\ 1-0.409VPD & 番茄 \end{cases} \tag{4-54}$$

太阳辐射的环境因子函数采用双曲太阳辐射函数，即

$$f(PAR) = dPAR/(c+PAR) \tag{4-55}$$

式中：d、c 为经验常数，d 取 1.4，c 取 400。

大气温度热胁迫函数和土壤水分胁迫函数表达式为

$$f(T) = \begin{cases} 0 & T \leqslant 0 \\ 1-1.6\times10^{-3}(25-T)^2 & 0 < T < 25 \\ 1 & T \geqslant 25 \end{cases} \tag{4-56}$$

$$f(\theta_c') = \begin{cases} 0 & \theta_c' \leqslant \theta_w \\ (\theta_c'-\theta_w)/(\theta_{fc}-\theta_w) & \theta_w < \theta_c' < \theta_{fc} \\ 1 & \theta_c' \geqslant \theta_{fc} \end{cases} \tag{4-57}$$

$$f(\theta_t) = \begin{cases} 0 & \theta_t \leqslant \theta_w \\ (\theta_t-\theta_w)/(\theta_{fc}-\theta_w) & \theta_w < \theta_t < \theta_{fc} \\ 1 & \theta_t \geqslant \theta_{fc} \end{cases} \tag{4-58}$$

式中：θ_w 为凋萎含水率，cm^3/cm^3；θ_{fc} 为田间持水率，cm^3/cm^3。

冠层平均边界层阻力计算公式为

$$r_a^c = \frac{r_b^c}{2LAI_c} \tag{4-59}$$

$$r_a^t = \frac{r_b^t}{2LAI_t} \tag{4-60}$$

其中

$$r_b^c = \frac{1}{a}\left[\frac{u(z)_c}{w_c}\right]^{-0.5} \tag{4-61}$$

$$r_b^t = \frac{1}{a}\left[\frac{u(z)_t}{w_t}\right]^{-0.5} \tag{4-62}$$

式中：r_b^c、r_b^t 分别为玉米、番茄平均叶片边界层阻力，s/m；w_c、w_t 分别为玉米、番茄叶片宽度，分别为 0.085m 和 0.039m；a 为经验常数，取值 0.01；$u(z)_c$ 和 $u(z)_t$ 分别为玉米和番茄冠层内风速，m/s。

$u(z)_c$、$u(z)_t$ 计算公式为

$$u(z)_c = u(h)_c e^{\frac{a}{\{(z_{0c}+d_c)/h_c-1\}}} \tag{4-63}$$

$$u(z)_t = u(h)_t e^{\frac{a}{\{(z_{0t}+d_t)/h_t-1\}}} \tag{4-64}$$

式中：α 为无量纲的消光系数，取值 2.5；z_{0c}、z_{0t} 分别为玉米、番茄处动量传输粗糙度长度，m；d_c、d_t 分别为玉米、番茄处零平面位移高度，m；$u(h)_c$、$u(h)_t$ 分别为玉米、番茄冠层高度处风速，m/s。

z_{0c}，z_{0t}，d_c 和 d_t 为叶面积指数和作物冠层平均高度的函数，公式为

$$z_{0c} = \begin{cases} 0.01+0.3h_c(c_d \cdot LAI_c)^{0.5} & (0 < c_d \cdot LAI_c < 0.2) \\ 0.3h_c(1-d_c/h_c) & (0.2 < c_d \cdot LAI_c < 1.5) \end{cases} \tag{4-65}$$

$$z_{0t} = \begin{cases} 0.01+0.3h_t(c_d \cdot LAI_t)^{0.5} & (0 < c_d \cdot LAI_t < 0.2) \\ 0.3h_t(1-d_t/h_t) & (0.2 < c_d \cdot LAI_t < 1.5) \end{cases} \tag{4-66}$$

$$d_c = 1.1h_c\ln[1+(c_d \cdot LAI_c)^{0.25}] \tag{4-67}$$

$$d_t = 1.1h_t\ln[1+(c_d \cdot LAI_t)^{0.25}] \tag{4-68}$$

式中：c_d 为拖曳系数，取值为 0.07。

玉米和番茄冠层高度处风速可根据参考高度处风速计算，即

$$u(h)_c = u_r\frac{\ln\left(\frac{h_c-d_c}{z_{0c}}\right)}{\ln\left(\frac{z_r-d_c}{z_{0c}}\right)} \tag{4-69}$$

$$u(h)_t = u_r\frac{\ln\left(\frac{h_t-d_t}{z_{0t}}\right)}{\ln\left(\frac{z_r-d_t}{z_{0t}}\right)} \tag{4-70}$$

式中：z_r 为参考高度，m，取值为 2m；u_r 为参考高度处风速，m/s。

冠层平均高度到参考高度处空气动力学阻力和裸地上方的空气动力学阻力计算公式为

$$r_a^s(\alpha) = \frac{\ln[(z_r-d)/z_0]}{k^2u}\frac{h}{n(h-d)}\left\{\exp n - \exp\left[n\left(1-\frac{d+z_0}{h}\right)\right]\right\} \tag{4-71}$$

$$r_a^a(\alpha) = \frac{\ln[(z_r-d)/z_0]}{k^2u}\left\{\ln\left(\frac{z_r-d}{h-d}\right)+\frac{h}{n(h-d)}\times e^{\left[n\left(1-\frac{d+z_0}{h}\right)\right]}-1\right\} \tag{4-72}$$

式中：z_0 为平均动量传输粗糙度长度，m；h 为作物冠层平均高度，m；d 为平均零平面位移，m；n 为湍流扩散衰减系数，m；当作物高度小于 1m 时，$n=2.5$m，当作物高度大于 10m 时，$n=4.25$m，其他高度可根据线性插直得到；k 为 Karman 常数，$k=0.41$。

对于行间裸地的空气动力学阻力计算公式为

$$r_a^s(0) = \ln(z_r/z_0')\ln\{(d+z_0)z_0'\}/k^2u \tag{4-73}$$

$$r_a^s(0) = \ln^2(z_r/z_0')/k^2u - r_a^s(0) \tag{4-74}$$

式中：z_0' 为土壤表面有效粗糙度长度，m，通常取 0.01m。

假设空气动力学阻力与叶面积成线性变化，则公式可表示为

$$\left. \begin{aligned} r_a^a &= \frac{1}{4}LAIr_a^a(\alpha) + \frac{1}{4}(4-LAI)r_a^a(0) \\ r_a^s &= \frac{1}{4}LAIr_a^s(\alpha) + \frac{1}{4}(4-LAI)r_a^s(0) \end{aligned} \right\} \quad 0 \leqslant LAI \leqslant 4 \tag{4-75}$$

$$\left. \begin{aligned} r_a^a &= r_a^a(\alpha) \\ r_a^s &= r_a^s(\alpha) \end{aligned} \right\} \quad LAI > 4 \tag{4-76}$$

土壤表面阻力主要受表层土壤含水量、土壤物理结构的影响。因此，裸地区的土壤表面阻力可根据 Anadranistakis 等提出的公式计算，即

$$r_s^s = r_{s\,min}^s f(\theta_s) \tag{4-77}$$

式中：$r_{s\,min}^s$ 为最小的土壤表面阻力，s/m，取值为 100。

$f(\theta_s)$ 计算公式为

$$f(\theta_s) = 2.5\frac{\theta_{fc}}{\theta_s} - 1.5 \tag{4-78}$$

4.4　间套作覆膜农田蒸散模型评价

土壤蒸发和农田蒸散量的模拟值与实测值采用平均相对误差（MRE）、决定系数（R^2）、一致性指数（IA）、均方根误差（$RMSE$）、标准均方根误差（$nRMSE$）5 个指标评价，公式分别为

$$MRE = \frac{1}{n}\sum_{i=1}^{n}\frac{|S_i - M_i|}{S_i} \times 100\% \tag{4-79}$$

$$R^2 = \frac{\sum_{i=1}^{n}(M_i - \overline{M})(S_i - \overline{S})}{\sqrt{\sum_{i=1}^{n}(M_i - \overline{M})}\sqrt{\sum_{i=1}^{n}(S_i - \overline{S})}} \tag{4-80}$$

$$IA = 1 - \frac{\sum_{i-1}^{n}(S_i - O_i)^2}{\sum_{i-1}^{n}(|S_i - \overline{O}| + |O_i - \overline{O}|)^2} \tag{4-81}$$

$$RMSE = \sqrt{\frac{1}{n}\sum_{i=1}^{n}(S_i - M_i)^2} \tag{4-82}$$

$$nRMSE = \frac{\sqrt{\dfrac{1}{n}\sum_{i=1}^{n}(S_i - M_i)^2}}{\text{Max}(M_i) - \text{Min}(M_i)} \times 100\% \tag{4-83}$$

式中：S 为模拟值；M 为测量值；i 为观测点；n 为观测点总数。

4.4.1　间套作覆膜农田蒸散模型模拟精度评价

　　利用水量平衡法计算 2018 年和 2019 年实际蒸散量，并利用实测值对不同灌水水平下各蒸散模型模拟精度进行了验证（表 4-4）。总体上，各蒸散模型 ET 预测精度均较优，其中 MERIN 模型精度最优。2018 年不同灌水水平下 MERIN 模型的预测 ET 的 MRE，R^2，$RMSE$ 和 $nRMSE$ 分别为 9.7%，0.88，0.59mm/d 和 7.0%。MERIN 模型的 MRE，$RMSE$ 和 $nRMSE$ 分别较 ERIN 模型相关指标降低了 44.2%，30.0% 和 29.9%（值越小精度越高），R^2 提高了 4.3%（值越大精度越高，$R^2=1$ 精度最高）；而较 PM 模型 MRE，$RMSE$ 和 $nRMSE$ 分别降低了 41.3%，28.8% 和 28.3%，R^2 提高了 12.8%。2019 年不同灌水水平下 MERIN 模型的预测 ET 的 MRE，R^2，$RMSE$ 和 $nRMSE$ 分别为 10.5%，0.85，0.40mm/d 和 5.0%。MERIN 模型的 MRE，$RMSE$ 和 $nRMSE$ 分别较 ERIN 模型预测精度降低了 50.0%，51.9% 和 52.0%，R^2 提高了 4.1%；而较 PM 模型 MRE，$RMSE$ 和 $nRMSE$ 分别降低了 65.6%，50.8% 和 51.1%，R^2 提高了 12.8%。另外，本研究利用微型蒸渗仪实测土壤蒸发对 MREIN 和 ERIN 模型预测蒸发分别进行了验证。结果表明，MREIN 模型 E 的预测精度显著高于 ERIN。其中 2018 年 MREIN 模型 E 的 MRE，R^2，$RMSE$ 和 $nRMSE$ 分别为 14.2%，0.85，0.05mm/d 和 6.0%，其中 MRE，$RMSE$ 和 $nRMSE$ 较 ERIN 分别降低了 91.8%，93.0 和 93.1%，R^2 提高了 6.3%。2019 年 MREIN 模型 E 的 MRE，R^2，$RMSE$ 和 $nRMSE$ 分别为 16.3%，0.83，0.08mm/d 和 7.1%，其中 MRE，$RMSE$ 和 $nRMSE$ 较 ERIN 分别降低了 88.4%，89.7% 和 89.3%，R^2 提高了 10.7%。

　　由于玉米、番茄种植时间的不一致，导致间套作农田不同生育期耗水规律呈现差异性变化（图 4-7）。因此，本书根据玉米和番茄的耗水特性，将全生育期分别为 3 个阶段，即第一阶段仅为玉米耗水（2018 年：DAS 0~20；2019 年：DAS 0~15），第二阶段为玉米和番茄的耗水强烈阶段（2018 年：DAS 21~100；2019 年：DAS 16~90），第三阶段为玉米和番茄的耗水减弱阶段（2018 年：DAS 101~137；2019 年：DAS 91~140）。在第一阶段，不同蒸散模型中 MERIN 和 PM 模型模拟精度较优。其中 2018 年 MERIN 和 PM 模型预测值的 MRE 分别为 7.5% 和 13.8%，2019 年分别为 9.7% 和 13.7%。而 ERIN 由于忽略了覆膜对土壤蒸发的阻隔效应，导致预测蒸散精度较差，2018 年和 2019 年 MRE 分别可达 32.0% 和 53.8%。随着番茄的移入，玉米番茄间套作农田在第二阶段耗水强度达到最高。此阶段内，各模型模拟精度均较优，其中 2018 年 MREIN、REIN 和 PM 模型模拟值的 MRE 分别为 7.2%、5.0% 和 4.4%，2019 年分别为 7.6%、10.1% 和 11.4%。在第三阶段，由于番茄提前达到生理成熟，故总体耗水明显较第二阶段降低。各模型中 MERIN 模型和 ERIN 模型可以精确捕捉玉米番茄间套作农田耗水规律。然而，PM 模型显著低估了此阶段农田耗水。总体上，MERIN 模型可以精确地预测间套作农田全生育期耗水规律，故可使用该模型进一步分析玉米和番茄耗水竞争规律。

表4-4　　　不同灌水水平下不同蒸散模型的蒸散（ET）和蒸发（E）模拟精度

处理	指标	2018年					2019年				
		ET			E		ET			E	
		MERIN	ERIN	PM	MERIN	ERIN	MERIN	ERIN	PM	MERIN	ERIN
高水	$MRE/\%$	8.8	12.7	9.4	14.7	173.7	10.4	21.4	22.5	16.3	194.9
	$RMSE/(mm/d)$	0.54	0.62	0.52	0.06	0.72	0.50	0.94	0.73	0.08	1.06
	$nRMSE/\%$	6.9	7.9	6.7	4.7	57.7	6.7	12.6	9.8	6.6	88.2
	R^2	0.88	0.86	0.83	0.85	0.82	0.86	0.82	0.81	0.83	0.69
中水	$MRE/\%$	8.6	20.3	13.8	11.4	170.9	9.9	21.1	31.0	14.0	116.2
	$RMSE/(mm/d)$	0.48	0.80	0.79	0.04	0.71	0.34	0.79	0.79	0.06	0.64
	$nRMSE/\%$	6.1	10.1	10.0	4.6	81.5	4.5	10.5	10.6	5.2	57.1
	R^2	0.87	0.81	0.8	0.87	0.82	0.85	0.81	0.76	0.84	0.79
低水	$MRE/\%$	11.7	19.2	26.5	16.4	172.8	11.3	20.7	38.3	18.7	109.5
	$RMSE/(mm/d)$	0.75	1.12	1.17	0.05	0.67	0.35	0.75	0.90	0.09	0.48
	$nRMSE/\%$	8.5	12.6	13.3	7.8	107.7	5.2	11.0	13.1	9.0	49.7
	R^2	0.89	0.86	0.71	0.82	0.75	0.85	0.83	0.7	0.81	0.76

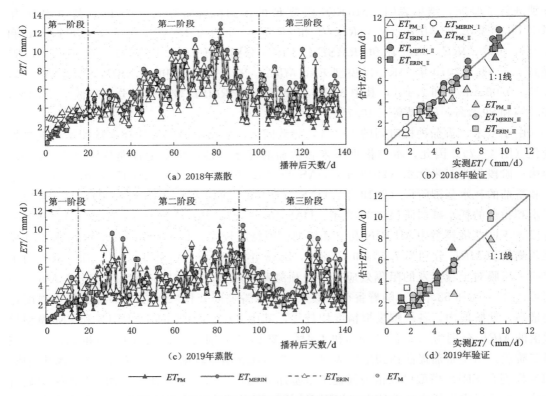

图4-7　高水处理下不同蒸散模型蒸散模拟精度差异

番茄/玉米间套作农田系统土壤蒸发强度在不同生育阶段差异显著（图4-8）。其中最大的土壤蒸发强度出现在第一阶段，2019年和2020年土壤蒸发强度分别可达0.55mm/d和0.92mm/d。由于ERIN模型未考虑地膜覆盖对土壤水汽的阻隔影响，导致过低估计了此阶段的土壤表面阻力。因此，MERIN模型模拟精度显著高于ERIN模型。2019年和2020年MERIN模拟精度较ERIN模型分别显著减小了73.6%和84.0%。然而，随着作物生育期的推进，间套作农田土壤蒸发强度逐渐降低，2018年和2019年第二阶段实测土壤蒸发强度分别为0.45mm/d和0.61mm/d，MERIN模型预测值与实测值的MRE仅为12.9%和18.5%，显著低于ERIN模型的MRE 79.0%和72.1%。而在第三阶段，ME-RIN和ERIN模型模拟精度均较优。总体上，ERIN模型仅能精确预测冠层覆盖度较高情况下的土壤蒸发，而MERIN模型可以预测全生育期的土壤蒸发量。

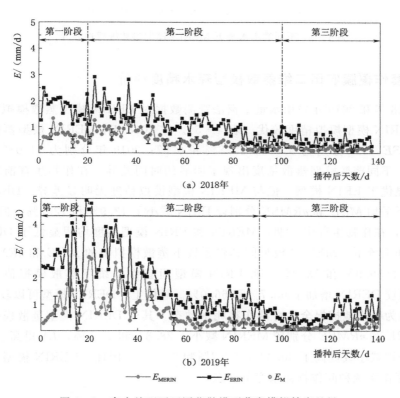

图4-8 高水处理下不同蒸散模型蒸发模拟精度差异

4.4.2 间套作覆膜农田蒸散模型敏感性评价

MERIN模型对r_a^a的变化最为敏感（图4-9），表明r_a^a对于MERIN模型的估计精度至关重要。在高水、中水和低水处理下，ET对r_a^a变化的响应偏差分别为-10.0%～13.2%、-10.8%～14.7%和-9.9%～13.3%。这可以归因于间套作生态系统混合冠层的影响。此外，MERIN模型对r_s^c和r_s^t的变化也较为敏感。随着r_s^c变化，HI、MI和LI处理下ET偏差分别为-6.1%～8.9%、-6.1%～8.9%和-6.4%～9.5%，而随着r_s^t

变化，ET 偏差分别为 5.9%～9.5%、−5.8%～9.5% 和 −5.6%～9.0%。然而，由于冠层阻力与 r_s^s 无明显相关性，造成 r_s^s 敏感性最低。

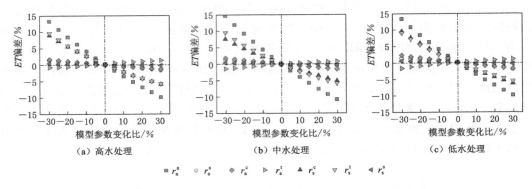

（a）高水处理　　（b）中水处理　　（c）低水处理

$$\blacksquare\ r_a^s \quad \circ\ r_s^s \quad \blacklozenge\ r_s^c \quad \triangleright\ r_a^t \quad \blacktriangle\ r_a^c \quad \triangledown\ r_s^t \quad \blacktriangleleft\ r_a^s$$

图 4 - 9　不同灌水水平下 MERIN 模型参数敏感性差异

4.4.3　间套作覆膜农田二维蒸散模型耗水精度评价

采用 2018 年和 2019 年农田水量平衡法观测数据对 DERIN 模型蒸散模拟精度进行验证，表明 DERIN 模型模拟精度较优（表 4 - 5）。在 2018 年，DERIN 模型蒸散模拟值的 MRE，$nRMSE$，IA 分别为 9.9%，12.8% 和 0.97；2019 年分别为 11.0%，12.7% 和 0.96。另外，不同蒸散模型蒸散精度出现了明显的时间差异。在作物生育前期，DERIN 模型精度明显优于 ERIN 模型，但与 MERIN 模型模拟精度无明显差异。DERIN 模型不同种植系统下平均 MRE 和 $nRMSE$ 分别较 ERIN 减小了 13.9% 和 12.7%，但 IA 提高了 0.9%。然而，在作物生育中后期，MERIN 和 ERIN 模型精度均明显低于 DERIN 模型，特别在间套作系统下。MERIN 模型间套作系统下蒸散模拟值的 MRE 和 $nRMSE$ 分别较 DERIN 增加了 59.9% 和 53.8%。而 ERIN 模型间套作系统下蒸散模拟值的 MRE 和 $nRMSE$ 分别较 DERIN 增加了 65.7% 和 66.0%。总体上，DERIN 模型可以较 MERIN 和 ERIN 模型更为精确地捕捉全生育期作物耗水动态。其中 DERIN 模型蒸散模拟值全生育期平均的 MRE 和 $nRMSE$ 分别较 MERIN 减小了 28.8% 和 23.6%，IA 提高了 1.9%；较 ERIN 模型分别减小或提高了 60.3%，57.7% 和 24.9%。因此，DERIN 模型可推荐用以揭示不同间套作系统种间作物耗水竞争动态。

4.4.4　间套作覆膜农田二维蒸散模型蒸发精度评价

采用微型蒸渗仪观测数据对不同蒸散模型蒸发模拟精度进行验证，发现不同蒸散模型中 DERIN 模型模拟精度最优。在 2018 年，DERIN 模型蒸发模拟值的 MRE，$nRMSE$，IA 分别为 15.7%，16.3% 和 0.95。不同蒸散模型蒸发精度同样存在明显的时间差异（图 4 - 10）。在作物生育前期，DERIN 与 MERIN 模型模拟精度无明显差异，但 ERIN 模型由于低估了地膜覆盖后的土壤表面阻力，故较 DERIN 和 MERIN 分别高估了 30.5% 和 40.3%。尽管随着冠层覆盖度的提高，地膜覆盖对土壤蒸发的影响逐渐减小，但 ERIN 模型仍会显著高估作物生育中、后期土壤蒸发。其中 ERIN 模型土壤蒸发模拟值较 DERIN

和 MERIN 模型分别高估了 38.7% 和 52.1%。

表 4-5　　　　不同间套作系统下不同蒸散模型的蒸散（ET）模拟精度

年份	处理	模型	作物生育前期			作物生育中期			作物生育后期			全生育期		
			MRE	nRMSE	IA	MRE	nRMSE	IA	MRE	nRMSE	IA	MRE	nRMSE	IA
2018	IC₂₋₂	DERIN	7.6	7.4	0.99	7.3	8.7	0.99	9.1	16.7	0.96	8.0	11.0	0.98
		MERIN	8.9	9.0	0.98	17.1	21.3	0.94	15.1	18.6	0.95	13.7	16.3	0.96
		ERIN	34.0	33.8	0.47	19.1	22.0	0.88	18.2	37.6	0.91	23.8	31.1	0.75
	IC₄₋₂	DERIN	9.3	9.9	1.00	6.2	8.9	0.98	6.5	10.5	0.98	7.4	9.8	0.99
		MERIN	10.1	11.3	0.98	15.3	18.5	0.95	18.9	23.4	0.92	14.8	17.7	0.95
		ERIN	31.3	30.7	0.49	23.2	27.0	0.88	21.4	24.9	0.82	25.3	27.5	0.73
	ST	DERIN	22.4	11.3	0.98	12.6	13.2	0.95	6.8	19.9	0.96	13.9	14.8	0.96
		MERIN	27.6	13.9	0.97	14.7	14.2	0.94	5.1	17.0	0.96	15.8	15.0	0.96
		ERIN	36.9	39.0	0.43	18.0	24.0	0.84	11.0	20.9	0.91	22.0	28.0	0.73
	SC	DERIN	12.5	16.4	0.93	10.1	16.5	0.93	8.2	14.4	0.95	10.3	15.8	0.94
		MERIN	12.1	17.0	0.92	9.7	15.8	0.94	8.0	12.2	0.97	10.0	15.0	0.94
		ERIN	29.9	31.2	0.49	12.6	21.0	0.90	8.0	12.4	0.97	16.9	21.5	0.79
2019	IC₂₋₂	DERIN	7.6	3.9	1.00	5.6	8.5	0.99	8.5	6.3	0.99	7.2	6.2	0.99
		MERIN	9.6	4.6	0.99	18.6	24.1	0.90	18.0	15.7	0.95	15.4	14.8	0.94
		ERIN	67.4	43.4	0.36	19.0	43.4	0.75	19.3	19.4	0.92	35.2	32.4	0.69
	IC₄₋₂	DERIN	13.2	4.4	1.00	4.7	5.7	0.99	4.9	8.1	0.99	7.6	6.1	0.99
		MERIN	16.6	5.0	1.00	12.5	14.1	0.96	16.1	23.1	0.91	15.0	14.1	0.96
		ERIN	63.4	43.7	0.36	16.4	22.5	0.88	17.2	28.3	0.78	32.3	31.5	0.67
	ST	DERIN	20.8	25.5	0.96	19.8	25.6	0.88	10.1	13.0	0.94	16.9	21.4	0.94
		MERIN	21.8	29.8	0.95	20.8	25.5	0.87	10.6	13.1	0.98	17.7	22.8	0.94
		ERIN	48.1	53.4	0.41	23.8	31.3	0.84	16.0	20.5	0.93	29.3	35.1	0.73
	SC	DERIN	11.7	10.6	0.98	13.2	24.2	0.87	11.4	16.5	0.94	12.1	17.1	0.93
		MERIN	15.4	12.0	0.98	14.0	24.8	0.86	11.7	17.3	0.94	13.7	18.0	0.93
		ERIN	46.3	45.3	0.39	16.8	39.5	0.81	12.5	18.1	0.93	25.2	34.3	0.71

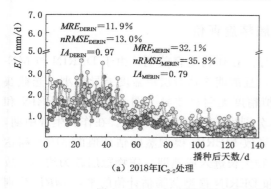

（a）2018年IC₂₋₂处理

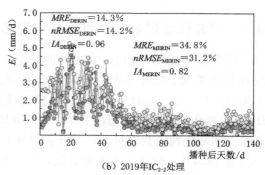

（b）2019年IC₂₋₂处理

图 4-10（一）　不同间套作系统下不同蒸散模型蒸发模拟精度差异

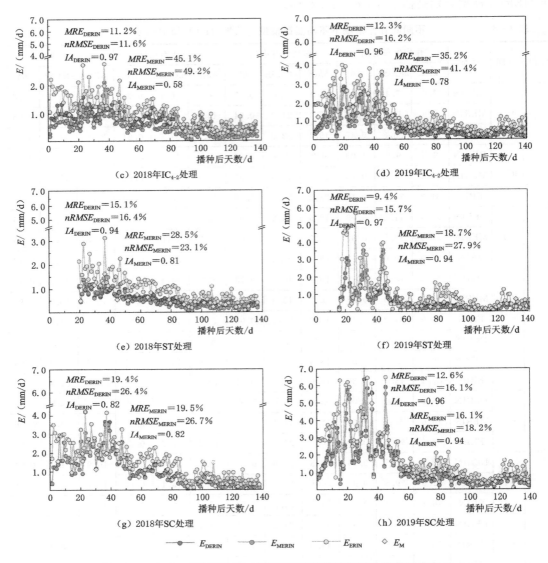

（c）2018年IC$_{4-2}$处理　　　　（d）2019年IC$_{4-2}$处理

（e）2018年ST处理　　　　（f）2019年ST处理

（g）2018年SC处理　　　　（h）2019年SC处理

$\longrightarrow E_{DERIN}$　$\longrightarrow E_{MERIN}$　$\longrightarrow E_{ERIN}$　$\diamond E_{M}$

图 4-10（二）　不同间套作系统下不同蒸散模型蒸发模拟精度差异

4.4.5　间套作覆膜农田二维蒸散模型蒸腾精度评价

不同蒸散模型蒸腾精度存在明显的时空差异。在作物生育前期，由于 DERIN 与 ME-RIN 模型均考虑了地膜覆盖对作物耗水的影响，且前期作物冠层覆盖度差异较小，光截获量无明显差异，故 DERIN 与 MERIN 模型模拟精度无明显差异（图 4-11）。MERIN 和 DERIN 模型作物蒸腾估计值的 2 年平均 MRE 分别为 10.5％和 12.5％。在作物生育中期，由于模型间套作物光截获量计算差异的增加，导致 MERIN 模型蒸腾估计值的 MRE 高达 24.8％和 29.6％。而在作物生育后期，由于作物生长进入成熟期，作物冠层较为均一，故两者的模拟精度差异又进一步减小。MERIN 和 DERIN 模型蒸腾估计值的平均 MRE 分别

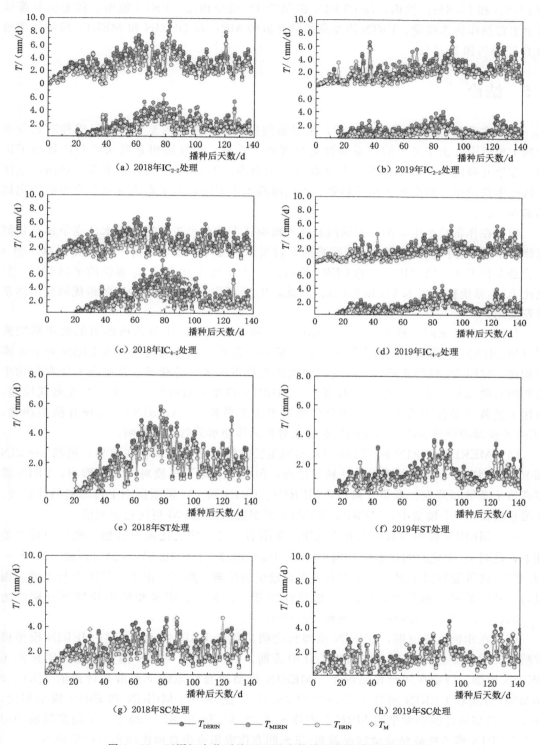

图 4-11 不同间套作系统下不同蒸散模型蒸腾模拟精度差异

为 14.5% 和 15.8%。然而，与 DERIN 和 MERIN 模型相比，ERIN 模型总体上会显著低估全生育期作物蒸腾量。ERIN 模型蒸腾估计值的 MRE 较 DERIN 和 MERIN 模型分别增加了 55.8% 和 38.5%。

4.5 结论

（1）在番茄/玉米间套作系统中，玉米番茄根系吸收强度的差异也是形成种间水分竞争的主要原因，由于玉米的根系活性要显著强于番茄，故导致根系吸水量和产量高于番茄。在第 Ⅱ 阶段，玉米和番茄的水分竞争最为激烈，玉米的 T 值高于番茄。然而，在作物特殊生长阶段，则出现了相反趋势。不同灌溉水平下间套作生态系统水分竞争的变化规律基本一致。

（2）在作物整个生长期，不同间套作种植模式下番茄和玉米的种间水分竞争具有相似规律。不同间作间套作体系中，2 行番茄 2 行玉米间套作系统（IC_{2-2}）的 CR_c 最高。但 4 行番茄 2 行玉米系统（IC_{4-2}）的 LER_T 最高。2018 年和 2019 年 IC_{4-2} 系统的平均 LER_T 分别比 IC_{2-2} 系统提高了 6.7% 和 5.8%。因此，IC_{4-2} 可作为当地农业生产的最优间套作体系推荐使用。

（3）本书在 ERIN 模型基础上，提出了一种考虑覆盖区土壤表面阻力的修正蒸散模型（MERIN）。MERIN 模型克服了 ERIN 模型缺乏蒸发估计的约束。与 ERIN 和 PM 模型相比，MERIN 模型能够较准确地捕捉覆膜条件下玉米—番茄间套作生态系统在作物生长期的蒸散和蒸发变化。此外，本书基于 MERIN 模型，通过引入一个二维光截获模型，构建了光截获条件下番茄/玉米间套作覆膜农田蒸散模型（DERIN）。与现有模型相比，DERIN 模型能够更加准确地反映日照变化对种间作物水分竞争的影响。

（4）MERIN、ERIN 和 PM 模型在不同生长阶段的估算精度存在差异。虽然 MERIN 和 PM 模型在第 Ⅰ 阶段的蒸散估计精度较高，但由于忽略了覆膜对蒸发的影响，ERIN 模型高估了蒸散和蒸发。在第 Ⅱ 阶段，MERIN、ERIN 和 PM 模型证明了可靠的估计精度。在第 Ⅲ 阶段，3 个模型中，MERIN 和 ERIN 模型的估值比 PM 更接近观测值。

（5）MERIN 模型对冠层上方空气动力学阻力（r_a^a）的变化最为敏感，在高中低水处理下，蒸对 r_a^a 变化的响应偏差分别为 $-10.0\% \sim 13.2\%$、$-10.8\% \sim 14.7\%$ 和 $-9.9\% \sim 13.3\%$。这可能归因于间套作生态系统混合冠层的影响。然而，由于冠层阻力与土壤表面阻力（r_s^s）无明显相关性，造成 r_s^s 敏感性最低。在高水、中水和低水处理下分别仅为 $-0.3\% \sim 0.3\%$，$-0.4\% \sim 0.4\%$ 和 $-0.4 \sim 0.4\%$。

（6）在作物生育前期，DERIN 模型精度明显优于 ERIN 模型，但与 MERIN 模型模拟精度无明显差异。然而，在作物生育中后期，MERIN 和 ERIN 模型精度均明显低于 DERIN 模型，特别在间套作系统下。MERIN 模型间套作系统下蒸散估计值的 MRE 和 $nRMSE$ 分别较 DERIN 增加了 28.8% 和 23.6%。此外，与 MERIN 和 ERIN 模型相比，DERIN 模型估计的蒸发平均 MRE 分别降低了 53.8% 和 79.8%。综上，不同蒸散模型中仅有 DERIN 模型能够精确地捕捉番茄/玉米间套作农田全生育期作物水分竞争动态。

第 5 章　间套作农田土壤温度分布特征

　　间套作不仅能提高单位面积的产量，而且能极大提高光、水、热等资源的利用效率，然而由于间套作农田对太阳辐射的有效拦截和利用不同，导致间套作农田不同行间位置的地温分布特征不同，而且覆膜后，塑料薄膜能够有效将太阳能转化为热能，有效调节作物根区环境。因此，将覆膜技术与间套作农田结合起来探讨作物耕层温度变化规律，对提高间套作农田水热利用效率具有重要的现实意义。

　　近些年针对间套作农田的研究主要集中在作物系数、水分利用效率、水分运移过程以及产量和品质的影响等方面，而针对水、热特性的研究主要以间套作效应、覆膜效应、覆盖效应、土壤水分效应等单项研究为主。如间套作可有效利用太阳辐射提高产量；覆膜可有效提高土壤耕层温度，促进作物生长；覆盖可抑制地温的大幅度波动；土壤含水量与土壤温度呈显著负相关等。另外，国内外学者还对覆膜条件或间套作条件下的土壤热效应及地温的极值变化理论和模拟等方面做了研究。显然，这些研究主要是针对或覆膜或间套作等单项技术开展的，而对间套作农田的不同行间位置地温分布特征尚未做深入研究。本书主要针对覆膜间套作多作物农田不同行间位置的地温变化规律展开研究，并分析了间套作模式下覆膜效应及土壤水分效应对地温影响的综合效应，研究结果对间套作农田水热理论发展具有一定的意义。

5.1　间套作农田土壤温度日变化

　　在间套作农田不同行间不同位置的土壤温度日变化有很大不同。由于6—9月是作物的主要生育期，本书选用6—9月4-2模式（4行番茄套种2行玉米）高水分处理（T1）地温数据进行分析。从图5-1可以看出，番茄行间（P1）、玉米和番茄裸地位置（P2）、玉米行间（P3）的地温变化过程均是随着土层深度的增加地温日波动呈减小趋势，其中距地表5cm处地温日波动最剧烈，距地表25cm处地温日波动最平缓，距地表5cm、10cm、15cm、20cm、25cm的日最高与最低地温差值分别为12.72℃、8.78℃、6.09℃、4.44℃、2.96℃，存在极显著性差异（$F=12.74005$，$P<0.01$）。

　　间套作农田不同行间位置的地温受地膜覆盖和作物遮阴的影响较大。透明塑料薄膜对土壤的保温效应主要体现在土层15cm以下。从表5-1中可以看出，P1、P3位置的地温明显高于P2位置，随着土层的加深，膜内与膜外平均地温的差值变化呈抛物线形，且均差在20cm处达到最大值，可见在间套作农田中，地膜可隔绝土壤与外界的水分交换和显热交换，使土壤的热通量在20cm处达到最大。地面增温的唯一来源是太阳辐射，间套作农田不同行间位置地温受作物遮阴的影响程度也不同，这在5cm以上土层表现得较为明显。从图 5-1 中可以看出，距地表 5cm 处的地温大小关系表现为 P2＞P3＞P1。这是由于 P2 处位于高矮作物的行间，遮荫面积最小，日照时间最长，因此表层（5cm 处）的地温也最高；而 P1 位于低矮作物行间，遮荫面积较大，地表所受太阳直射时间最短，因而地温也最低。可见，在间套作农田中，高秆作物遮荫区的地温要远远高于矮秆作物遮荫区的地温；在 15cm 以下，膜内的日平均地温要高于膜外。总之膜内膜外温度差值平均为 1.2℃。

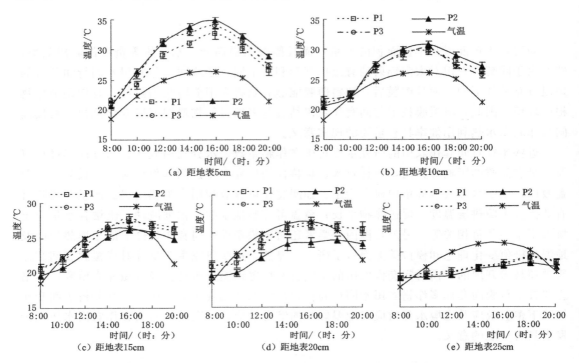

图 5-1　整个观测期内充分灌溉处理（T1）的日平均地温变化图

表 5-1　　　　　　　　　　15cm 以下膜内与膜外的日平均地温

层深/cm	膜内平均地温/℃		膜外平均地温/℃	膜内与膜外地温的均差/℃
	P1	P3	P2	
15	24.76	25.01	23.63	1.26
20	23.93	24.26	22.26	1.84
25	22.10	22.04	21.58	0.49

5.2　不同水分条件对间套作农田地温的影响

6—9 月是番茄、玉米进行营养生长的重要阶段，地温的变化直接影响其根系竞争水分和养分的能力。由于 7 月间套作农田两种作物生长发育趋于稳定，为了分析不同高低作物间套作不同位置地温的差异，以及不同土壤水分对地温的影响，在 7 月对土壤水分、不同位置地温进行了连续监测。结果显示：间套作农田不同位置地温的差异性受到地膜覆盖、作物遮荫及土壤水分的综合影响，作物遮荫和土壤水分是导致间套作农田不同位置地温出现差异的主要原因。

从番茄一侧的不同深度的地温变化来看（表 5-2），T1 在 25cm 范围内均无差异，而 T2（轻度控水）和 T3（水分亏缺）分别在 15cm 处和 15cm 以下出现了显著差异性；从玉米一侧的不同深度地温变化来看，T1、T2、T3 的地温均在 15cm 处出现了差异性。这是因为在覆膜滴灌条件下，不同土壤水分所形成的独特湿润体不同，导致土壤水分在 10～15cm 之间出现了差异性，从而改变了土壤的热容量，加之间套作农田不同行间位置的遮阴率不同，热量在土层中分配时，其量值有所改变，因而出现了以上差异。距地表 5cm 处，土壤受外界环境的影响较大，高水分 T1 的平均体积含水率明显高于 T2 和 T3。而地温则相反，高水分 T1 各位置的平均地温明显低于 T2 和 T3，其中 T1、T2 的平均地温相差 0.81℃，T1、T3 相差 1.65℃（图 5-2），T1、T2、T3 之间的地温无显著性差异（$F=1.45$，$P=0.28$）。3 个处理的不同位置含水率均表现为 P1>P3>P2，地温则为 P3>P2>P1 的规律。不同处理的膜内位置 P1，含水率从 T1 减小到 T2 和 T3，地温则依次上升 0.95℃、2.02℃（或 0.47℃、0.97℃）；不同处理的膜外位置 P2，含水率从 T1 减小到 T2 和 T3 依次降低 3.16%、6.44%（或 6.59%、9.71%），地温则依次上升 1.16℃、1.97℃（或 0.64℃、1.65℃）。说明在距地表 5cm 处，地温随含水率的降低而上升，其中膜外的上升比率是膜内的 1.2 倍，表明在土壤表层膜内与膜外的温度差较小。20cm 处，土壤受外界环境的影响变小，而受土壤水分的影响变大，高水分处理（T1）的平均含水率仍高于轻度 T2 和重度 T3 处理。土壤地温亦为 T1 处理高于 T2 和 T3 处理，其中 T1、T2 处理的平均地温相差 0.87℃，T1、T3 处理相差 1.48℃（图 5-2），T1、T2、T3 处理

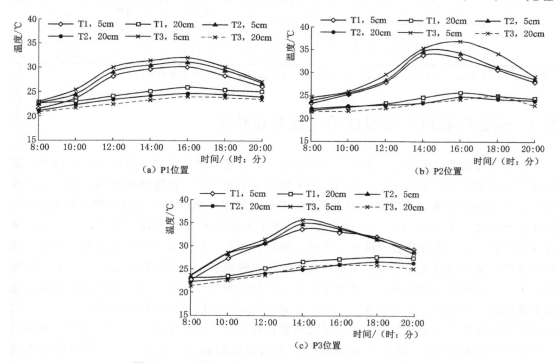

图 5-2　不同处理在 5cm 和 20cm 处的平均温度日变化

之间的地温无显著性差异（$F=1.98$，$P=0.19$）。3个处理的不同位置体积含水率均表现为 P1＞P3＞P2，土壤地温则为 P3＞P1＞P2 的规律。不同处理的膜内位置 P1、P3，含水率从 T1 到 T2 和 T3 依次降低，地温则依次降低 1.04℃、1.63℃（或 1.03℃、1.52℃）；不同处理的膜外位置 P2，含水率从 T1 到 T2 和 T3 依次降低，地温则依次降低 1℃、0.9℃（或 0.43℃、1.52℃）。由此可见在土壤深度 20cm 处，土壤地温随体积含水率的降低而降低，其中膜外的降低比率是膜内的 2.1 倍，表明较深层（20cm 以下）膜内地温波动幅度小于膜外地温波动幅度。综上可知，间套作农田在营养生长的共生期，作物遮荫和水分差异是影响地温的主要因素，而地膜覆盖的影响变小。通过该时期地温数据进行平均，分析不同位置、不同深度的地温变化规律。结果显示：间套作农田不同位置地温的差异性受到地膜覆盖、作物遮荫及土壤水分的综合影响，作物遮荫和土壤水分是导致间套作农田不同位置地温出现差异的主要原因。

表 5 - 2 　　　　　　　　　　不同处理及不同位置地温显著性分析　　　　　　　　单位：℃

处理号	位置	5cm	10cm	15cm	20cm	25cm	平均值
T1	P1	27.57^bB	25.05^cB	24.11^bB	23.89^bB	22.52^aA	24.63^bB
	P2	29.69^aA	27.41^bA	24.63^bB	22.78^cB	22.61^aA	25.42^bAB
	P3	29.84^aA	28.41^aA	26.34^aA	25.59^aA	22.93^aA	26.62^aA
T2	P1	27.62^bB	26.15^cC	24.19^bB	23.84^aA	22.47^cB	24.85^bB
	P2	30.17^aA	27.59^bB	25.14^aA	23.72^aA	23.44^aA	26.01^aAB
	P3	30.23^aA	28.53^aA	26.37^bAB	25.14^aA	23.49^aA	26.75^aA
T3	P1	27.84^bB	26.87^cB	24.32^cC	23.80^bB	22.31^cB	25.03^cB
	P2	30.29^aA	27.88^bA	25.30^bB	24.10^abAB	22.38^cB	25.99^bAB
	P3	30.40^aA	28.61^aA	26.45^aA	24.49^aAB	23.58^bA	26.71^aA

注　a，b，c 表示同列差异达 0.05 显著水平；A，B，C 表示同行差异达 0.05 显著水平。

5.3　间套作农田土壤温度的二维分布特征

由于生长前期与生长后期作物之间相对独立，故选择作物生长旺盛期进行了监测，该时期作物需水旺盛，不同处理、不同位置土壤水分差异较大，作物枝叶茂盛。从间套作农田地温的二维分布图（图 5-3）可以看出，总体上玉米一侧地温高于番茄侧，特别在 0～5cm 达到显著差异（$P＜0.05$），这主要是由于玉米根系相对发达耗水量大，从而土壤水分含量较低，由于水分热容要远大于土壤，故在白天水分较低处理反而地温相对较高，同时番茄在旺盛期地表遮盖率高于玉米，光线难以直射地表，从而导致在表层番茄地温明显低于玉米。而对于无覆膜地区，含水率较低，部分时段受到太阳直射，所以表层的地温也高于番茄侧，然后由于无覆膜保温效果差，到了夜间，上层热量难以向下传递，所以在无地膜覆盖区在垂向温差变化最大，可见无覆膜区域辐射增温主要集中于 0～10cm，而覆膜后则在整个主根区（0～25cm）地温都会有不同程度的提高，故覆膜具有明显的增温效应，对于整个根区平均地温覆膜区域地温约高于未覆膜区域 0.7℃。

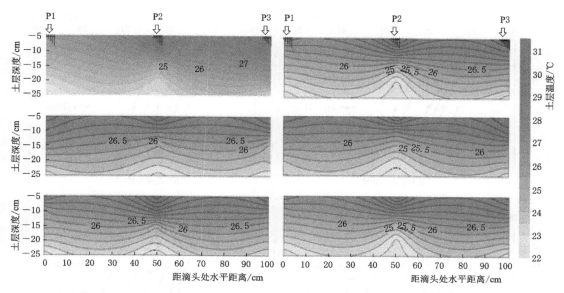

图 5-3 不同处理土壤剖面的温度分布特征

另外不同水分对地温的影响主要也是集中在 0～10cm，特别是 0～5cm，由于不同水分处理表层在不同时间水分差异较大，导致地温也有较大差异，而在距离表层 25cm 处，由于含水率差异较小，从而地温差异也并不明显。总体上能得到覆膜对根区整个土体都有增温效应，玉米侧地温略高于番茄侧，在土壤表层高水分处理地温略低于低水分处理。

5.4 间套作农田不同时刻土壤温度的预测

根据番茄间套作玉米农田地温与气温的动态变化资料，分析了间套作农田不同行间不同时刻的地温变化规律，本书将全生育期的地温及气温划分阶段后，对不同时刻的地温与气温的相关性进行了研究，旨在为间套作农田依据气温预测地温提供理论依据。由于碛口试验区在 8：00 时刻的气温处于夏季日照的起点时刻，到了 14：00 左右气温达到日最高温度，而 20：00 时刻的气温开始下降，土壤热通量开始重新分配，因此选择这 3 个时刻进行地温分析。

5.4.1 地温在 8：00 时刻的时空变化

试验观测期内，间套作农田不同位置的耕层地温在 8：00 时刻的变化较小，其主要特征为间套作农田的任何行间位置，8：00 时刻耕层 0～25cm 地温均是随着深度的增大而增大，但变化的幅度不大（图 5-4），番茄带膜间裸地（A1）、覆膜番茄行间（B1）、番茄带与玉米带间裸地（C1）、覆膜玉米行间（D1）的最大变幅分别为 1.9℃、1.53℃、1.67℃、1.82℃，膜内地温变幅基本与膜外地温变幅持平。从图 5-4 中 6 日的平均地温变化规律可以看出，均呈梯形分布且较稳定。全生育期内，6—7 月地温逐渐上升，7—8 月地温达到最大值，8 月后期地温开始下降，其变化趋势为"大—小—大"的规律，其中覆膜位置

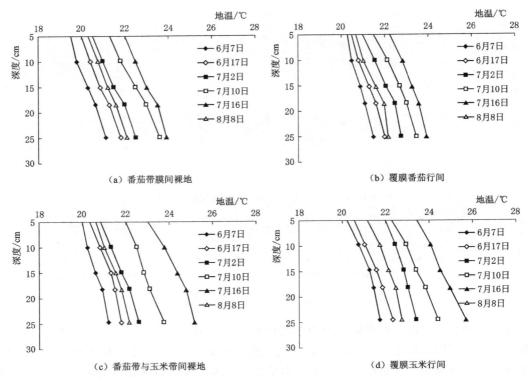

图 5-4 间套作农田不同位置地温在 8：00 时刻的变化图

的平均地温较不覆膜的地温高 1.48℃。

任何位置在 8：00 时刻的地温随深度的变化可用线性关系表示为

$$T = \xi z + \mu_1 \qquad (5-1)$$

式中：T 为该时刻的地温，℃；z 为土壤深度，cm；ξ、μ_1 分别为拟合系数和常数，各日拟合的 ξ 在 7.684～19.432 之间，拟合的相关系数均大于 0.95，拟合的直线随地表温度的增大而变陡，表层地温越大，各位置的变幅越小，其中膜内地温的变化幅度小于膜外的变化幅度。

5.4.2 地温在 14：00 时刻的时空变化

在日照较强烈的条件下，间套作农田在 14：00 左右的温度达到最大值，因而不论在间套作农田任何行间位置，14：00 耕层地温大多在表层（5cm 以上）处达到最高，此时刻的地温均是随着深度的增加而逐渐降低（图 5-5）。地温在土壤各层的温度变幅也较大，A1、B1、C1、D1 的最大变幅分别为 9.04℃、8.92℃、12.26℃、10.82℃，膜内地温变幅较膜外地温变幅低 2.28℃。从图 5-5 中 6 日的平均地温变化规律可以看出，均呈倒梯形分布。全生育期内，膜内与膜外的 0～25cm 的平均最大温差为 2.14℃，间套作农田各位置处的地温差梯度均为由大到小的变化趋势。全生育期内间套作农田最高地温出现在 5cm 的 C 处，为 38.7℃，发生在 6 月 17 日，最低温度出现在 25cm 的 C 处，为 22.1℃，发生在 8 月 8 日，可见 C 处出现最高温度与最低温度，说明 C 位置地温变化剧烈，这是因为 C

无地膜覆盖，保温效果差，且 C 位于番茄带与玉米带膜间裸地，接受太阳辐射较大，表层升温快，最终导致 C 处地温变化剧烈。对比覆膜与不覆膜的地温变化，全生育期覆膜后各层比不覆膜的提高 0.4～1.3℃。

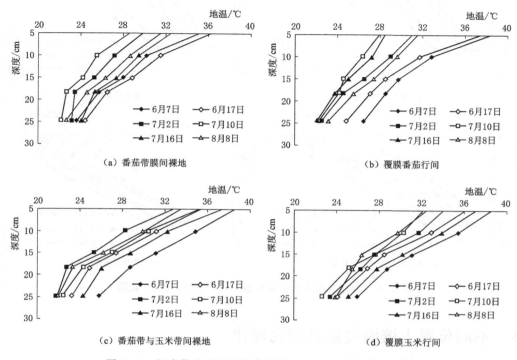

图 5-5　间套作农田不同位置地温在 14：00 时刻的变化图

间套作农田各行间位置在 14：00 的地温随深度的变化呈二项式关系，地温 T_s 与深度 z 的关系可表示为

$$T_s = \xi_1 z^2 + \xi_2 z + e \qquad (5-2)$$

式中：T_s 为该时刻的地温，℃；z 为土壤深度，cm；ξ_1、ξ_2 为拟合系数；e 为常数，拟合的相关系数均在 0.92 以上。

5.4.3　地温在 20：00 时刻的时空变化

间套作农田耕层最低温度出现在 20：00。从图 5-6 中可以看出，该时刻的地温变化出现 2 种情况，一是 5cm 处的地温最高，之后随着深度的增加地温逐渐降低，到 25cm 位置处，地温达到最小值，对于这种情况地温的变化趋势可用良好的线性关系表示（同 8：00 的线性变化）；二是 5cm 处地温低于 10cm 处的地温，地温在 10cm 处达到最高，之后便随着土层深度的增加而降低，即为抛物线性关系，25cm 处达到最低值。可以看出，套种农田的任何行间位置处，地温在 20：00 的地温变化幅度并不大，4 个位置的最大变幅分别为 2.88℃、3.45℃、5.94℃、5.31℃，其中膜内与膜外的最大变幅差为 3.06℃，最小变幅为 0.63℃。

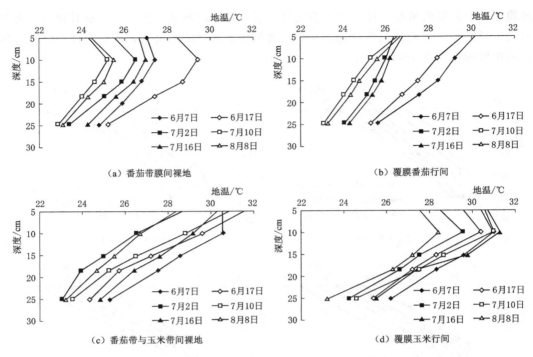

（a）番茄带膜间裸地　　　　　　　　　　（b）覆膜番茄行间

（c）番茄带与玉米带间裸地　　　　　　　　（d）覆膜玉米行间

图 5-6　套种农田不同位置地温在 20：00 时刻的变化图

5.5　不同位置土壤温度逐月变化规律

通过分析不同位置（覆膜玉米、膜间裸地、覆膜番茄）地温逐月的变化可知，各位置处地温在距地表 5cm 变化剧烈，随着深度的增加地温呈显著降低的趋势，但各位置减小程度不同，即膜间裸地＞覆膜玉米＞覆膜番茄（图 5-7）。全生育期内，覆膜玉米与膜间裸

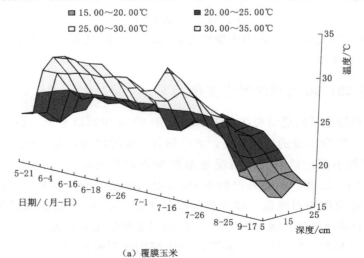

（a）覆膜玉米

图 5-7（一）　不同位置土壤温度月变化

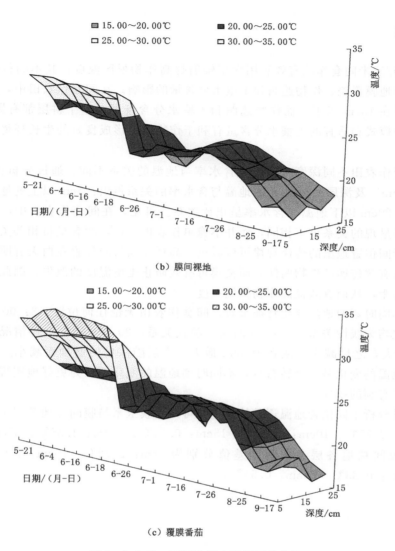

图 5-7（二） 不同位置土壤温度月变化

地各层土壤温度差值分别为 5cm：2.77℃、10cm：2.05℃、15cm：0.54℃、20cm：1.55℃、25cm：1.19℃；覆膜番茄与膜间裸地各层土壤温度差值分别为 5cm：2.72℃、10cm：2.07℃、15cm：1.88℃、20cm：0.83℃、25cm：0.54℃。

前期时，作物矮小地表未形成覆盖，气温较低，而覆膜对土壤起到保温作用，有效促进了作物出苗和生长，保证了出苗率；作物进入快速生长期时，土壤表层有作物比较茂密的覆盖，且随着灌水量的增加膜下水分亦高于膜间，但是由于每次灌水量较小，所以覆膜的土壤温度与膜间裸地仍存在差异；作物进入生长期，由于作物生长旺盛，在膜间形成了覆盖，因此膜间与膜下地温的差值变小，直至作物进入生长末期，由于当地气温开始逐渐降低，所以各位置处不同深度土壤温度的波动幅度也逐渐变缓。

5.6　结论

（1）番茄/玉米间套作能有效利用太阳辐射提高作物根区温度，其不同行间位置的地温变化主要受地膜覆盖、作物遮荫和土壤水分含量的影响。在间套作农田中，地膜的保温作用主要体现在 15cm 以下，而作物遮荫和土壤水分含量则对整个耕层都有影响。可见，合理的间套作模式和适宜的土壤水分含量有利于作物根区形成良好的生长环境，从而促进作物的生长。

（2）间套作农田不同深度土层土壤含水率与地温的关系不同。通过分析番茄/玉米间套作表层（5cm）及深层（20cm）的地温与含水率的关系得出：5cm 以上的地温与含水率呈反比关系，20cm 以下地温与含水率呈正比关系。可见，在间套作农田中，地温与含水率在不同土层呈现的关系也不相同，而并不像单作农田一样，两者呈负相关关系。从间套作农田不同行间位置地温的传递规律可以看出，高矮作物行间位置在白天有明显的增温效应，且温度可有效传递到作物两侧，而覆膜可有效防止土壤温度的散失，因此高矮作物应选择恰当的行距，从而有效提高作物根区温度。

（3）从不同时刻的地温变化特征来看，间套作农田无论任何位置，8：00 的 0～25cm 耕层地温变化均为线性关系，14：00 的为二项式关系，20：00 则有 2 种情况，地温要么在 10cm 处最大，之后减小，或者为 5cm 最大，之后随深度的增加而减小。生育期的前期，5cm 处地温的变化是一个转折点，不同时刻地温的变化特征为更好地实现通过气温预测地温提供了有利的条件。

（4）通过分析不同位置地温逐月的变化，可知覆膜玉米与膜间裸地各层土壤温度差值分别为 5cm：2.77℃、10cm：2.05℃、15cm：0.54℃、20cm：1.55℃、25cm：1.19℃；覆膜番茄与膜间裸地各层土壤温度差值分别为 5cm：2.72℃、10cm：2.07℃、15cm：1.88℃、20cm：0.83℃、25cm：0.54℃。

第6章 间套作农田水盐运移机理及种间竞争机制

目前针对以河套灌区为典型的北方干旱区土壤盐分运移转化的研究较多，但对间套作模式下的土壤盐分研究不多，只有王升等通过对棉田/盐生植物间套作研究指出，碱蓬的脱盐率为 43.1%，盐角草的脱盐率为 30.6%，且间套作提高了 K^+、Na^+ 的含量。可见，适当的间套作模式可以明显降低土壤盐分，对于盐碱地改良提供了一个有效途径。然而，对于间套作模式是如何影响盐渍化灌区土壤盐分则鲜有报道。间套作体系能否增加间套作优势，间套作模式的大面积种植是否有利于改善土壤盐渍化、降低土壤盐分，仍是目前尚未探明的科学问题。可见，明确作物间相互利用水量、量化间套作群体内部水盐运移关系对于探讨北方干旱区间套作种植体系的可持续发展具有重要意义。

目前，根系分隔技术被认为是研究间套作种间套作物间水分利用量及地下部因素对间套作优势影响的有效方法。为此，本书通过田间小区试验，以北方干旱区小麦/玉米间套作模式为对象，利用根系分隔技术，对小麦/玉米间套作模式下水分相互利用量、土壤盐分运移机理及间套作优势来源进行了研究，量化了复合群体内两作物间水分的相互补给量，明确了间套作优势的来源和对土壤盐分的影响，以期为北方干旱区间套作复合群体的高产栽培技术理论提供科学依据。

6.1 小麦/玉米间套作系统土壤水盐运移机理

6.1.1 小麦/玉米间套作系统土壤水分运移规律

间套作区别于单作主要在于间套作有两种作物共同生长，共生期内存在明显的水分竞争，主要体现在不同作物条带 0~100cm 土壤含水量上。而不同隔根方式对间套作小麦与间套作玉米土壤含水率（0~100cm）的影响显著（图6-1）。隔根会明显提高两侧土壤含水率差值，这是由于小麦与玉米播种时间不同、根系分布不同、需水规律不同，进而造成两作物共生期内需水时间错位。

通过监测每次灌溉后至下一次灌溉前的体积含水率与相应塑料布隔根处理的体积含水率最大差值数据，我们即可计算出单位面积间套作模式下共生期内两作物间每次灌溉后相互利用水量（表6-1）。不隔根处理下小麦条带共生期内净利用玉米侧水量为 59.7~80.0m³/hm²，玉米条带共生期内净利用小麦侧水量为 -59.3~-78.5m³/hm²（负值表示共生期内该作物利用另一侧作物的水量低于被利用水量，反而被另一侧作物利用了或是损失了相应数值的水量，下同）；尼龙网隔根处理下小麦条带共生期内净利用玉米侧水量为 33.2~37.4m³/hm²，玉米条带共生期内净利用小麦侧水量为 -52.0~-55.4m³/hm²。总体上，间套作模式下共生期内小麦根系在土壤空间的叠加利用效应下可多利用 7.3~

$23.0\text{m}^3/\text{hm}^2$ 的小麦带土壤水量，$26.5\sim42.6\text{m}^3/\text{hm}^2$ 的玉米带土壤水量。

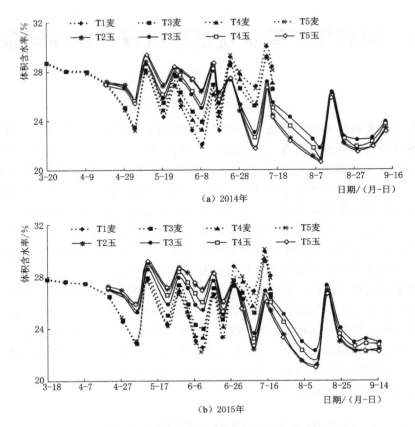

（a）2014年

（b）2015年

图 6-1　各处理平均土壤含水率动态曲线

表 6-1　　　　　　　　　　间套作模式下两作物间相互利用水量　　　　　　　　单位：m^3/hm^2

年份	处　　理	一水	二水	三水	四水	五水	合计
2014	不隔根处理利用玉米侧水量	49.6	101.7	73.2	−70.2	−74.3	80.0
	不隔根处理利用小麦侧水量	−61.4	−75.2	−47.8	68.2	57.0	−59.3
	尼龙网隔根处理利用玉米侧水量	19.0	72.6	57.0	−58.6	−52.5	37.4
	尼龙网隔根处理利用小麦侧水量	−45.0	−59.6	−30.3	45.5	37.4	−52.0
2015	不隔根处理利用玉米侧水量	45.1	97.8	71.1	−74.0	−80.3	59.7
	不隔根处理利用小麦侧水量	−64.1	−69.1	−53.3	45.1	63.0	−78.5
	尼龙网隔根处理利用玉米侧水量	13.8	63.2	46.5	−45.1	−45.3	33.2
	尼龙网隔根处理利用小麦侧水量	−31.3	−45.6	−34.3	29.2	26.6	−55.4

6.1.2　小麦/玉米间套作系统土壤盐分变化规律

土壤盐分除受灌溉和降雨等因素的影响外，在一段时间内也表现出一定的规律性。在播种前土壤裸露，表层土壤含水率较高，土壤蒸发强烈，使得播种前土壤含盐量明显偏高，表聚现象明显（图6-2、图6-3）。另外，作物根系对土壤肥料的高效利用也会对土壤盐分产生影响。从共生期开始及共生期结束时小麦带土壤EC值可以看出（图6-2），不隔根处理土壤EC值下降最多，尼龙网隔根次之，单作与塑料布隔根处理下降最少且无明显差异。综合分析不隔根间套作处理非但没有导致小麦带土壤EC均值增加，反而使共生期内小麦带土壤EC均值下降了5.5%～6.3%，尼龙网隔根处理间套作小麦土壤EC均值较单作小麦降低4.8%～5.2%，塑料布隔根处理下间套作小麦带土壤EC均值较单作降低了0.3%～0.8%，表现出轻微的控盐作用。可见，间套作模式下根系在土壤空间的叠加利用效应下可降低0.2%～1.5%的小麦带土壤EC均值（T3～T5），而水分与养分在小麦带与玉米带间的补偿效应可降低4.4%～4.5%的小麦带土壤EC均值（T4～T5）。

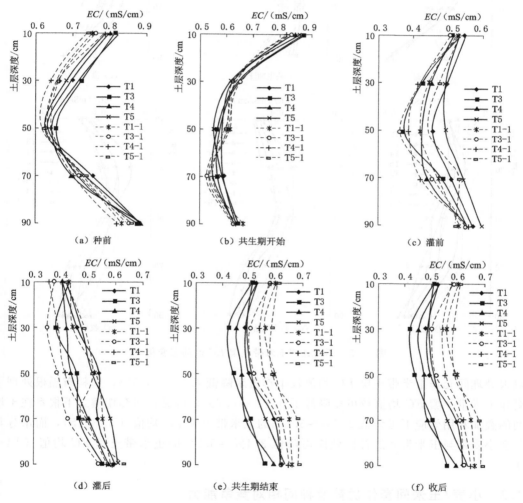

图6-2 不同处理小麦带土壤EC值动态变化

注 图中实线为2014年数据，虚线为2015年数据，下同。

玉米条带土壤EC值在灌水前后与共生期内也表现出与小麦带相同的规律（图6-3），其中共生期内不隔根处理间套作玉米带土壤EC均值较单作玉米降低6.9%～8.4%，尼龙

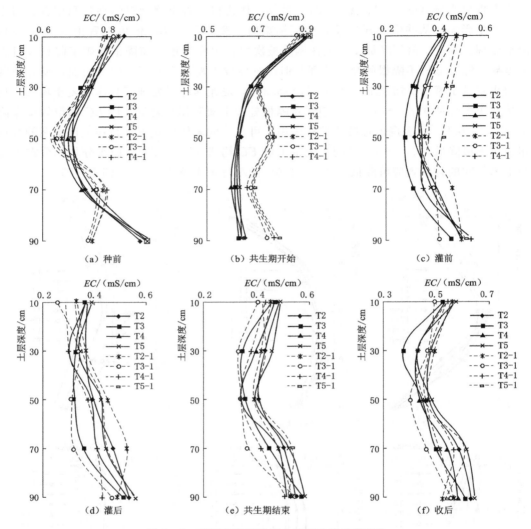

图 6-3　不同处理玉米带土壤 EC 值动态变化

网隔根处理间套作玉米带土壤 EC 均值较单作玉米降低 4.2%～5.3%，塑料布隔根处理下间套作玉米带土壤 EC 均值较单作降低了 0.1%～0.7%。可见，间套作模式下根系在土壤空间的叠加利用效应下可降低 2.7%～3.1% 的玉米带土壤 EC 均值（T3～T5），而水分与养分在小麦带与玉米带间的补偿效应可降低 3.4%～5.2% 的玉米带土壤 EC 均值（T4～T5）。

6.1.3　小麦/玉米间套作优势及种间相对竞争能力

复合群体内小麦、玉米的生长发育特征不仅受其特有的遗传特性决定，两作物对资源的竞争与互补也是影响复合群体生产能力高低的重要因素。由表 6-2 可见，不同处理间其产量、土地当量比（LER）、产量优势及种间相对竞争能力均达显著水平（$P<0.05$），可见地下部因素对间套作体系产量优势贡献颇多。

从土地当量比（LER）看，间套作可以显著提高小麦、玉米的产量。在塑料布隔根、尼龙网隔根与不隔根条件下，间套作模式下的 LER 均高于1，说明与相应单作相比，间套作的土地利用率较高。以两种作物单作时产量的面积加权平均值作对照，T3、T4、T5处理的产量分别提高27.7%~33.1%、14.9%~16.1%、5.2%~6.0%，可见，间套作优势显著，而隔根对间套作小麦、玉米的相互补偿效应影响巨大。T3处理较T5处理产量提高20.4%~26.6%，说明当地盐渍化灌区小麦/玉米间套作模式产量优势的20.4%~26.6%来自地下部分的补偿作用，而6.5%~7.2%的产量优势来源于地上部分补偿作用。T3处理较T4处理产量提高10.0%~15.8%，说明间套作产量优势中的10.0%~15.8%产生于间套作根系对土壤空间的叠加利用。塑料布隔根为完全分隔，既阻断了水分与养分与两作物间的交流，又阻断了两作物间根系的相互叠加；尼龙网隔根为不完全分隔，尼龙网只阻断了一种作物根系向另一种作物根系的生长，但未阻断水分与养分在两作物间的相互利用。因此，本试验中水分与养分在小麦带与玉米带间的补偿效应为10.4%~10.8%。

表 6 - 2 　　　　　　　不同处理对间套作优势及种间相对竞争能力的影响

年份	处理	产量/(kg/hm²)			土地当量比 LER	产量优势 /(kg/hm²)	种间相对竞争能力 A_{wm}
		小麦	玉米	总产量			
	T1	3935.1	—	3935.1	—	—	—
	T2	—	9790.5	9790.5	—	—	—
2014	T3	2666.4[b]	6037.6[a]	8704.0[a]	1.29[a]	1886.3[b]	0.082
	T4	2373.8[c]	5538.2[b]	7912.0[b]	1.17[b]	1094.2[c]	0.039
	T5	2085.6[d]	5141.2[cd]	7226.8[c]	1.06[c]	409.1[e]	−0.023
	T1	4138.4	—	4138.4	—	—	—
	T2	—	9508.9	9508.9	—	—	—
2015	T3	2848.2[a]	6178.3[a]	9026.5[a]	1.33[a]	2244.2[a]	0.036
	T4	2365.7[c]	5429.4[bc]	7795.1[b]	1.14[b]	1012.8[d]	−0.034
	T5	2123.8[d]	5008.7[d]	7132.5[c]	1.04[c]	350.2[f]	−0.059

注　数据后不同小写字母表示不同处理间差异达5%显著水平。

由可比面积上分析间套作较单作净增产量可知，无论隔根与否，间套作小麦与间套作玉米的产量均明显高于相应作物单作时的产量，间套作产量优势明显。当间套作小麦、玉米根系间不分隔时，间套作相对于单作净增产量为1886.3~2244.2kg/hm²，间套作优势显著；当采用尼龙网隔根时，间套作相对于单作净增产量为1012.8~1094.2kg/hm²，间套作优势下降明显；当采用塑料布隔根时，间套作相对于单作净增产量为350.2~409.1kg/hm²，相对于不隔根处理间套作优势下降了1477.2~1894.0kg/hm²，占总间套作优势的78.3%~84.4%。由于不隔根与采用塑料布隔根两处理间的间套作优势差值表示除去地上部分影响后仅剩地下部分影响的量，可见，如果用间套作相对于单作的净增产量作为间套作优势来计算地上部分与地下部分对小麦间套作玉米群体产量的相对贡献，则地上部对间套作优势的相对贡献为15.6%~21.7%，而地下部对间套作优势的相对贡献则为78.3%~84.4%。

从种间相对竞争能力上看，共生期内小麦与玉米间表现为明显的竞争关系，且共生期内小麦对土壤中水分与养分的竞争能力强于玉米（间套作体系中不隔根处理小麦相对于玉米的资源竞争能力 $A_{wm}=0.036\sim0.082>0$）。因此，在小麦成熟期间套作小麦作为优势种而增产。间套作玉米增产是由于种间相对竞争能力不是固定不变的，而是随着作物的生长动态变化的，共生前期由于小麦的播种期早，植株明显较玉米大，根系分布范围广，其种间相对竞争能力显著强于玉米，通过吸收玉米侧的土壤水分与养分，在灌浆前期积累了明显多于单作小麦的碳水化合物，进而奠定了间套作小麦高产的基础，而到小麦成熟期或小麦获后，由于小麦已成熟或收获，不再需要过多的水分与养分，使小麦侧的水分与养分不断被玉米侧吸收利用，又奠定了玉米的高产基础。另外，隔根可以明显改变间套作作物共生期的种间相对竞争能力（不隔根时小麦相对于玉米的资源竞争能力为 $0.036\sim0.082$，而采用尼龙网隔根后小麦相对于玉米的资源竞争能力下降为 $-0.034\sim0.039$，采用塑料布隔根后小麦相对于玉米的资源竞争能力则下降为 $-0.023\sim-0.059$，为负值），在共生期内，不隔根的小麦处于竞争优势，塑料布隔根的小麦处于竞争劣势，而尼龙网隔根的小麦种间相对竞争能力则处于两者之间。可见，减少两作物间的阻隔有利于提高小麦的相对竞争能力。

6.2　小麦/向日葵间套作系统水盐运移机理及种间竞争机制研究

6.2.1　小麦/向日葵间套作系统土壤水分运移规律

由于间套作系统中小麦与向日葵的播种与收获时间不同、根系分布规律不同、吸水规律及需水时间等的差异，进而造成小麦、向日葵共生期内需水时间、空间上的错位。为了更准确更直观地体现出不同处理下两作物条带的土壤水分运移规律，以各处理不同作物条带 100cm 深土层的平均体积含水率为自变量，以时间为因变量作图（图 6-4，T1 麦表示单作小麦，T3 麦表示根系不分隔下的间套作小麦，T4 麦表示尼龙网隔根下的间套作小麦，T5 麦表示塑料布隔根下的间套作小麦；T2 葵表示单作向日葵，T3 葵表示根系不分隔下的间套作向日葵，T4 葵表示尼龙网隔根下的间套作向日葵，T5 葵表示塑料布隔根下的间套作向日葵）。由图 6-4 可见，不同处理整个生育期各作物条带平均土壤含水率（0~100cm）随时间的动态变化特征，通过对间套作模式下不同作物条带的平均土壤含水率（0~100cm）变化规律分析可知，间套作系统中两作物条带间存在着明显竞争与互补关系。通过计算间套作系统中两作物条带间土壤含水率（0~100cm）的差值大小即可看出，共生前期两作物间土壤含水率（0~100cm）差值较大（麦-葵为负值，说明此时向日葵条带是作为间套作群体水源的角色而存在）表现为明显的互补关系；共生中期，特别是四水前后的 6 月下旬左右，当两作物条带间的平均土壤含水率差值为零或是接近于零，这时两作物间表现为明显的竞争关系，之后由于间套作群体中的小麦逐渐成熟而需水减少，两作物间土壤含水率（0~100cm）又逐渐增大（麦-葵为正值，说明此时小麦条带是作为间套作群体水源的角色而存在），间套作群体两作物间又回到互补关系当中。可见，间套作群体整个生育期对于水分的需求基本呈现"互补—竞争—互补"的过程，且在四水前后的 6 月下旬出现补充水源角色的转变。

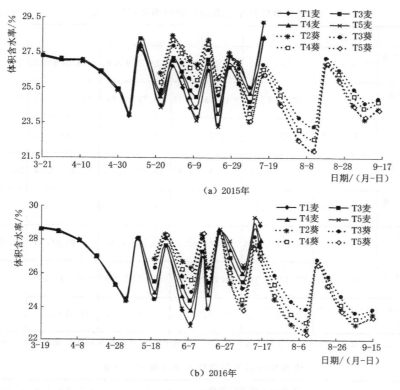

图6-4 各处理平均土壤含水率动态曲线

通过计算间套作群体两作物间相互利用水量，可以得到各处理每水灌溉后两作物间相互利用水量及总利用水量（表6-3）。间套作群体内部不隔根处理（T3）小麦条带利用向日葵侧的水量是向日葵条带利用小麦侧水量的1.35～2.10倍，尼龙网隔根处理（T4）小麦条带利用向日葵侧的水量是向日葵条带利用小麦侧水量的1.79～3.80倍，而不隔根处理（T3）小麦条带利用向日葵侧的水量是尼龙网隔根处理（T4）小麦条带利用向日葵侧水量的1.36～1.98倍，不隔根处理（T3）向日葵条带利用小麦侧水量是尼龙网隔根处理（T4）向日葵条带利用小麦侧水量的1.70～3.83倍。可见，间套作群体内部小麦对水分的捕获能力强于向日葵，且根系的交叉叠加效应有利于提升间套作群体的吸水能力。此外，通过对比尼龙网隔根处理（T4）与塑料布隔根处理（T5）可知，水分与养分的互补效应可以多利用15.12～26.40m³/hm²的小麦带土壤水量（T4处理利用小麦侧水量），47.60～57.44m³/hm²的向日葵带土壤水量（T4处理利用向日葵侧水量）。而根系在土壤空间的交叉叠加效应可以多利用18.56～42.84m³/hm²的小麦带土壤水量（T3处理利用小麦侧水量-水分与养分互补效应利用小麦侧水量），20.79～46.63m³/hm²的向日葵带土壤水量（T3处理利用向日葵侧水量-水分与养分互补效应利用向日葵侧水量）。

6.2.2 小麦/向日葵间套作系统土壤盐分变化特征

间套作群体生育期前后不同作物条带土壤盐分变化见表6-4。收获后小麦、向日葵作

表6-3　　　　　　　　间套作群体全生育期两作物间相互利用水量　　　　　　单位：m^3/hm^2

年份	处理	一水	二水	三水	四水	五水	六水	合计
2015	T3 利用向日葵侧水量	39.06±2.12	62.53±3.42	61.92±2.78	−39.21±3.67	−46.07±0.36	—	78.23
	T3 利用小麦侧水量	—	−57.63±3.14	−47.53±3.13	48.71±3.96	68.22±5.29	46.20±0.87	57.97
	T4 利用向日葵侧水量	34.13±2.08	42.87±2.44	36.37±2.47	−14.63±0.85	−41.30±1.24	—	57.44
	T4 利用小麦侧水量	—	−30.78±1.12	−34.33±1.65	19.36±2.28	36.45±2.84	24.43±1.25	15.13
2016	T3 利用向日葵侧水量	55.21±4.02	75.28±5.27	67.36±4.59	−40.18±3.29	−63.44±4.29	—	94.23
	T3 利用小麦侧水量	—	−69.79±4.25	−43.44±2.37	50.73±4.37	58.61±6.71	48.86±3.67	44.96
	T4 利用向日葵侧水量	19.00±0.87	57.40±2.16	41.75±3.68	−23.11±0.96	−47.44±2.09	—	47.60
	T4 利用小麦侧水量	—	−30.05±1.17	−30.34±2.74	35.66±2.67	34.87±2.37	16.25±1.11	26.40

注　表中数据均为3次重复平均值，负值表示该作物反被另一侧作物利用或损失相应数值的水量，下同。

表6-4　　　　　　　　生育期前后不同作物条带土壤 EC 均值　　　　　　单位：mS/cm

年份	处理	播种前土壤 EC 均值		收获后土壤 EC 均值	
		小麦	向日葵	小麦	向日葵
2015	T1	0.728±0.032	—	0.549±0.037[a]	—
	T2	—	0.770±0.041	—	0.442±0.027
	T3	0.738±0.028	0.766±0.033	0.516±0.041[ab]	0.420±0.014
	T4	0.742±0.042	0.748±0.029	0.528±0.026[ab]	0.431±0.033
	T5	0.735±0.016	0.768±0.017	0.554±0.015[a]	0.439±0.039
2016	T1	0.694±0.044	—	0.538±0.034[ab]	—
	T2	—	0.735±0.036	—	0.447±0.019
	T3	0.718±0.025	0.728±0.022	0.497±0.032[b]	0.426±0.027
	T4	0.702±0.011	0.754±0.048	0.521±0.021[ab]	0.440±0.030
	T5	0.683±0.038	0.706±0.051	0.537±0.023[ab]	0.451±0.024

物条带均较播种前有较大幅度下降，这是由水分与养分传输及间套作群体根系对肥料的高效利用共同作用的结果，通过对比收获后不同处理间两作物条带的差异可知，不隔根处理（T3）小麦带土壤 EC 均值较单作（T1）下降了6.01%～7.62%，且差异显著（$P<0.05$），向日葵带较单作（T2）下降了4.70%～4.98%；尼龙网隔根处理（T4）小麦带土壤 EC 均值较塑料布隔根处理（T5）下降了2.98%～4.69%，向日葵带下降了1.82%～2.44%。可见，小麦/向日葵间套作群体仍具有一定的控盐作用。由试验设计可知，塑料布隔根处理（T5）目的是隔断小麦、向日葵间水分与养分的交流及其根系间的相互交叉叠加，尼

龙网隔根处理（T4）目的是阻断小麦、向日葵间根系的相互交叉叠加，但不阻断两作物间水分与养分的相互传输，因此，其差值即表示由于水分与养分的互补效应而降低的土壤盐分，故水分与养分在小麦与向日葵间的互补效应可以降低 2.98％～4.69％的小麦条带土壤 EC 均值，1.82％～2.44％向日葵条带土壤 EC 均值。而间套作群体根系在土壤中的交叉叠加效应可以降低 1.32％～4.64％的小麦条带土壤 EC 均值（T3 处理小麦带土壤盐分下降值-水分与养分互补效应降低的小麦带土壤盐分），2.26％～3.16％的向日葵条带土壤 EC 均值（T3 处理向日葵带土壤盐分下降值-水分与养分互补效应降低的向日葵带土壤盐分）。

6.2.3 小麦/向日葵间套作优势与种间相对竞争能力

小麦/向日葵间套作群体的间套作优势不仅受地上部因素的影响，地下部因素对其贡献也颇多（表 6-5）。由间套作群体的土地当量比（LER）可知，小麦/向日葵间套作群体的土地利用效率较高。以作物单作时面积加权平均值为对照，T3 处理产量提高了29.47％～31.29％，T5 处理提高了 3.36％～7.15％，说明间套作优势的 3.36％～7.15％来源于地上部分的贡献，而地下部分的贡献为 22.32％～27.93％。以 T5 处理为对照，则T4 处理产量提高了 6.28％～14.14％，说明水分与养分在小麦/向日葵间套作群体间的互补效应贡献了 6.28％～14.14％的间套作优势。因此，间套作优势中的 13.79％～16.04％来源于间套作群体根系的交叉叠加效应（地下部间套作优势贡献率-水分养分互补效应贡献率）。

表 6-5　　　　　　　　　各处理间套作优势与种间相对竞争能力　　　　　　　　单位：kg/hm^2

年份	处理	产　量			土地当量比 LER	增产量	种间相对竞争能力 A_{ws}
		小麦	向日葵	总产量			
2015	T1	3876±134	—	3876±134			
	T2	—	3675±217	3675±217			
	T3	2653±158	2306±142	4959±150	1.31±0.03[a]	1182±62[a]	0.074±0.004
	T4	2374±137	2082±98	4456±118	1.18±0.02[b]	679±48[b]	0.056±0.003
	T5	2006±132	1898±107	3904±119	1.03±0.02[c]	127±11[e]	−0.030±0.003
2016	T1	4012±234		4012±234			
	T2	—	3589±205	3589±205			
	T3	2708±114	2217±155	4925±135	1.29±0.02[a]	1121±53[a]	0.075±0.005
	T4	2317±87	2015±121	4332±104	1.14±0.03[b]	528±37[c]	−0.003±0.006
	T5	2138±124	1937±93	4076±109	1.07±0.02[c]	272±16[d]	−0.047±0.004

从可比面积上间套作群体间净增产量可知，T3 处理净增产量为 1121～1182 kg/hm^2，T5 处理净增产量为 127～272 kg/hm^2，说明地上部分对间套作优势的贡献率为 10.74％～24.26％，而地下部分对间套作优势的贡献率为 75.74％～89.26％，T5 处理较 T4 处理产量优势下降了 22.84％～46.70％，说明间套作群体间水分与养分的互补效应对间套作优势的贡献率为 22.84％～46.70％。因此，小麦/向日葵间套作群体根系的交叉叠加效应对间

套作优势的贡献率为 46.79%~52.90%。

从间套作群体两作物间相对竞争能力上看，间套作群体内小麦的竞争能力强于向日葵（不隔根处理小麦相对于向日葵的种间相对竞争能力均大于零），而阻断小麦与向日葵间根系的交叉叠加（T4）会降低小麦的种间竞争能力（尼龙网隔根处理小麦相对于向日葵的种间竞争能力均小于不隔根处理），完全阻止根系的交叉叠加与水分养分在两作物间的传输补给（T5），则会提升向日葵的种间竞争能力（塑料布隔根处理小麦相对于向日葵的种间竞争能力均小于零），使间套作群体中的小麦由优势种变为劣势种。阻断小麦/向日葵间套作群体的根系交叉叠加会降低 17.31%~63.93% 的小麦相对于向日葵的竞争能力，而阻断小麦/向日葵间套作群体的水分与养分交流，则会降低 36.07%~82.69% 的小麦相对于向日葵的竞争能力，可见小麦/向日葵间套作群体内部的竞争主要来源于两作物对水分与养分的竞争。

6.3　水分胁迫下小麦/玉米种间竞争机制研究

6.3.1　水分胁迫下小麦/玉米间套作系统土壤水分运动特征

由于间套作系统的特殊性，造成群体内部根系分布与需水临界期的时空差异，进而为土壤水分在间套作系统内的高效利用提供了条件。为了更直观地体现不同水分胁迫处理下间套作群体的土壤水分运移规律，以各处理不同作物条带 100cm 深土层的平均体积含水率为自变量，以时间为因变量作图，结果如图 6-5 所示（图中 T3 麦~T6 麦和 T3 玉~T6

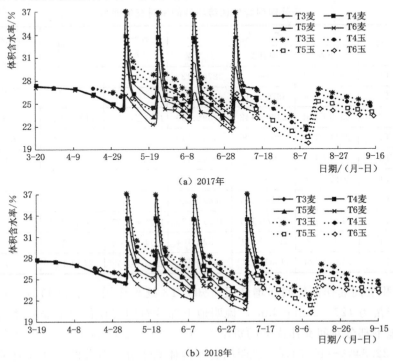

（a）2017年

（b）2018年

图 6-5　各处理平均土壤含水率动态曲线

玉分别表示不同处理下的小麦带和玉米带），不同水分胁迫处理下的 $0\sim100$cm 深不同作物条带间土壤体积含水率差异明显，均表现为随着生育进程的推进，两作物条带体积含水率逐渐降低，灌水后出现显著提升，又随着作物生长吸水逐渐下降的循环往复过程。但也表现出一定的规律性，如随着小麦、玉米生育进程的推进，间套作群体在 6 月底 7 月初的四水前后迎来群体内最剧烈的水分竞争时段，并出现水源角色的互换。此外，各不同水分胁迫处理下的两作物条带 $0\sim100$cm 深土壤含水率均未表现出交叉现象，均呈现出近似平行的规律，且相同水分胁迫处理下的两作物条带间土壤含水率下降速率由共生前期的差距较大，逐渐变为三水过后的相近及四水过后的继续增大，说明不同的水分胁迫会直接影响土壤含水率，进而影响根系的吸水。

通过对不同水分胁迫处理下两作物条带 100cm 深土层的全生育期平均体积含水率对比可知。相较于未受水分胁迫的 T3 处理（100％田间持水率），T4 处理（90％田间持水率）小麦条带 100cm 深土层的全生育期平均体积含水率下降了 2.50％～2.52％，玉米条带下降了 2.41％～2.65％；T5 处理（80％田间持水率）小麦条带 100cm 深土层的全生育期平均体积含水率下降了 4.31％～5.52％，玉米带下降了 5.72％～6.66％；T6 处理（70％田间持水率）小麦条带 100cm 深土层的全生育期平均体积含水率下降了 6.88％～9.39％，玉米条带下降了 9.44％～10.73％。可见，相同水分胁迫处理下的两作物条带间其 100cm 深土层的全生育期平均体积含水率下降速率不同，随着水分胁迫的加剧，玉米条带全生育期平均体积含水率下降速率明显快于小麦条带。为进一步明确不同水分胁迫下间套作群体内部各作物条带水分捕获能力情况，本试验重点监测了共生期内每水灌溉后 3h 时各不同处理作物条带的水分捕获当量比及其水分相对竞争能力，结果见表 6-6 所示。

表 6-6　　　　　　　不同处理下各作物条带水分捕获当量比与水分相对竞争能力

年份	处理	一水			二水			三水			四水		
		M_w	M_m	L_{wm}	M_w	M_m	L_{wm}	M_w	M_m	L_{wm}	M_w	M_m	L_{wm}
2017	T3	0.99	0.98	0.01	0.97	0.94	0.03	0.95	0.93	0.02	0.97	0.98	-0.01
	T4	1.04	0.92	0.12	1.03	0.90	0.13	1.01	0.94	0.07	0.98	1.01	-0.03
	T5	1.13	0.72	0.41	1.10	0.64	0.46	1.08	0.83	0.25	0.96	1.04	-0.08
	T6	1.04	0.60	0.44	1.13	0.63	0.50	1.11	0.77	0.34	0.90	1.08	-0.18
2018	T3	0.98	0.97	0.01	0.96	0.93	0.03	0.96	0.95	0.01	0.97	0.98	-0.01
	T4	1.03	0.83	0.20	1.02	0.95	0.07	0.99	0.98	0.01	0.99	1.01	-0.02
	T5	1.07	0.77	0.30	1.04	0.88	0.16	1.01	0.95	0.06	0.94	1.01	-0.07
	T6	1.08	0.50	0.58	1.04	0.76	0.28	1.02	0.93	0.09	0.96	1.03	-0.07

由表 6-6 可知，共生期内各间套作处理间普遍存在小麦条带水分捕获当量比高于玉米条带水分捕获当量比的现象，只有第四水出现反转，且随水分胁迫的加剧，小麦条带的水分捕获当量比逐渐增加，玉米条带的水分捕获当量比则相反。这是由于共生前期、中期，小麦条带需水量大，且同一水分胁迫处理下，共生期内普遍存在小麦条带 $0\sim100$cm 深土层平均体积含水率低于玉米条带的情况，特别是表层土壤含水率更是如此，而土壤含水率决定土壤入渗量与吸水能力，土壤含水率越低其吸水能力越强，入渗速率越大，因而

同一水分胁迫处理间，小麦条带的吸水能力明显强于玉米条带。不同水分胁迫处理间，由于水分胁迫逐渐加剧，造成间套作群体内部土壤水势梯度增大，灌溉水受小麦条带土壤介质的吸力增强，进而小麦条带的灌溉水入渗能力增加，因此有限的水资源随着水分胁迫的加剧，被小麦条带的捕获量加大所致。

此外，随着生育期推进，还表现出小麦条带水分捕获当量比逐渐减小，玉米条带水分捕获当量比逐渐升高，且两作物条带间的水分相对竞争能力逐渐下降甚至变为负值的规律。这是由于共生期内随着生育进程的递进，两作物条带间的土壤水势梯度减小直至反转所致。另外，对于存在少部分数据不符合此规律的情况，这是由于其应灌水量较少（各间套作处理灌水量见表 6 - 7），相应作物条带入渗时间较少导致入渗总量较低所致。

表 6 - 7　　　　　　　　　　各间套作处理灌水量

年份	处理	灌水量/m³			
		一水	二水	三水	四水
2017	T3	3.56	2.89	3.32	3.86
	T4	2.47	2.19	2.53	3.01
	T5	1.44	1.41	1.70	2.10
	T6	0.38	0.88	0.81	0.97
2018	T3	3.53	2.64	3.24	3.71
	T4	2.43	1.80	2.46	2.90
	T5	1.39	1.14	1.69	2.16
	T6	0.35	0.60	0.98	1.43

6.3.2　水分胁迫下小麦/玉米间套作优势与种间相对竞争能力

间套作群体根系的错位分布有利于促进作物对土壤水分的充分利用。由表 6 - 8 可知，非胁迫（T3）下的间套作群体其土地当量比（LER）均高于 1，分别达到了 1.21～1.24，其相对于同等面积单作时的产量增加 2049～2260kg/hm²，增产 32.66%～35.73%，说明间套作优势明显。轻度的水分胁迫处理（T4）非但未降低间套作群体的土地当量比，反而小幅提升了间套作群体的土地当量比，相应的其相对于同等面积单作加权平均产量增加了 2276～2393kg/hm²，较非水分胁迫下的 T3 处理增产量增加了 133～227kg/hm²，说明间套作群体能够应对轻度的干旱缺水情况而不造成间套作优势降低，具有一定的抵抗水分胁迫逆境的能力。随着水分胁迫的加剧（T5），间套作群体的土地当量比开始快速下降，由原来的 1.21～1.24 下降到 1.04～1.07，下降了 13.71%～14.05%，较非胁迫处理（T3）的增产量下降了 1434～1477kg/hm²，下降幅度达 65.35%～69.98%，但仍存在间套作优势。当水分胁迫达到田间持水率的 70% 时（T6），间套作优势彻底消失，间套作群体的土地当量比变为 0.84～0.85，其相对于同等面积单作时的产量增加值变为 -874～ -838kg/hm²。可见，要想当地小麦/玉米间套作群体存在间套作优势，每水最少要满足间套作群体 80% 左右的田间持水率。

表 6-8   各处理间套作优势与种间相对竞争能力

年份	处理	产量/(kg/hm²)			土地当量比			增产量/(kg/hm²)	A_{wm}
		小麦	玉米	总产量	P_{LERw}	P_{LERm}	LER		
2017	T1	3964±112	—	3964±112	—	—	—	—	—
	T2	—	9362±257	9362±257	—	—	—	—	—
	T3	2220±132	6366±162	8586±147	0.56±0.02	0.68±0.01	1.24±0.02	2260±78	−0.559±0.026
	T4	2259±108	6460±247	8719±178	0.57±0.01	0.69±0.01	1.26±0.02	2393±106	−0.564±0.014
	T5	2147±85	4962±182	7109±134	0.54±0.02	0.53±0.02	1.07±0.02	783±53	−0.249±0.009
	T6	1724±96	3764±106	5488±101	0.44±0.02	0.40±0.01	0.84±0.01	−838±28	−0.146±0.013
2018	T1	3826±118	—	3826±118	—	—	—	—	—
	T2	—	9425±324	9425±324	—	—	—	—	—
	T3	2104±137	6221±217	8325±177	0.55±0.01	0.66±0.02	1.21±0.02	2049±101	−0.531±0.034
	T4	2143±149	6409±259	8552±204	0.56±0.01	0.68±0.02	1.24±0.02	2276±84	−0.559±0.025
	T5	1990±76	4901±148	6891±112	0.52±0.02	0.52±0.02	1.04±0.01	615±69	−0.264±0.012
	T6	1774±89	3628±119	5402±154	0.46±0.01	0.39±0.01	0.85±0.01	−874±32	−0.056±0.003

此外，通过对表 6-8 中间套作群体的偏土地当量比分析还可得出，随着水分胁迫程度的增大，间套作群体内小麦与玉米的偏土地当量比均在明显下降，但玉米的偏土地当量比（P_{LERm}）下降速率快于小麦（P_{LERw}），这也从侧面印证了间套作群体内部随水分胁迫增加导致间套作小麦对水分的捕获能力增强，减少了间套作玉米应获得的水量，从而加快了间套作玉米的偏土地当量比下降速率。由表 6-8 还可看出，不同间套作处理内小麦的相对竞争能力均弱于玉米，随着水分胁迫的加剧，间套作群体的种间相对竞争能力在小幅上升后逐渐减小（A_{wm} 的绝对值逐渐趋向于 0），这间接证明了随着水分胁迫的逐渐提升，间套作群体根系在不断下扎吸水过程中群体内部两作物根系间的交叉叠加范围在不断减小，进而降低了小麦相对于玉米对自然资源的竞争能力。

6.4　结论

（1）小麦/玉米间套作群体中小麦利用了玉米侧 214.0～224.5m³/hm² 的水量，玉米利用了小麦侧 108.1～125.2m³/hm² 的水量。间套作模式下根系在土壤空间的叠加利用效应下可降低 0.2%～1.5% 的小麦带土壤电导率（EC）均值，2.7%～3.1% 的玉米带土壤 EC 均值；水分的流通可使小麦带土壤 EC 均值降低 4.4%～4.5%，使玉米带土壤 EC 均值降低 3.4%～5.2%。北方干旱区小麦/玉米间套作系统的产量优势为 27.7%～33.1%，其中 20.4%～26.6% 来源于地下部分的补偿作用，6.5%～7.2% 来自地上部分。间套作产量优势中的 10.0%～15.8% 产生于根系对土壤空间的叠加利用，而水分与养分在小麦带与玉米带间的补偿效应为 10.4%～10.8%。

（2）小麦/向日葵间套作群体生育期内小麦条带利用向日葵侧水量为 78.23～94.23m³/hm²，向日葵条带利用小麦侧水量为 44.96～57.97m³/hm²，其中根系在土壤空间的交叉叠加效应可以多利用 $18.56 \sim 42.84 \mathrm{m}^3/\mathrm{hm}^2$ 小麦带土壤水量，$20.79 \sim 46.63 \mathrm{m}^3/\mathrm{hm}^2$ 向日葵带土壤水量，降低 $1.32\% \sim 4.64\%$ 小麦条带土壤 EC 均值，$2.26\% \sim 3.16\%$ 向日葵条带土壤 EC 均值。水分养分互补效应可以多利用 $15.12 \sim 26.40 \mathrm{m}^3/\mathrm{hm}^2$ 小麦带土壤水量，$47.60 \sim 57.44 \mathrm{m}^3/\mathrm{hm}^2$ 向日葵带土壤水量，降低 $2.98\% \sim 4.69\%$ 小麦条带土壤 EC 均值，$1.82\% \sim 2.44\%$ 向日葵条带土壤 EC 均值。种间相对竞争能力上，间套作群体内小麦的竞争能力强于向日葵。

（3）小麦/玉米间套作群体共生期内普遍存在小麦条带水分捕获当量比高于玉米条带的现象，随着水分胁迫的加剧，此趋势愈加明显；随着生育期推进，此趋势渐弱甚至出现反转，条带间的水分相对竞争能力则呈现逐渐下降的规律。种间相对竞争能力方面，表现出随水分胁迫的加剧小麦相对于玉米先微升后快速下降并逐渐近于消失的趋势。总之，间套作群体的特殊性造成了两作物条带存在时间与空间上的土壤水分差异，进而造成灌溉水入渗速度及入渗总量的不同，而水分胁迫增加了这种趋势，这在一定程度上满足了灌溉水的最佳去处，从而提高了间套作群体的水分利用效率，进而揭示了间套作群体的节水增产机理。

第7章 间套作农田土壤水氮运移规律
及竞争机制模拟研究

不同作物或植物本身的生长发育特征不同，特别是作物根系分布不同和吸水能力不同，导致间套作农田作物需水特性的差异，也导致作物之间形成水肥竞争关系。如番茄/玉米间套作种植农田生育期2种作物根系分布有较大差异，研究发现，玉米的根系生长能力强于番茄，并且在生育期2种作物根系分布呈"不交叉—轻度交叉—完全交叉—轻度交叉"的规律；在玉米/大豆间套作农田中，也显示出玉米根系在垂直方向下扎得更深，并更多得向大豆侧扩展的趋势，且不同作物根系吸水也存在差异，如张作为等利用水量平衡法对不同方式隔根处理下的小麦/玉米间套作农田的吸水能力进行计算，发现小麦利用土壤水分的能力大于玉米。由于间套作条件下的边际效应，能明显提高作物的产量，并通过优化间套作模式能进一步提高增产效应，如3行玉米5行苜蓿处理的产量明显高于3行玉米3行苜蓿。由于前人研究未考虑作物需水量和吸水能力的差异，易于导致高需水量作物灌水不足，低需水量作物灌水过量的现象，而本书根据作物的需水特性适时适量灌水，可有效提高间套作种植农田水分利用效率。

间套作系统的氮素分配制度相比单作要更为复杂，需要根据种间作物氮素的竞争关系，为不同作物制定合理的施肥策略。为了能够协调间套作系统种间作物竞争关系，达到经济效益最大化的目的，优化不同作物的种植结构是十分必要的。由于不同种植模式下种间作物种植比例的差异，导致不同种植模式的氮素利用效率和作物生产效率差异显著。比如Htet等通过研究1:1、1:2、1:3和2:1等4种玉米/大豆间套作系统营养成分，结果表明1:3模式为最优模式。Choudhary等进一步发现1:5玉米/大豆间套作模式下农田生产力和氮素吸收均高于1:2和单作模式。然而，目前间套作农田水氮运移规律及种间作物水氮竞争关系尚未被系统性地揭示，特别是对于不同种植模式下的水氮竞争机制。

7.1 土壤水氮运移模型率定与验证

7.1.1 不同间套作种植模式下土壤水分模拟精度评价

数据采用MRE、$RMSE$以及R^2三种分析方法。不同种植模式下不同位置土壤含水率误差分析见表7-1，2014年各处理后的土壤含水量为：单作番茄（ST）模式下番茄处土壤含水量的MRE为9.88%，裸地侧的土壤含水量为9.94%；单作玉米（SC）模式下玉米处的MRE为9.91%，裸地侧为12.24%；IC_{2-2}种植模式下玉米处土壤含水量的MRE为9.58%，番茄侧为9.84%，裸地侧为9.66%；IC_{4-2}种植模式下玉米处土壤含水

量的 MRE 为 9.87％，番茄处为 8.77％，裸地侧为 10.02％。2015 年各处理后的土壤含水量为：单作番茄模式下番茄处土壤含水量的 MRE 为 9.92％，裸地侧的土壤含水量为 9.97％；单作玉米模式下玉米处 MRE 为 10.42％，裸地侧为 12.64％；IC_{2-2} 种植模式下玉米处土壤含水量的 MRE 为 9.82％，番茄侧为 9.81％，裸地侧为 8.32％；IC_{4-2} 种植模式下玉米处土壤含水量的 MRE 为 9.90％，番茄处为 9.75％，裸地侧为 10.00％。

由上述数据可知，2014 年的模拟数据精度要明显优于 2015 年的模拟值，且其中 MRE 最优值为 8.32％，MRE 最大值为 12.64％，因此所有模拟误差均接近 10％；作物（玉米、番茄）在 2014 年不同处理情况下的模拟值与实测值的 R^2 处于 0.8 附近，而 2015 年的 R^2 也处于 0.8 左右；可知两者存在明显的线性相关，因此认为基于 HYDRUS - 2D 模型模拟出的数据的精度较为准确，可用模拟值来代替作物全生育期的实际土壤含水量（图 7 - 1、图 7 - 2）。

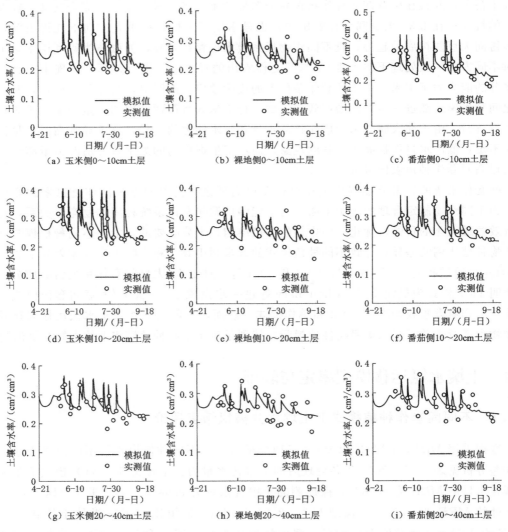

图 7 - 1（一）　2 行番茄 2 行玉米间套作（IC_{2-2}）种植模式下不同位置模拟值与实测值（2014 年）

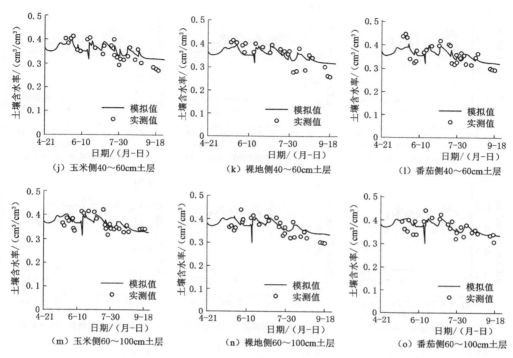

图 7-1（二）　2 行番茄 2 行玉米间套作（IC$_{2-2}$）种植模式下不同位置模拟值与实测值（2014 年）

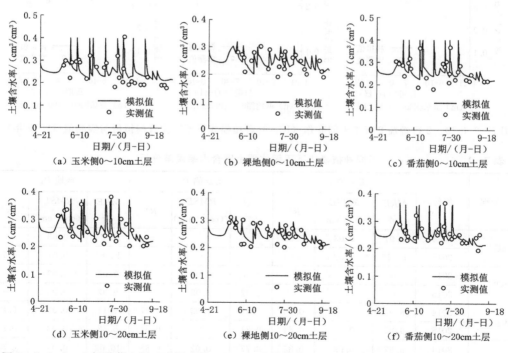

图 7-2（一）　2 行番茄 2 行玉米间套作（IC$_{2-2}$）种植模式下不同位置模拟值与实测值（2015 年）

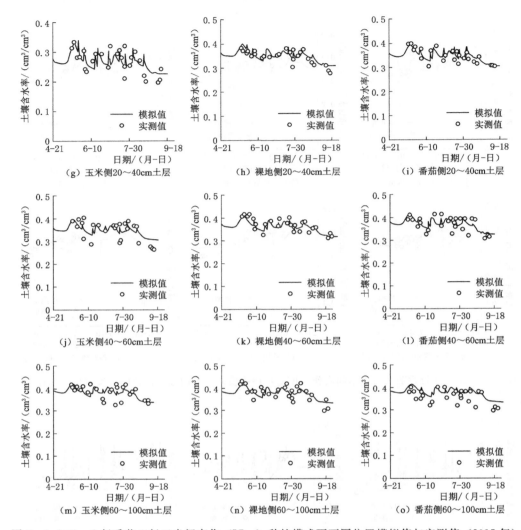

图 7-2（二）　2 行番茄 2 行玉米间套作（IC$_{2-2}$）种植模式下不同位置模拟值与实测值（2015 年）

表 7-1　　　　　　　不同种植模式下不同位置土壤含水率误差分析

不同处理	年份	玉米侧 P_c			番茄侧 P_t			裸地 P_b		
		MRE /%	RMSE /(cm³/cm³)	R^2	MRE /%	RMSE /(cm³/cm³)	R^2	MRE /%	RMSE /(cm³/cm³)	R^2
SC	2014	9.91	0.03	0.82	—	—	—	12.24	0.03	0.79
	2015	10.42	0.03	0.80	—	—	—	12.64	0.03	0.76
ST	2014	—	—	—	9.88	0.03	—	9.94	0.03	—
	2015	—	—	—	9.92	0.03	—	9.97	0.03	—
IC$_{2-2}$	2014	8.94	0.03	0.86	8.33	0.03	0.87	9.11	0.03	0.83
	2015	9.82	0.03	0.84	9.81	0.03	0.84	8.32	0.02	0.81
IC$_{4-2}$	2014	9.87	0.03	0.85	8.77	0.02	0.88	10.02	0.03	0.82
	2015	9.90	0.03	0.84	9.75	0.03	0.86	10.00	0.03	0.80

7.1.2　不同灌水水平条件下土壤水分模拟精度评价

利用轻度控水灌溉处理（T2）实测数据进行了参数的率定，并用率定后参数对充分灌溉处理（T1）和亏缺灌溉处理（T3）土壤水分进行模拟，由于3个处理变化趋势相近，故本书仅列出了充分灌溉处理（T1）各自不同位置的模拟值与测量值含水率图。从图7-3、图7-4中可以看出模拟值与测量值有较高的吻合度，0～10cm、10～20cm和20～40cm层受灌溉降雨的影响较大，波峰较大，而40～60cm和60～100cm层相对较平稳，而且变化趋势相似，结合下边界条件可知，这两层的土壤水分变化主要受下边界的影响较大，这是由于该地区地下水位较浅和滴灌较小的灌溉定额相关。同时对不同位置的 MAE，MAR，$RMSE$ 进行分析（表7-2、表7-3），可以看出不同位置不同深度平均误差均小于20%，T1～T3处理所有点平均误差分别为10.92%、8.72%、12.68%，平均 $RMSE$ 分别为 $0.0438\text{cm}^3/\text{cm}^3$、$0.0334\text{cm}^3/\text{cm}^3$、$0.0431\text{cm}^3/\text{cm}^3$，可见模拟误差相对较小，建

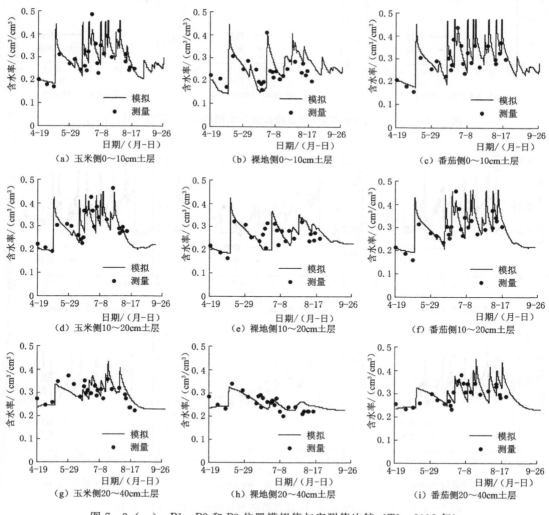

图7-3（一）　P1、P2和P3位置模拟值与实测值比较（T1，2012年）

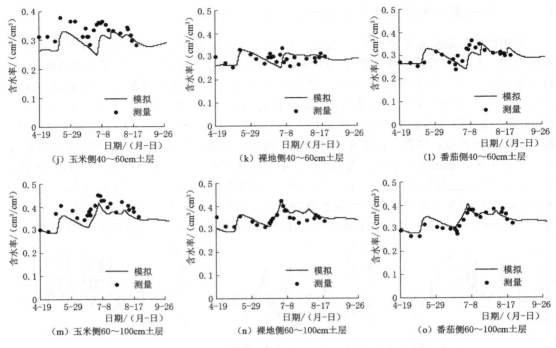

图 7-3（二）　P1、P2 和 P3 位置模拟值与实测值比较（T1，2012 年）

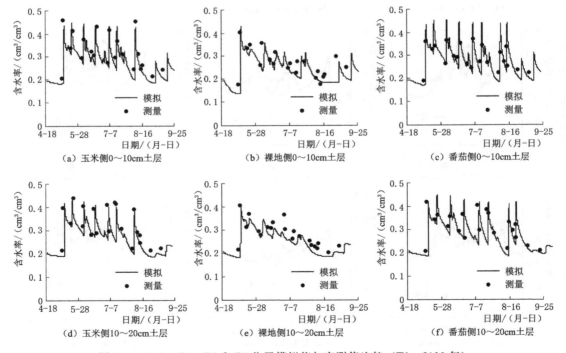

图 7-4（一）　P1、P2 和 P3 位置模拟值与实测值比较（T1，2013 年）

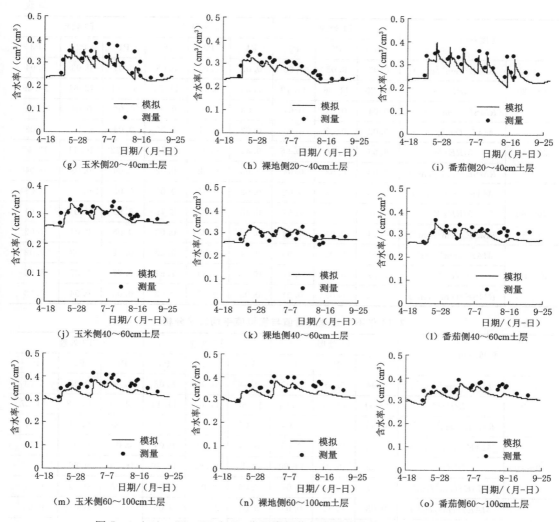

图 7-4（二） P1、P2 和 P3 位置模拟值与实测值比较（T1，2013 年）

立的 HYDRUS-2D 模型能够用于间套作农田土壤水分的模拟。从误差分析表中可以看到，表层的误差相对大于底层，这是由于表层受灌溉、降雨影响很大，变化较强烈，测量误差相对较大，而由于地下水位埋深较浅，50cm 以下根系比重较小，故底层土壤水分变动较小，含水率相对稳定，主要受地下水位影响比较大，测量误差较小。

表 7-2　　　　　　　　　2012 年不同处理测量值与模拟值平均误差分析

深度/cm		T1 处理			T2 处理			T3 处理		
		P1	P2	P3	P1	P2	P3	P1	P2	P3
0~10	MAE/(cm³/cm³)	0.04	0.04	0.05	0.03	0.02	0.03	0.05	0.04	0.05
	MRE/%	12.98	19.93	17.00	9.27	11.00	11.70	18.83	15.89	19.24
	$RMSE$/(cm³/cm³)	0.05	0.05	0.07	0.03	0.03	0.05	0.05	0.05	0.07

深度/cm		T1 处理			T2 处理			T3 处理		
		P1	P2	P3	P1	P2	P3	P1	P2	P3
10~20	$MAE/(cm^3/cm^3)$	0.03	0.03	0.05	0.02	0.02	0.03	0.04	0.03	0.04
	$MRE/\%$	10.20	11.86	17.19	7.55	8.47	11.51	16.31	13.61	17.89
	$RMSE/(cm^3/cm^3)$	0.04	0.04	0.07	0.03	0.03	0.04	0.05	0.04	0.06
20~40	$MAE/(cm^3/cm^3)$	0.02	0.02	0.03	0.03	0.01	0.02	0.04	0.03	0.03
	$MRE/\%$	6.66	8.96	10.96	9.45	6.03	7.77	15.72	10.41	12.47
	$RMSE/(cm^3/cm^3)$	0.03	0.03	0.04	0.03	0.03	0.04	0.04	0.03	0.04
40~60	$MAE/(cm^3/cm^3)$	0.03	0.02	0.02	0.02	0.02	0.02	0.03	0.04	0.03
	$MRE/\%$	10.08	7.65	7.57	6.48	9.07	8.79	8.99	11.17	9.01
	$RMSE/(cm^3/cm^3)$	0.04	0.03	0.03	0.03	0.03	0.03	0.03	0.04	0.03
60~100	$MAE/(cm^3/cm^3)$	0.03	0.02	0.03	0.04	0.02	0.02	0.02	0.03	0.02
	$MRE/\%$	8.27	5.03	9.47	10.31	5.83	7.61	5.77	8.37	6.52
	$RMSE/(cm^3/cm^3)$	0.04	0.02	0.04	0.05	0.02	0.03	0.03	0.04	0.03

表 7-3　　　　　　　　2013 年不同处理测量值与模拟值平均误差分析

深度/cm		T1 处理			T2 处理			T3 处理		
		P1	P2	P3	P1	P2	P3	P1	P2	P3
0~10	$MAE/(cm^3/cm^3)$	0.04	0.03	0.03	0.04	0.03	0.03	0.04	0.03	0.04
	$MRE/\%$	12.91	12.17	10.64	13.68	11.64	11.14	14.07	13.08	14.27
	$RMSE/(cm^3/cm^3)$	0.05	0.05	0.04	0.05	0.04	0.04	0.05	0.04	0.05
10~20	$MAE/(cm^3/cm^3)$	0.06	0.03	0.05	0.04	0.04	0.04	0.05	0.02	0.04
	$MRE/\%$	15.39	10.98	14.60	13.18	13.62	13.40	16.51	9.86	13.17
	$RMSE/(cm^3/cm^3)$	0.07	0.04	0.07	0.06	0.05	0.06	0.07	0.03	0.07
20~40	$MAE/(cm^3/cm^3)$	0.03	0.03	0.04	0.04	0.02	0.05	0.03	0.02	0.03
	$MRE/\%$	10.03	9.46	11.69	13.56	7.50	15.77	9.19	6.33	9.69
	$RMSE/(cm^3/cm^3)$	0.04	0.03	0.04	0.05	0.03	0.06	0.03	0.03	0.03
40~60	$MAE/(cm^3/cm^3)$	0.02	0.02	0.02	0.01	0.02	0.03	0.02	0.02	0.01
	$MRE/\%$	4.89	6.33	6.52	4.77	5.58	7.96	5.15	7.16	3.86
	$RMSE/(cm^3/cm^3)$	0.02	0.02	0.03	0.02	0.02	0.03	0.02	0.02	0.01
60~100	$MAE/(cm^3/cm^3)$	0.03	0.02	0.02	0.02	0.02	0.02	0.02	0.02	0.03
	$MRE/\%$	8.55	7.41	7.05	7.95	6.55	6.81	6.43	6.26	7.07
	$RMSE/(cm^3/cm^3)$	0.03	0.03	0.03	0.03	0.03	0.03	0.03	0.03	0.03

7.1.3　不同间套作种植模式下土壤氮素模拟精度评价

本书利用 2018 年不同间套作模式下不同土层深度不同水平位置的铵态氮和硝态氮实测数据对 HYDRUS-2D 模型参数进行了率定，并采用相应的 2019 年实测数据进行了验证。结果表明，HYDRUS–2D模型可以精确地捕捉土壤铵态氮和土壤硝态氮的运移转化动态（表7–4）。

表7–4 不同间套作模式下不同位置的土壤铵态氮和土壤硝态氮模拟精度评价

年份	土层深度/cm			ST PBIAS/%	IA	nRMSE/%	SC PBIAS/%	IA	nRMSE/%	IC$_{2-2}$ PBIAS/%	IA	nRMSE/%	IC$_{4-2}$ PBIAS/%	IA	nRMSE/%
2018	NH$_4$–N	P_c	0~20	—	—	—	7.4	0.92	7.1	9.6	0.88	5.1	−7.6	0.94	7.4
			20~40	—	—	—	8.1	0.90	6.3	8.7	0.84	7.7	−8.4	0.87	8.9
			40~100	—	—	—	−9.3	0.87	8.7	10.9	0.80	9.1	−9.7	0.82	7.9
		P_t	0~20	7.7	0.93	5.4	—	—	—	10.8	0.86	9.8	7.5	0.94	6.2
			20~40	−7.0	0.93	5.7	—	—	—	−9.0	0.86	7.4	−8.0	0.85	6.8
			40~100	8.5	0.90	6.2	—	—	—	8.3	0.87	6.1	8.6	0.86	7.9
	NO$_3$–N	P_c	0~20	—	—	—	−10.1	0.86	8.5	−7.1	0.93	5.6	6.4	0.93	5.7
			20~40	—	—	—	9.4	0.86	6.9	−10.8	0.80	7.3	−7.8	0.96	8.2
			40~100	—	—	—	−8.8	0.89	6.5	−5.2	0.97	2.8	5.6	0.96	5.5
		P_t	0~20	−9.9	0.86	7.7	—	—	—	−9.9	0.84	8.0	10.0	0.87	9.0
			20~40	−8.1	0.90	6.1	—	—	—	−8.2	0.88	10.4	−9.4	0.93	9.0
			40~100	7.2	0.92	5.4	—	—	—	7.8	0.91	6.6	10.1	0.78	11.1
2019	NH$_4$–N	P_c	0~20	—	—	—	−8.4	0.90	7.8	10.8	0.84	8.0	12.1	0.77	11.5
			20~40	—	—	—	9.5	0.86	8.7	10.0	0.83	7.9	9.2	0.89	6.8
			40~100	—	—	—	10.6	0.84	9.2	9.5	0.86	5.3	8.8	0.91	8.1
		P_t	0~20	9.6	0.84	7.7	—	—	—	11.9	0.85	9.6	11.0	0.82	7.6
			20~40	11.9	0.98	10.6	—	—	—	11.6	0.88	7.7	9.1	0.83	6.0
			40~100	9.3	0.96	11.4	—	—	—	−8.8	0.91	10.2	9.2	0.83	10.0
	NO$_3$–N	P_c	0~20	—	—	—	12.6	0.84	8.6	11.0	0.84	9.8	9.4	0.84	6.4
			20~40	—	—	—	11.1	0.81	8.8	12.0	0.84	8.7	13.5	0.72	8.9
			40~100	—	—	—	9.5	0.82	4.1	6.3	0.97	3.7	−9.9	0.79	7.1
		P_t	0~20	12.4	0.82	8.2	—	—	—	10.7	0.81	8.9	9.0	0.79	7.6
			20~40	9.4	0.94	6.3	—	—	—	9.5	0.88	8.4	4.5	0.99	6.0
			40~100	8.6	0.86	7.4	—	—	—	9.2	0.89	8.3	−13.3	0.75	12.4

其中在率定期，不同种植模式下不同位置处0~100cm土壤铵态氮的平均$PBIAS$、IA和$nRMSE$分别为2.1%、0.88和7.2%；土壤硝态氮的平均$PBIAS$、IA和$nRMSE$分别为−2.2%、0.89和7.2%。而在验证期，不同种植模式下不同位置处0~100cm土壤铵态氮的平均$PBIAS$、IA和$nRMSE$分别为8.2%、0.86和8.6%；土壤硝态氮的平均$PBIAS$、IA和$nRMSE$分别为7.5%、0.84和7.8%。总体上，ST、SC、IC$_{2-2}$和IC$_{4-2}$种植模式下不同水平位置处根区土壤氮素模拟值的$PBIAS$变化范围为−13.3%~13.5%，$nRMSE$为2.8%~12.4%，基本均低于10%，表明模型的预测精度较高。

另外，不同种植模式下不同水平位置处根区土壤氮素的 IA 均高于 0.85，表明模拟值与实测值具有较强的一致性。因此，HYDRUS-2D 模型可以被用以评价不同种植模式下土壤氮素的运移转化特征。

7.1.4　不同施氮水平条件下土壤氮素模拟精度评价

本书采用 2014 年土壤硝态氮田间试验数据率定了土壤水力参数及溶质运移参数，率定后不同施肥水平下土壤硝态氮 $RMSE$、R^2 和 MRE 的误差范围分别为 0.01～0.05mg/cm³、0.67～0.88 和 8.47%～18.88%（表 7-5）。同时，利用 2015 年数据对模型参数进行验证，土壤硝态氮 $RMSE$、R^2 和 MRE 误差范围分别为 0.01～0.06mg/cm³，0.64～0.84 和 8.66%～19.13%。另外，本书也对高氮（HF）处理下模拟与测量的硝态氮浓度进行了可视化验证，误差较小。可见，尽管模拟过程中忽略了反硝化、矿化、固化等化学转化过程，但总体精度仍较高（表 7-5）。故基于 HYDRUS-2D 模型构建的双作物滴灌种植农田氮素运移模型可用于揭示复杂农田氮素迁移规律的研究。

表 7-5　　　　　　　　不同施肥水平条件下不同位置的土壤硝态氮模拟精度

年份	处理	土层/cm	作物根区						裸地		
			P_c			P_t			P_b		
			$RMSE$/(mg/cm³)	R^2	MRE/%	$RMSE$/(mg/cm³)	R^2	MRE/%	$RMSE$/(mg/cm³)	R^2	MRE/%
2014	HF	0～20	0.03	0.81	11.21	0.04	0.78	10.44	0.05	0.71	12.74
		20～40	0.01	0.82	9.87	0.02	0.77	9.92	0.03	0.82	10.57
		40～100	0.02	0.88	8.63	0.02	0.84	8.47	0.02	0.78	9.33
	MF	0～20	0.02	0.76	12.92	0.03	0.81	11.70	0.03	0.67	18.47
		20～40	0.01	0.80	15.78	0.02	0.75	15.41	0.04	0.74	18.88
		40～100	0.01	0.83	11.53	0.01	0.79	13.09	0.01	0.72	16.87
	LF	0～20	0.03	0.78	10.12	0.05	0.82	12.72	0.03	0.69	16.67
		20～40	0.04	0.85	13.08	0.04	0.72	10.51	0.04	0.78	14.78
		40～100	0.02	0.81	10.53	0.03	0.77	9.09	0.03	0.78	12.17
2015	HF	0～20	0.03	0.70	11.95	0.04	0.75	12.03	0.04	0.64	13.72
		20～40	0.03	0.81	10.60	0.03	0.77	9.68	0.04	0.78	10.70
		40～100	0.02	0.84	8.66	0.02	0.82	8.89	0.02	0.80	9.08
	MF	0～20	0.03	0.74	13.52	0.04	0.76	15.66	0.06	0.65	19.13
		20～40	0.02	0.79	10.72	0.02	0.81	12.70	0.05	0.72	15.12
		40～100	0.01	0.84	12.17	0.02	0.75	11.52	0.02	0.78	13.20
	LF	0～20	0.03	0.78	14.22	0.04	0.77	14.46	0.06	0.72	15.42
		20～40	0.03	0.79	11.54	0.03	0.83	11.72	0.05	0.77	13.74
		40～100	0.01	0.78	10.17	0.02	0.74	13.43	0.03	0.74	11.28

间套作种植农田不同滴头位置施氮及作物吸氮差异导致了玉米、番茄和行间硝态氮浓度的不同。番茄/玉米间套作系统中不同水平位置的溶质垂向异质性均会随着土层深度逐

渐降低，但仅在 0～40cm 土层存在较为明显的差异，特别在 0～20cm 土层 P_c 和 P_t 的土壤硝态氮含量与 P_b 位置差异显著，P_c 和 P_t 侧共生期内 2 年平均硝态氮浓度分别较 P_b 提高了 30.92% 和 63.36%，其中番茄侧（P_t）硝态氮浓度高于玉米侧（P_c）29.73%。而行间区域（P_b）由于滴灌湿润体半径较大以及强烈的土壤蒸发，导致在 P_b 区域硝态氮浓度在全生育期逐渐地累积，2 年平均增加 0.260mg/cm³。因此，间套作农田土壤表层（0～40cm）不同水平位置存在较大的溶质浓度梯度。而 40～100cm 深层区，特别是 60～100cm 土层，硝态氮浓度无明显差异。

7.2　间套作种植农田土壤水分运移及分布规律

7.2.1　不同间套作种植模式下土壤水分运移规律

不同种植模式下［单作（SC 和 ST）、IC$_{2-2}$、IC$_{4-2}$］番茄根部土壤的含水率大小分别为 ST＞IC$_{4-2}$＞IC$_{2-2}$；玉米根部土壤的含水率大小在 2014 年与 2015 年分别为 IC$_{4-2}$＞IC$_{2-2}$＞SC（表 7-6）。这是因为玉米的叶面积大于番茄的叶面积，当番茄的种植比例增加时，作物的潜在蒸腾量增加，相应的潜在蒸散量减少，又因为膜内水气流与潜在蒸散量有关，膜内水汽流等于潜在蒸散量乘以覆膜边界缩减系数再减去降雨量乘以覆膜边界降雨吸收系数，因此得出不同模式的膜内水汽流大小关系为单作＞IC$_{2-2}$＞IC$_{4-2}$。在距离地表 0～40cm 范围内，番茄的含水率有逐渐增大的趋势，在 ST 模式下增幅为 5%，IC$_{2-2}$ 下增幅为 18.4%，IC$_{4-2}$ 下增幅为 38%；玉米的土壤含水率有着同样的趋势，不同模式下（SC、IC$_{2-2}$、IC$_{4-2}$）增幅分别为 32%、8%、37%。在距离地表 40～100cm 范围内，土壤含水率变化较小且仍有增大趋势，其中番茄不同种植模式下的增幅分别为 5.6%、3.8%、4.6%，玉米的增幅分别为 10%、6.9%、3.6%。通过分析可知，0～40cm 土层内含水率差异性大于 40～100cm 土层内的变化（图 7-5、图 7-6），究其原因，根据李仙岳等人研究，作物根系在全生育期内根毛主要分布于 0～40cm 内，在生长初期主要分布于 0～20cm 土层，快速生长期根毛主要分布于 40cm 深土层附近。最终不同种植模式下 0～40cm 土层内差异性大于 40～100cm 土层。三种模式显著差异性出现在 30cm，IC$_{4-2}$ 模式从拔节期开始，土壤含水率明显增高，表明作物此时根部吸水主要集中在 20cm 内，通过前人的研究可知，间套作模式中，高作物具有边际效应，作物根系吸水会呈现水平递增，深度减小的趋势，从而得到结论：间套作模式中 IC$_{4-2}$ 为最优，且对高作物生理指标、土壤含水率等皆有较大影响，在满足产量的同时，也可以达到土壤保水的效果。

表 7-6　　　　　　　不同种植模式不同位置平均土壤含水率比较　　　　　单位：cm³/cm³

深度 /cm	年份	玉米侧 P_c			番茄侧 P_t			裸地 P_b			
		SC	IC$_{2-2}$	IC$_{4-2}$	ST	IC$_{2-2}$	IC$_{4-2}$	SC	ST	IC$_{2-2}$	IC$_{4-2}$
0～10	2014	0.273	0.293	0.289	0.291	0.295	0.290	0.230	0.237	0.250	0.247
	2015	0.252	0.279	0.277	0.284	0.287	0.284	0.227	0.234	0.243	0.242
10～20	2014	0.255	0.276	0.280	0.269	0.279	0.273	0.238	0.246	0.257	0.254
	2015	0.244	0.272	0.280	0.260	0.276	0.269	0.237	0.244	0.251	0.241

续表

深度 /cm	年份	玉米侧 P_c			番茄侧 P_t			裸地 P_b			
		SC	IC$_{2-2}$	IC$_{4-2}$	ST	IC$_{2-2}$	IC$_{4-2}$	SC	ST	IC$_{2-2}$	IC$_{4-2}$
20～40	2014	0.252	0.271	0.280	0.336	0.273	0.306	0.249	0.334	0.265	0.303
	2015	0.243	0.271	0.282	0.335	0.253	0.303	0.249	0.333	0.250	0.301
40～60	2014	0.337	0.354	0.353	0.345	0.354	0.353	0.337	0.345	0.354	0.353
	2015	0.337	0.360	0.360	0.344	0.361	0.360	0.336	0.344	0.360	0.354
60～100	2014	0.354	0.368	0.368	0.362	0.368	0.368	0.354	0.362	0.368	0.368
	2015	0.354	0.365	0.364	0.358	0.365	0.364	0.354	0.361	0.365	0.364

7.2.2　不同间套作种植模式下土壤水分分布规律

取全生育期中第三个灌水周期（5月27日—6月4日），图7-5（a）、（c）为灌水前一

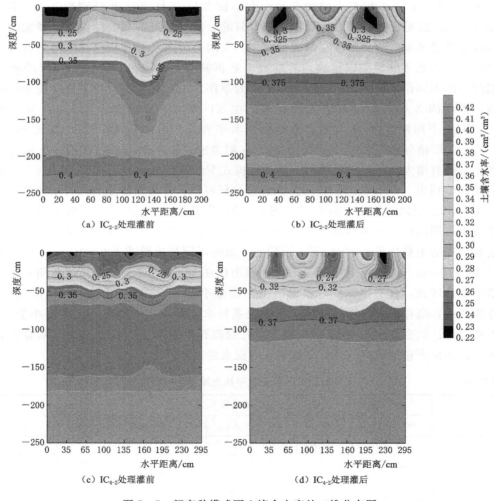

图 7-5　间套种模式下土壤含水率的二维分布图

天的土壤含水率分布图，可以明显看出在中间地带有着严重缺水的现象。其原因为中间地带为未覆膜区域，含水量蒸发严重，又因其两侧为作物，根系会部分分布在中间区域的 $30\sim40cm$ 处，因此出现表层土壤含水率分布不均的现象。而图 7－5 （b）（d）为第 46 天的土壤水分二维分布图，即灌水后第 1 天，我们可由图看出作物侧的含水率较灌前明显增大，最大值可达 $0.38cm^3/cm^3$，中间地带的缺水现象也有所减轻，在 $0\sim40cm$ 主根区，呈现为自上而下含水率逐渐增大，而作物侧相反，含水率逐渐减小的趋势，究其原因主要是由于作物侧保水能力强，裸地侧因无保水能力，当灌水后，水因重力作用，向下流动，当到达 $30\sim40cm$ 土层时，被作物根系所吸收，因此表现出递增趋势。从垂直角度分析，在 $0\sim40cm$ 内土壤含水率的差异性较大，$40\sim100cm$ 内含水率变化幅度较小，$100cm$ 以下的含水率变化可以不计。含水率的变化与根系分布相适应，符合作物生长规律。在 $130cm$ 以下主要受地下水的控制，所以可以得出结论：灌水对裸地侧表层的影响较小。分析不同作物侧的变化现象，我们可以知道，对于番茄主要影响 $0\sim40cm$，由之前的 $0.21cm^3/cm^3$，增大到 $0.26cm^3/cm^3$。分析玉米侧，在 $0\sim100cm$ 都有不同程度的增大，与番茄相似在主根区变化大，在 $40\sim100cm$ 较灌水前也有较大提升，而番茄在同一区域（$40\sim100cm$）无明显变化（图 7－5）。由不同的 2 种植模式可以看出，IC_{4-2} 种植模式下的土壤含水率高于 IC_{2-2}，且整体分布更为均匀，灌水对其影响减小。考虑其原因，IC_{4-2} 种植模式下的作物根系发达，可以更加充分的利用土壤中的水分，又因此地区地下水埋深较浅，地下水对作物根系有着显著的影响，所以在此地区推荐使用 4 行番茄 2 行玉米的种植模式，以便达到充分利用水资源，并且有效节约灌水的目的。

7.2.3 不同灌水水平下土壤水分运移规律

不同水分处理下，仅灌溉水量存在差异，故变化趋势基本一致，由于在模拟的前 57d，为了保苗灌溉量相同，在模拟的后 50d 番茄已经无灌溉，为了对比明显，在作物生长前期与生长后期由于根系吸水量较少对土壤水分消耗的影响较小，同时这两个阶段无区别灌溉处理，所以选择模拟 $57\sim107d$ 近 2 个月的作物共生期内，比较不同处理，不同位置土壤水分的差异。由于该阶段作物需水量大，从而不同作物对不同位置的影响较大，同时灌溉水量不同导致不同处理的根区土壤水分不同。表 7－7 统计了不同处理不同位置的平均含水率，可以看出在 $0\sim10cm$，$10\sim20cm$ 层，P1、P2、P3 位置含水率都存在显著差异，$20\sim40cm$ 层差异逐渐缩小，对于 T3 处理在该层的 P3 位置明显较小，可见 T3 处理在玉米处存在明显的水分亏缺，而 $40\sim60cm$，$60\sim100cm$ 层不同位置并没有显著的差异（表 7－7）。可以将根区分 2 层，主根区（$0\sim40cm$）和非主根区（$40\sim100cm$），对于主根区不同位置的含水率大小关系为 P1＞P3＞P2，不同位置 $0\sim40cm$ 方差分析显示 T1（$F＝25.15$，$P＝0.000$）、T2（$F＝24.01$，$P＝0.000$）、T3（$F＝13.75$，$P＝0.000$）均达到极显著差异，其中 P1 比 P2 平均约大 27.09%，不同位置土壤水分的差异，特别是在低水分时期更明显。可见在作物需水旺期根系吸水量的差异直接导致根区土壤水分的不同，而中间区域由于未覆膜也未灌溉，从而导致土壤水分明显低于其他位置，对于间套作农田如果两侧持续存在水势差的情况下，将会导致水肥的侧流，从而产生根系吸水吸肥的竞争。而非主根区，3 个位置的含水率都非常相近，方差分析显示，T1（$F＝0.33$，$P＝0.720$）、

T2（$F=0.05$，$P=0.956$）、T3（$F=0.02$，$P=0.979$）均无显著差异，图 7-6 也显示不同位置土壤水分基本一致。这是由于非主根区根系所占比重非常小，同时该地区地下水埋深较浅，从而非主根区的土壤水分主要受地下水的影响，从另一方面也可知，每次不应该进行大量灌溉，否则会导致水分利用效率低下。

表 7-7　　　　　　　　　　　不同位置平均含水率差异　　　　　　　　　单位：m^3/cm^3

处理	位置	0～10cm	10～20cm	20～40cm	40～60cm	60～100cm
T1	P1	0.3821[a]	0.3316[a]	0.2781[a]	0.3018[a]	0.3661[a]
	P2	0.2130[b]	0.2344[b]	0.2448[b]	0.3006[a]	0.3601[a]
	P3	0.3536[ab]	0.3166[ab]	0.2693[ab]	0.3000[a]	0.3708[a]
T2	P1	0.3720[a]	0.3201[a]	0.2517[a]	0.2951[a]	0.3658[a]
	P2	0.2019[c]	0.2142[b]	0.2285[b]	0.2971[a]	0.3597[a]
	P3	0.3296[b]	0.2975[ab]	0.2249[b]	0.2905[a]	0.3703[a]
T3	P1	0.3557[a]	0.2820[a]	0.2172[a]	0.2920[a]	0.3665[a]
	P2	0.1977[c]	0.2029[c]	0.2220[a]	0.2967[a]	0.3604[a]
	P3	0.3003[b]	0.2522[b]	0.1856[b]	0.2882[a]	0.3711[a]

　　总体上高水分处理由于灌溉量较大，所以土壤含水率较大（图 7-6），3 个处理作物主根区（P1、P3 位置）在灌期平均土壤含水率的大小顺序为 T1＞T2＞T3（$F=9.128$，

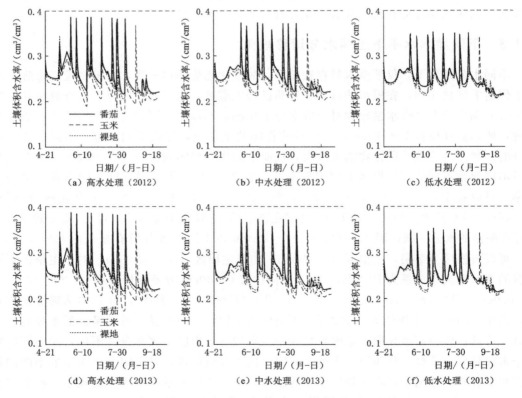

图 7-6　不同灌水水平下表层土壤含水率差异

$P = 0.000$)，并达到显著水平，而在非主根区，3 个处理的含水率无显著差异（$F = 0.24$，$P = 0.789$），而 P2 位置不同处理，无论在主根区（$F = 2.50$，$P = 0.086$）还是非主根区（$F = 0.02$，$P = 0.979$）含水率均无显著差异，可见充分灌溉也较小导致水分的深层渗漏损失和侧向渗漏损失。

7.2.4 不同灌水水平下土壤水分分布规律

土壤水分的二维分布图能更直观分析整个根区的水分分布特征（图 7-7），可以看出整个模拟区域土壤表层（0～5cm）无明显的缺水现象，然而由于降水量较小，根区已经出现明显的缺水现象，特别是玉米侧根系发达、蒸腾强烈，吸水能力强，从而导致该侧整体土壤水分明显较低，主要在 30～40cm 土层产量了明显的缺水"漏斗区"，这可能是滴灌灌水定额小，滴灌湿润体主要分布在 0～30cm 范围内，虽然土壤水分重分布，部分水分进入到 30cm 土层以下，但是由于灌溉水量较小，而且该层根系仍较多，故导致该层产生明显的缺水现象，而 40cm 土层以下由于根系明显减少，土壤耗水量较小，故并未使土壤水

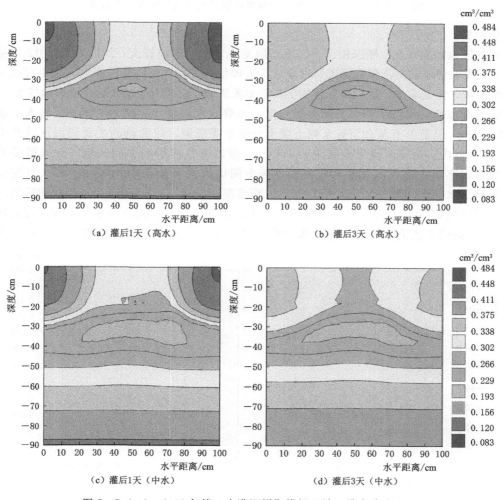

（a）灌后1天（高水）　　　　　　　　　　（b）灌后3天（高水）

（c）灌后1天（中水）　　　　　　　　　　（d）灌后3天（中水）

图 7-7（一）　2012 年第 6 个灌溉周期模拟区域二维水分分布图

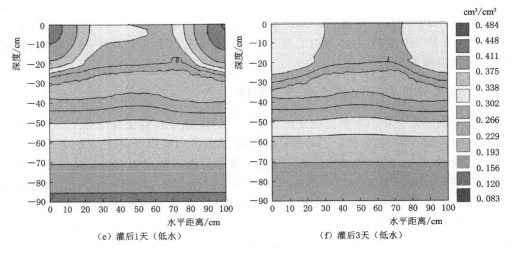

（e）灌后1天（低水）　　　　　　　　　　（f）灌后3天（低水）

图 7-7（二） 2012 年第 6 个灌溉周期模拟区域二维水分分布图

分减少明显。

　　另外该地区地下水位埋深较浅，区域下层受地下水的影响较大。2013 年与 2012 年基本类似，只是在灌溉前由于没有降雨所以灌后 1 天即使在处理 1（T1）的裸地区域也存在一定的缺水区域，但是非常小，对实际作物生长基本无影响，但是对于缺水处理则影响较大。

　　滴灌结束后，形成了明显的滴灌湿润区，尽管玉米侧灌水定额为 30mm，略大于番茄侧 22.5mm，但是由于灌水期玉米侧土壤水分低于番茄侧，故两侧的主要湿润区域基本在 30～35cm 以内，由于两侧滴头间距为 100cm，灌溉不直接影响中间区域，故未覆膜的中间区域含水率明显较低，这种水分分布也与中间区域根系量较少相匹配，灌水与根系匹配，提高了水分利用效率。而在垂直方向，滴灌湿润半径小于 35cm，故 40cm 前后的缺水"漏斗区"仍然存在（图 7-8）。灌溉后第 2 天，随着土壤水分的重分布，中间区域的缺水"漏斗区"仍然无法消除，玉米侧缺水"漏斗区"土壤含水率得到逐渐提高，可见该灌水

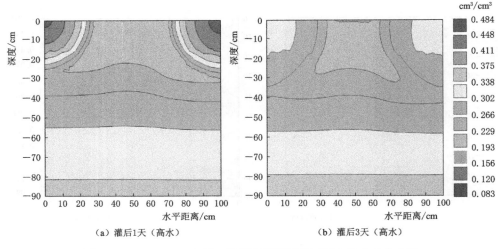

（a）灌后1天（高水）　　　　　　　　　　（b）灌后3天（高水）

图 7-8（一） 2013 年第 6 个灌溉周期模拟区域二维水分分布图

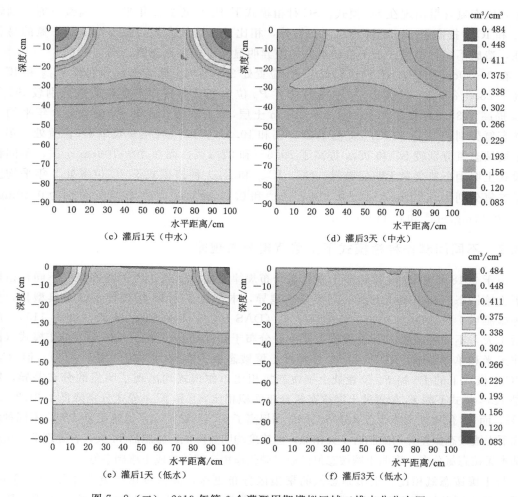

图 7 - 8（二）　2013 年第 6 个灌溉周期模拟区域二维水分分布图

定额基本不产生深层渗漏损失。而 40cm 以下根系比重由于显著减少，吸水量非常少，特别是 60cm 以下根量仅占总根量的 3.35%，且该地区地下水埋深较浅，故该区域土壤含水率（x）受地下水位（y）影响较大（$y=-8.95x+4.45$，$R^2=0.71$）。

7.3　间套作种植农田土壤氮素运移及分布规律

7.3.1　不同间套作种植模式下土壤氮素运移规律

不同种植模式下土壤氮素时空变化规律存在显著差异。其中由于土壤铵态氮易受土壤颗粒的吸附作用，导致不同种植模式下土壤铵态氮的差异主要出现在土壤表层，特别是 0～20cm 土层。总体上，不同种植模式下番茄侧土壤铵态氮含量大小顺序表现为 $IC_{2-2}>IC_{4-2}>$ ST（图 7 - 9）。IC_{2-2} 种植模式下 P_t 位置处 2 年平均土壤铵态氮分别较 ST 和 IC_{4-2} 提高了 19.6% 和 10.4%。然而，不同种植模式下玉米侧土壤铵态氮差异特征与番茄侧相反。最高的土壤铵态氮含量出现在 SC 模式。SC 种植模式下 P_c 位置处 2 年平均土壤铵态氮分别较 IC_{2-2} 和 IC_{4-2} 提高了 2.9% 和 12.1%。另外,相比于土壤铵态氮,由于土壤硝态氮的易移动性,造成不同种植模式下土壤硝态氮的差异明显高于土壤铵态氮(图 7-10)。

在 0~20cm 土层,ST 种植模式下 P_t 位置处 2 年平均土壤铵态氮分别较 IC_{2-2} 和 IC_{4-2} 提高了 28.5% 和 15.7%。IC_{4-2} 种植模式下 P_c 位置处 2 年平均土壤铵态氮分别较 SC 和 IC_{2-2} 提高了 33.8% 和 23.1%。在 20~40cm 土层,ST 种植模式下 P_t 位置处 2 年平均土壤铵态氮分别较 IC_{2-2} 和 IC_{4-2} 提高了 20.5% 和 10.9%。IC_{4-2} 种植模式下 P_c 位置处 2 年平均土壤铵态氮分别较 SC 和 IC_{2-2} 提高了 29.6% 和 22.1%。而在 40~100cm 土层,不同种植模式土壤硝态氮含量无明显差异。SC、IC_{2-2} 和 IC_{4-2} 种植模式下 P_t 位置处 2 年平均土壤硝态氮分别为 0.11mg/cm³、0.11mg/cm³ 和 0.10mg/cm³,P_c 位置处分别为 0.10mg/cm³、0.11mg/cm³ 和 0.11mg/cm³。

7.3.2 不同间套作种植模式下土壤氮素分布规律

由于 2018 年和 2019 年两年土壤氮素分布规律相似。因此,为了能够探究不同种植模式下土壤铵态氮和土壤硝态氮的剖面分布差异,本书仅在 2018 年选择了 3 个典型日,分别为施肥后 1 天(DAS 103),施肥后 7 天(DAS 109),和施肥后 14 天(DAS 115)。施肥后 1 天,不同种植模式下土壤铵态氮主要分布于 0~40cm 土层。总体上,单作模式(即单作玉米和单作番茄)下 P_t 和 P_c 位置处土壤铵态氮分布较为均匀(图 7-11)。但 IC_{2-2} 和 IC_{4-2} 模式下的 P_t 和 P_c 位置处土壤铵态氮相比单作模式均出现了明显的分布差异,特别是 IC_{2-2} 模式下的 P_t 位置处土壤铵态氮分布面积相比 ST 和 IC_{4-2} 模式分别降低了 31.2% 和 8.5%,而 P_c 位置处土壤铵态氮分布面积分别提高了 47.4% 和 10.4%。施肥后 7 天,不同种植模式下土壤铵态氮差异与施肥后 1 天相似,但浓度均明显降低。施肥后 14 天,各处理下土壤剖面基本无铵态氮分布,表明土壤铵态氮已通过硝化作用全部转化成土壤硝态氮。

与土壤铵态氮相比,土壤硝态氮的聚集区分布更深,高浓度区主要集中于 40~60cm 土层,且不同种植模式下土壤硝态氮分布差异更为显著(图 7-12)。施肥后 1 天,IC_{2-2} 和 IC_{4-2} 模式下 P_t 位置处土壤硝态氮分布面积相比 ST 模式分别降低了 38.8% 和 23.9%,而 P_c 位置处土壤硝态氮分布面积较单作玉米和 IC_{4-2} 模式分别提高了 26.8% 和 33.5%。施肥后 7 天,IC_{2-2} 模式下 P_t 位置处土壤硝态氮分布面积相比单作番茄和 IC_{4-2} 模式分别降低了 18.2% 和 4.1%,而 P_c 位置处土壤硝态氮分布面积较 SC 模式分别提高了 40.2% 和 33.0%。施肥后 14 天,由于土壤铵态氮硝化过程的完成,不同种植模式下土壤硝态氮分布差异达到最大。IC_{2-2} 和 IC_{4-2} 模式下 P_t 位置处土壤硝态氮分布面积相比 ST 模式分别降低了 28.5% 和 16.1%,而 P_c 位置处土壤硝态氮分布面积较 SC 模式分别提高了 12.2% 和 14.3%。

7.3.3 不同施氮水平下土壤氮素运移规律

间套作种植农田不同滴头位置施氮及作物吸氮差异导致了玉米、番茄和行间硝态氮浓度的不同。番茄/玉米间套作系统中不同水平位置的溶质垂向异质性均会随着土层深度逐渐降低(图 7-13),但仅在 0~40cm 土层存在较为明显的差异,特别是在 0~20cm 土层。P_c 侧和 P_t 侧共生期内 2 年平均硝态氮浓度分别较 P_b 提高了 30.92% 和 63.36%,其中

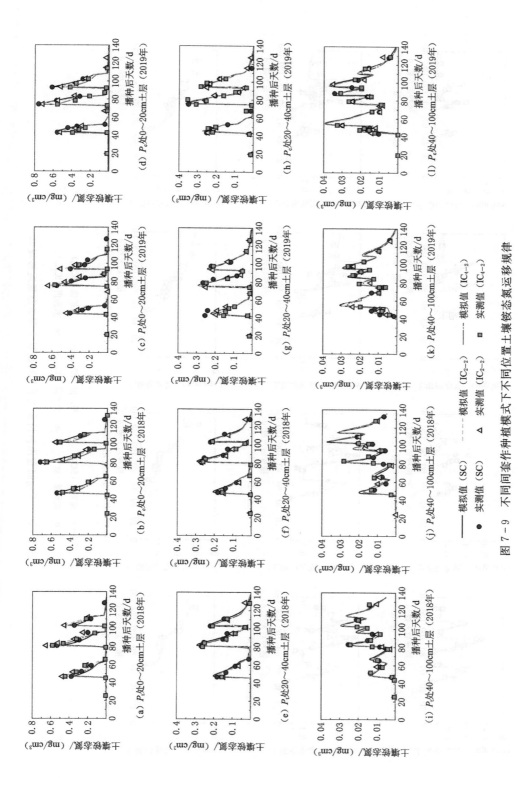

图 7 - 9　不同间套作种植模式下不同位置土壤铵态氮运移规律

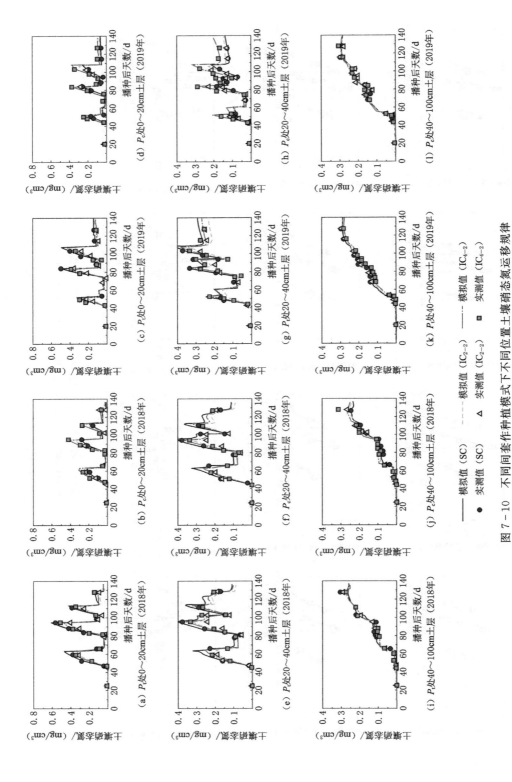

图 7-10　不同间套作种植模式下不同位置土壤硝态氮运移规律

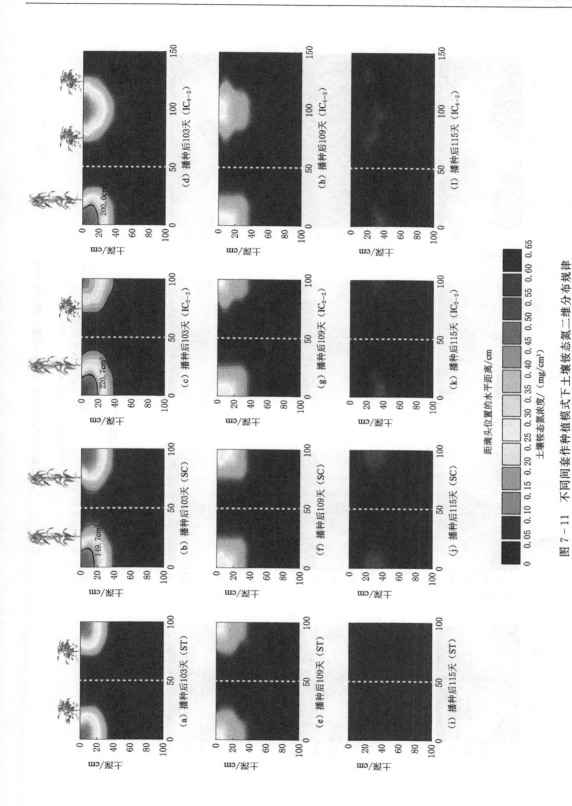

图 7 - 11　不同间套作种植模式下土壤铵态氮二维分布规律

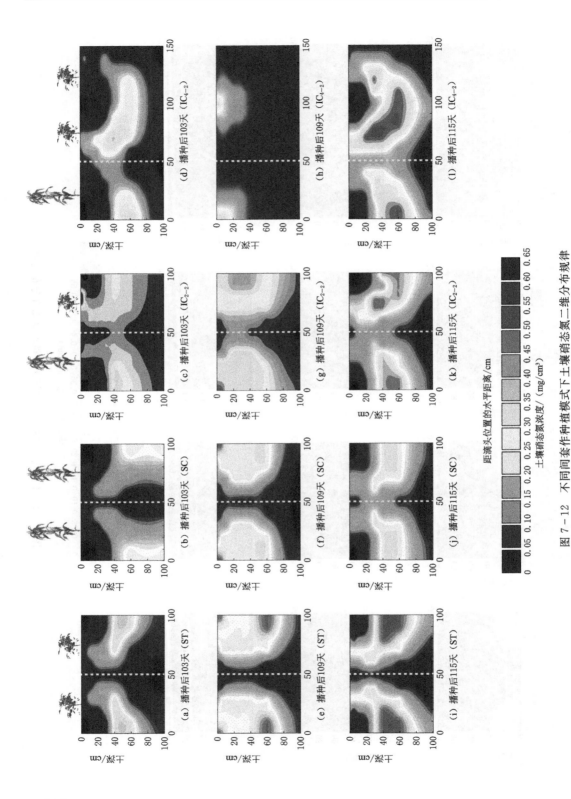

图 7 - 12　不同间套种种植模式下土壤硝态氮二维分布规律

P_t 硝态氮浓度高于 P_c29.73%。而 P_b 侧由于滴灌湿润体半径较大以及强烈的土壤蒸发，导致在 P_b 区域硝态氮浓度在全生育期逐渐累积，2 年平均增加了 0.260mg/cm³。因此，间套作农田土壤表层（0～40cm）不同水平位置存在较大的溶质浓度梯度。而 40～100cm 深层区，特别是 60～100cm 土层，硝态氮浓度无明显差异。

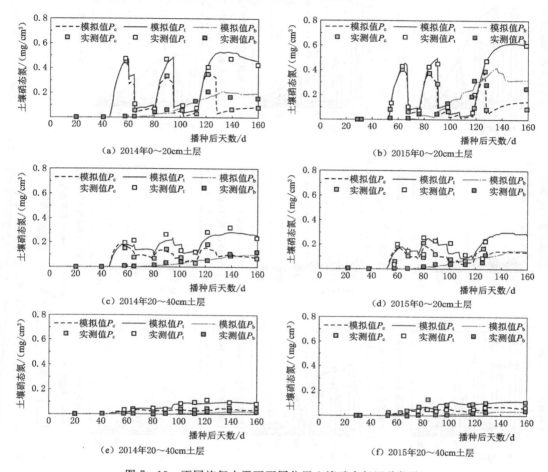

图 7 - 13　不同施氮水平下不同位置土壤硝态氮运移规律

7.3.4　不同施氮水平下土壤氮素分布规律

施肥前 1 天，作物侧由于地膜覆盖有效阻隔了地表与大气的水汽交换，降低了土壤表层蒸发，使土壤表层保持了较高的含水率，促进了矿化速率，故覆膜区（P_c 和 P_t）的硝态氮浓度明显高于行间未覆膜区（P_b）。2014 年和 2015 年番茄和玉米侧在高氮处理下表层（0～40cm）硝态氮浓度分别较行间平均提高 47.47% 和 32.06%，中施肥量分别提高 34.18% 和 22.76%，低施肥量分别提高 24.21% 和 16.35%。另外，由于玉米根系吸氮能力显著高于番茄，并且玉米、番茄根系主要集中分布在土壤表层（0～40cm），故导致覆膜区内 P_c 位置表层硝态氮浓度低于 P_t 位置，高中低施肥量下 2 年平均分别降低 30.93%、24.78% 和 19.79%。施肥后 5 天，作物侧和行间硝态氮浓度增幅达到最大（图 7-14），其

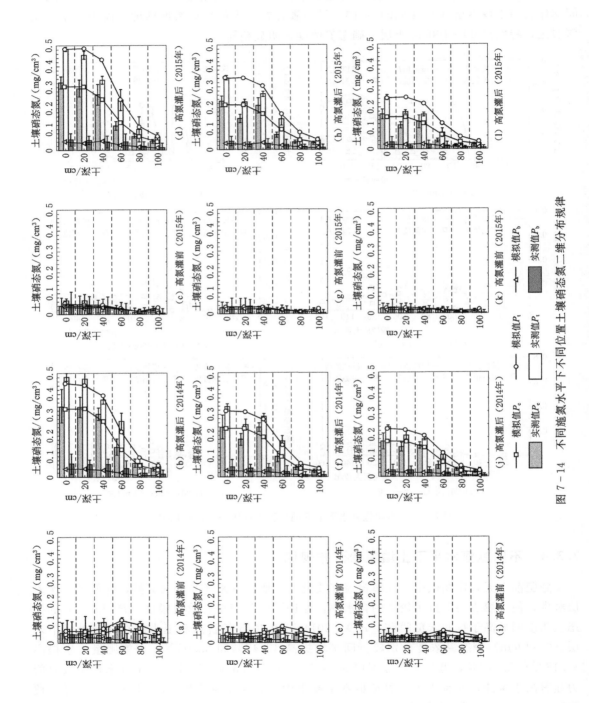

图 7-14 不同施氮水平下不同位置土壤硝态氮二维分布规律

中作物侧增幅明显，高中低施氮条件下番茄和玉米侧2年平均分别增加了0.278mg/cm³、0.205mg/cm³和0.146mg/cm³。而行间由于作物侧灌水施肥量较高，滴灌湿润体的水平半径侵入到了行间区，提高了该区域硝态氮浓度，但仅增加了0.01mg/cm³。可见，滴灌湿润体与主要根系分布重合性高，且无直接产生膜外水，提高了水氮利用效率。由于40cm以下根系比重显著减小，根系吸氮量较低，特别是60cm以下区域根量仅占总根量的3.35%，故该区域（60~100cm）硝态氮浓度施肥前后无显著差异。

7.4 间套作种植农田种间套作物土壤水分竞争机制

7.4.1 不同间套作种植模式下种间套作物土壤水分竞争机制

为了便于研究土壤水流通量在水平方向的动态，将玉米（P_c）—行间（P_b）—番茄（P_r）研究对象划分为3个区域，分别为玉米侧（Ⅰ区），玉米与番茄行间（Ⅱ区）及番茄侧（Ⅲ区）。在第一阶段，各处理间土壤水流通量无明显差异。然而，随着作物对水分需求的增加，不同种植模式下番茄/玉米种间套作物水分竞争关系出现明显的时空差异。其中在玉米侧，不同种植模式下最大的根区水流交换通量出现在IC$_{2-2}$处理。IC$_{2-2}$模式下由玉米根区（Ⅰ区）流入裸地（Ⅱ区）的水量为141.9mm，分别较SC和IC$_{4-2}$提高了22.1%和15.9%（图7-15）。然而，在番茄侧，IC$_{2-2}$和IC$_{4-2}$处理的根区水流交换通量无

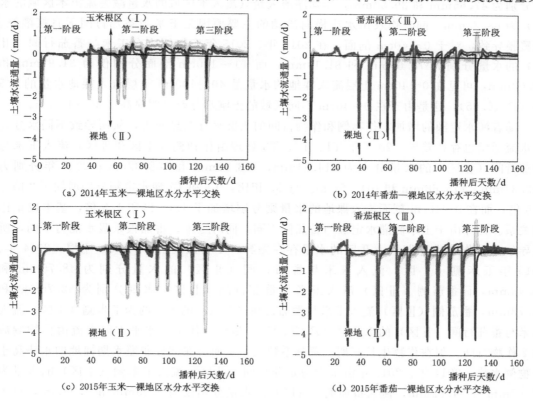

图7-15 不同种植模式下不同位置土壤水流通量

明显差异，但仍高于 ST 处理。其中 IC$_{2-2}$ 和 IC$_{4-2}$ 根区水流交换通量分别较 ST 提高了 54.4％和 60.6％。产生该现象的原因可能与灌水定额和根系吸水能力的差异有关。尽管玉米的根系吸水能力强于番茄，造成玉米根区的土壤水势低于番茄根区，但玉米的灌水定额要明显高于番茄，因此导致不同根区间出现较大的水平水势梯度差异，特别是在灌水后。此外，非灌溉期间，裸地区域的土壤水分受到溶质水势梯度影响也会向作物侧移动，SC、IC$_{2-2}$ 和 IC$_{4-2}$ 模式下由裸地（Ⅱ区）流入玉米侧（Ⅰ区）的土壤水量分别为 40.7mm、99.8mm 和 110.0mm；而 ST、IC$_{2-2}$ 和 IC$_{4-2}$ 模式下行间（Ⅱ区）流入番茄侧（Ⅲ区）土壤水量分别为 19.8mm、6.1mm、7.0mm。然而，在第三阶段，由于玉米和番茄进入成熟期，各作物对土壤水分的竞争逐渐降低。因此，该阶段不同种植模式间土壤水流通量无明显差异。

7.4.2　不同灌水水平下种间套作物土壤水分竞争机制

由图 7-16 可知，在番茄/玉米间套作农田，玉米与番茄行间（Ⅱ区）由于蒸发大，灌水少，从而导致土壤水分明显低于玉米侧（Ⅰ区）和番茄侧（Ⅲ区），通过对Ⅰ—Ⅱ区和Ⅱ—Ⅲ区交界线的水流通量计算，很明显在生育期总体上水平方向水流主要由作物侧流向玉米与番茄行间（Ⅱ区），在 0～100cm 土层中，3 个灌水处理平均由作物侧流入玉米与番茄行间（Ⅱ区）的水量在 2014 年、2015 年分别为 110.62mm 和 113.21mm；流出的水量分别为 47.65mm 和 39.50mm，年均净流入量（流入本区域的水量减去流出本区域的水量）为 68.25mm。间套作农田水流横向流动的主要原因是玉米与番茄行间无直接灌溉、无覆膜导致，对于 0～40cm 剖面，在 2014 年、2015 年作物侧流向玉米与番茄行间（Ⅱ区）的水量分别为 78.65mm 和 81.19mm，而 40～100cm 剖面分别仅为 31.97mm 和 32.02mm，可见在 0～40cm 土层流入裸地的水量是 40～100cm 土层流入裸地水量的 2.5 倍（$P<0.05$），这是由于在 0～40cm 不同区域的土壤水分差异明显高于 40～100cm。

随着灌水定额的增加，作物侧和作物行间的土壤水分差异变大，从而导致不同水分处理水流通量也存在差异。2014 年 T1、T2、T3 处理由作物侧（Ⅰ区和Ⅲ区）流入玉米与番茄行间（Ⅱ区）的水量分别为 114.84mm，108.71mm 和 108.32mm；2015 年分别为 119.37mm，115.68mm 和 104.55mm。与 T3 相比，T1 和 T2 灌水定额分别增加了 2 倍和 1.5 倍，而在 0～40cm 剖面流入裸地的水量则分别增加了 1.75 倍和 1.3 倍，基本成正比例关系。另外由于玉米侧灌水定额与番茄侧不同，同时玉米、番茄根系吸水能力不同，所以导致 2 种作物生育期流入Ⅱ区的水量存在差异，主要区别在 0～40cm 土层，2014 年、2015 年玉米侧（Ⅰ区）流入玉米与番茄行间（Ⅱ区）的水量分为 48.76mm 和 48.43mm，而番茄侧（Ⅲ区）流入玉米与番茄行间（Ⅱ区）水量分别为 62.76mm 和 64.78mm，番茄侧（Ⅲ区）流入玉米与番茄行间（Ⅱ区）的水量约为玉米侧（Ⅰ区）流入玉米与番茄行间（Ⅱ区）的 1.3 倍（$P<0.05$）。尽管总体上，水平方向水流由作物侧流向 2 作物行间，但在作物生长旺期，蒸腾系数大，从而会在部分非灌水期裸地的水势高于作物侧水势，2014 年、2015 年由玉米与番茄行间（Ⅱ区）流入玉米侧（Ⅰ区）的水量为 41.67mm 和 34.92mm，流入番茄侧（Ⅲ区）的水量分别仅为 5.98mm 和 4.58mm，总体上从玉米与番茄行间（Ⅱ区）流入玉米侧（Ⅰ区）的水量是流入番茄侧（Ⅲ区）水量的

7.3 倍。计算得到每年在生育期由Ⅰ区流入Ⅱ区的净水量仅为约 10mm，而由Ⅲ区流入Ⅱ区的净流量则达 60mm（$P < 0.05$）。另外，由Ⅱ区流入Ⅰ区的水流比较连续，Ⅲ区仅在降雨量大或后期停止灌水后才出现水流流入，可见在整个生育期番茄侧（Ⅲ区）水分胁迫程度远低于玉米侧（Ⅰ区）。

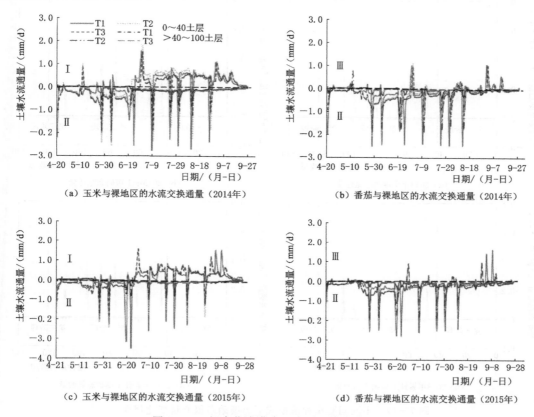

（a）玉米与裸地区的水流交换通量（2014年）

（b）番茄与裸地区的水流交换通量（2014年）

（c）玉米与裸地区的水流交换通量（2015年）

（d）番茄与裸地区的水流交换通量（2015年）

图 7-16　间套作滴灌农田水平土壤水分通量

7.5　间套作种植农田种间套作物土壤氮素竞争机制模拟研究

7.5.1　不同间套作种植模式下种间套作物土壤氮素竞争机制

为了能够精确评价不同种植模式下番茄/玉米种间氮素竞争差异，本书分别在距滴头 50cm 处设置了一条垂直辅助线，以量化间套作系统种间套作物水平氮通量。此外，整个生育期被分成第一阶段（DAS0-40）、第二阶段（DAS40-120）和第三阶段（DAS41-120）三个生理阶段。

不同种植模式下玉米与番茄的种间竞争主要出现在第二阶段（DAS 40-120）。2 年最高的瞬时氮通量均出现在 IC_{2-2} 模式（图 7-17）。其中 2018 年 IC_{2-2} 模式下第二阶段平均氮通量分别较 ST、SC 和 IC_{4-2} 模式提高了 76.7%、47.4% 和 5.8%，相应的累计氮通量分别提高了 64.3%、71.4% 和 207.1%；2019 年 IC_{2-2} 模式下第二阶段平均氮通量分别较

ST、SC 和 IC_{4-2} 模式提高了 69.4%、50.0% 和 5.7%，相应的累计氮通量分别提高了 90.1%、87.2% 和 89.6%。总体上，不同种植模式间 IC_{2-2} 模式平均瞬时氮通量和累计氮通量最高，可见该模式下玉米番茄种间氮竞争最强烈。

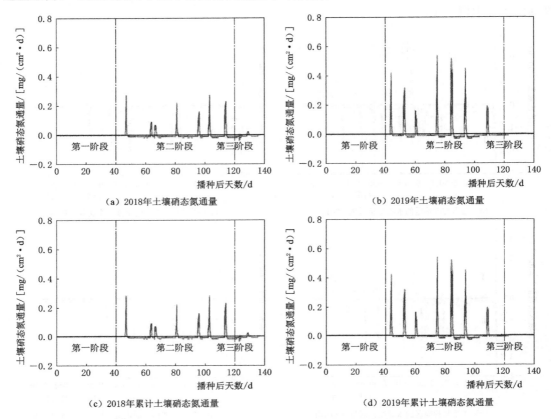

（a）2018年土壤硝态氮通量　　　　　　　（b）2019年土壤硝态氮通量

（c）2018年累计土壤硝态氮通量　　　　　（d）2019年累计土壤硝态氮通量

图 7-17　不同间套作种植模式下土壤硝态氮通量变化规律

7.5.2　不同施氮水平下种间套作物土壤氮素竞争机制

由图 7-18 可知，在番茄/玉米间套作农田，行间（Ⅱ区）由于无灌水施肥，从而导致土壤硝态氮浓度明显低于玉米侧（Ⅰ区）和番茄侧（Ⅲ区）。通过对Ⅰ区—Ⅱ区和Ⅱ区—Ⅲ区交界线的溶质通量计算，发现在全生育期水平方向硝态氮主要由作物侧流向行间（Ⅱ区）（图 7-18），在 2014 年和 2015 年 0～100cm 土层由作物侧流入行间（Ⅱ区）硝态氮为 34.70mg/cm³ 和 47.53mg/cm³，流出的硝态氮量为 11.70mg/cm³ 和 8.98mg/cm³，年均净流入量（流入本区域的硝态氮减去流出本区域的硝态氮）为 30.78mg/cm³。此外，由于玉米侧灌水施氮量与番茄侧不同，同时玉米番茄根系吸氮能力差异较大，所以导致 2 种作物生育期流入Ⅱ区的硝态氮存在差异。2014 年和 2015 年 0～100cm 土层由玉米侧（Ⅰ区）流入行间（Ⅱ区）的硝态氮为 12.59mg/cm³ 和 17.84mg/cm³，而番茄侧（Ⅲ区）流入行间（Ⅱ区）硝态氮量为 22.11mg/cm³ 和 29.69mg/cm³，番茄侧（Ⅲ区）流入行间（Ⅱ区）的硝态氮量约为玉米侧（Ⅰ区）流入行间（Ⅱ区）的 1.72 倍。然而，在部分施氮间隔期，行间区域的土壤硝态氮受到溶质梯度影响也会向作物侧移动，2014 年和 2015 年 0～100cm 土层由行间（Ⅱ区）流入玉米侧（Ⅰ区）的硝态氮分别为 7.29mg/cm³ 和 5.71mg/cm³，而行间（Ⅱ区）流入番茄侧（Ⅲ区）硝态氮量则分别为 4.41mg/cm³ 和 3.27mg/cm³，行间（Ⅱ区）流入玉米侧（Ⅰ区）的硝态氮量约为流入番茄侧（Ⅲ区）的 1.69 倍（$P<0.05$）。

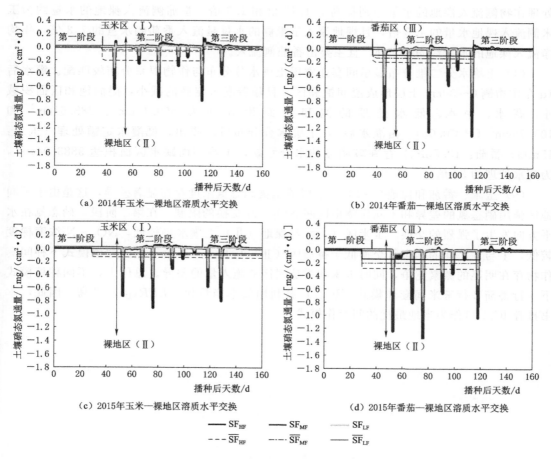

图 7-18　不同施肥水平下玉米番茄种间氮素竞争规律

7.6 结论

（1）基于 HYDRUS-2D 模型构建了间套作农田土壤水分数值模拟模型，模型率定和验证精度较高，满足模拟要求，其中 MRE 在 5.72%～8.14% 之间；R^2 在 0.87～0.90 之间；$RMSE$ 在 0.016～0.023cm³/cm³ 之间。

（2）番茄/玉米间套作农田 0～40cm 土层不同位置土壤含水率差异显著，而 40～100cm 土层含水率无明显差异。特别在 0～20cm 土层不同位置含水率差异较大，其中番茄侧和玉米侧比裸地侧含水率分别高 18.09% 和 15.41%，且随着灌水定额的增加土壤含水率也随之增大，在 0～20cm 土层，高水和中水处理分别比低水处理含水率提高了 6.33％ 和 2.80％。

（3）间套作农田水流横向交换强烈，但流入裸地的水量主要在 0～40cm 土层，且水流主要由番茄侧流入裸地。在 0～40cm 土层流入裸地的水量约是 40～100cm 土层流入裸地水量的 2.5 倍；灌水定额增加导致流入裸地的水量也增加，与低水处理对比，高水、中水处理作物侧流入裸地的水量分别提高了 1.75 倍和 1.3 倍。番茄侧流入裸地的水量约为玉米侧流入裸地水量的 1.3 倍，且裸地流入玉米侧的水量是流入番茄侧水量的 7.3 倍，年均净流入裸地的水量约 60mm/a，且主要由番茄侧流入。

（4）土壤水分二维分布显示间套作农田土壤水分分布与作物根系分布较匹配。灌水后 1d 在作物侧 0～30cm 土层形成湿润饱和区，且随着灌水定额的减小，湿润饱和区面积减小，高水、中水、低水处理的饱和区面积分别为 559.14cm^2、288.61cm^2 和 109.78cm^2（$P<0.05$）。由灌水后 2d 土壤水分分布可以得出，低灌水定额处理（玉米：15mm；番茄：10.5mm）存在较明显的水分亏缺，土壤剖面缺水区面积达 3883.94cm^2，为高水处理的 30 倍。

（5）玉米、番茄和裸地 0～40cm 土层的土壤硝态氮浓度存在显著差异，这是由于不同地区施用硝态氮的差异和不同作物根区间 NO_3-N 交换的限制。在第二阶段，硝态氮在水平方向发生了强烈的交换。玉米区（Ⅰ）与裸地（Ⅱ）土壤水势较低，NO_3-N 浓度梯度较低，Ⅰ与Ⅱ之间的硝态氮交换低于番茄区（Ⅱ）与Ⅱ之间。由于不同种植模式下种间套作物存在明显的氮素竞争，同时玉米和番茄根区氮施入量的差异。总体上，不同种植模式下 4 行番茄 2 行玉米间套作模式（IC$_{4-2}$）氮利用效率当量比（LER_{NUE}）最高。因此，本书推荐 IC$_{4-2}$ 可作为当地最优的间套作模式。

第8章 间套作农田节水减肥制度优化

在水氮资源紧缺的形势下，充分灌溉制度在实际生产中已难以实现。同时，过量化肥的施用极易造成作物氮胁迫和农田面源污染，进而破坏农田生态环境。因此，研究供水、供肥能力满足不了作物需求时的灌溉施肥制度，即有选择性地让某些作物在非生长敏感期受到胁迫，以减少灌水施肥量。为了建立北方干旱区可持续的灌溉施肥制度，本书分别选用了前人广泛采用的 ISAREG 和 HYDRUS-2D 模型来对北方干旱区的间套作模式进行灌溉施肥制度的评价与优化，并最终制定出适合的节水减肥制度。

8.1 非充分灌溉对间套作农田作物产量构成因子的影响

8.1.1 不同水分处理对间套作农田各作物产量构成因子的影响

产量构成因素对产量起着决定性的作用，通过对产量构成因素的分析可以明确不同的水分处理会对产量构成因素中的哪些因素造成影响，进而通过适当的水分调控，使水分尽量满足对水分敏感的作物生理时期，进而达到节水增产的目的。

1. 不同水分处理对间套作农田小麦产量构成因子的影响

不同生育期的不同灌水处理会对间套作农田的小麦产量构成因子产生显著影响。各处理单位面积小麦株数与对照均存在 0.05 水平上的显著差异，且表现为随小麦分蘖期灌水量增加而逐渐上升的趋势（表 8-1）。由 WM-5、WS-5 和 CKW 处理还可看出相同灌水总量的情况下，间套作模式比单作模式成穗率高。各处理小麦穗粒数普遍高于对照（CKW）（WS-3、WM-4、WM-5 除外），其中 WM-3 处理最高，达每穗 37.9 粒，WM-1 处理次之，分别较对照（CKW）高 33.45%、27.11%，而 WM-5 处理最差，较对照（CKW）下降了 11.62%。对于小麦的千粒重，WM-3/WS-3 处理无论间套作作物是玉米还是向日葵小麦的千粒重均高于对照（CKW），而 WM-1/WS-1、WM-2/WS-2、WM-5/WS-5 处理则出现间套作玉米模式下的小麦千粒重普遍高于对照（CKW）4.42%～14.23%，间套作向日葵种植模式下的小麦千粒重普遍低于对照（CKW）4.22%～21.46%的规律，但相同灌水处理下的 WM-4 与 WS-4 处理则与此相反。对于间套作模式下的小麦产量表现为间套作玉米模式下的 WM-2 处理产量最高，比对照（CKW）提高了 13.76%，且差异显著（$P<0.05$），间套作向日葵模式下的 WS-4 处理最优，与对照（CKW）相比提高了 10.17%，也存在显著性差异（$P<0.05$），WM-1/WS-1 处理的产量也高于对照且存在 0.05 水平上的显著性，其余各处理的产量均低于对照且差异显著（$P<0.05$）。说明对不同间套作模式下的小麦进行适当的水分胁迫处理有利于产量的提高。

表8-1　　　　　　　　　　不同水分处理对间套作模式下小麦产量构成因子的影响

处理	单位面积株数 /(万株/hm²)	穗粒数 /(粒/株)	千粒重 /g	产量 /(kg/hm²)
CKW	662^c	28.4^e	40.07^e	5013^d
WM-1	605^d	36.1^{ab}	44.82^b	5333^c
WS-1	584^d	34.1^c	38.38^f	5373^c
WM-2	598^d	30.7^d	45.77^a	5703^a
WS-2	607^d	30.6^d	34.89^g	4582^{fg}
WM-3	707^b	37.9^a	41.92^d	4742^e
WS-3	592^d	27.9^e	40.58^e	4612^f
WM-4	699^b	27.3^e	40.05^e	4322^h
WS-4	759^a	34.2^c	43.38^c	5523^b
WM-5	750^a	25.1^f	41.84^d	4622^{ef}
WS-5	773^a	34.9^{bc}	31.47^h	4462^g

2. 不同水分处理对间套作农田玉米产量构成因子的影响

在玉米生长发育过程中，对水分胁迫的响应因生育期不同而有较大差异。即在玉米不同生育阶段发生的水分胁迫对最终产量的影响程度不同，也就是说玉米产量的下降不仅取决于水分胁迫的程度，也取决于玉米所处的生育阶段。

对于间套作模式下的玉米单位面积株数各间套作处理间无差异，只与单作下的充分灌溉处理（CKM）存在显著性差异（表8-2），这是试验设计决定的。各间套作处理玉米单株穗粒数呈现随灌水总量增加逐渐上升的规律，且差异显著，说明试验设计灌水量与间套作模式下的玉米需水量间存在较大差距，过少的灌水量严重影响了玉米的正常生长，以致玉米植株体本身不能通过自身的调节来消除灌水量过少带来的影响。各间套作处理玉米百粒重随灌水量增加呈现先升高后降低的趋势，WM-4处理达到最高值37.21g，比单作下的充分灌溉（CKM）提高了12.72%，说明一定程度的水分胁迫有利于提高玉米的百粒重。各间套作处理的玉米单位面积产量也表现出随灌水总量增加而上升的趋势，这说明单作模式下的灌水定额满足不了间套作下的玉米需水要求。

表8-2　　　　　　　　　　不同水分处理对间套作模式下玉米产量构成因子的影响

处理	单位面积株数 /(万株/hm²)	穗粒数 /(粒/株)	百粒重 /g	产量 /(kg/hm²)
CKM	6.045	670^{ab}	33.01^c	9897^c
WM-1	6.045	435^e	26.96^e	5305^f
WM-2	6.045	516^d	28.72^d	7024^e
WM-3	6.045	610^c	32.43^c	9389^d
WM-4	6.045	648^{bc}	37.21^a	12237^b
WM-5	6.045	697^a	34.91^b	13129^a

3. 不同水分处理对间套作农田向日葵产量构成因子的影响

间套作农田向日葵播种于小麦孕穗期灌水前，小麦孕穗期的水分处理对于间套作模式下处于刚出苗阶段的向日葵而言影响甚微，故本文主要从小麦乳熟期与向日葵现蕾期的水分胁迫处理对向日葵产量构成因子的影响来进行分析研究。

单作充分灌溉处理（CKS）下的向日葵虽不受水分的制约，但其各产量构成因子均非最大（表8-3），说明适当的水分胁迫对间套作模式下的向日葵产量构成因子有提升作用。对于WS-1处理，除百粒重外均与对照（CKS）存在显著性差异（$P<0.05$），产量比对照（CKS）下降了10.71%，处于各处理中的最低位，可见对各生育期进行相同的水分处理不能很好地满足间套作向日葵的需水要求，反而造成产量大幅下降。WS-2处理的百粒重显著高于对照，产量则比对照（CKS）提高了11.96%，差异明显，说明适当的水分胁迫处理对间套作模式下的向日葵产量有积极作用。对比WS-1与WS-2处理可知，两处理只在小麦乳熟期水分处理不同，WS-2处理受水分胁迫的程度比WS-1处理更严重，然而WS-2处理的产量反而比WS-1处理提高了25.39%。说明对间套作模式下处于苗期—快速生长期的向日葵采取中度水分胁迫，而对向日葵现蕾期采取轻度水分胁迫，间套作模式下的向日葵产量反而会出现反弹效应，间接说明向日葵现蕾期是向日葵的水分敏感期，该生育期受水分胁迫会严重影响间套作模式下的向日葵产量。对比WS-3与WS-4处理，均是在小麦乳熟期受水分胁迫，区别在于WS-3处理在小麦乳熟期受中度水分胁迫，而WS-4处理在小麦乳熟期受轻度水分胁迫，而产量却差异明显，说明在向日葵的苗期—快速生长期与现蕾期的水分胁迫处理不应差距过大，相差15mm较宜，否则会严重影响向日葵的光合作用进而影响产量。WS-5处理与对照（CKS）相比只有单株粒数出现了下降，且差异显著。说明97mm的灌水定额对于小麦/向日葵间套作模式下的向日葵产量不会造成显著影响。

表8-3　　　　　不同水分处理对间套作模式下向日葵产量构成因子的影响

处理	单位面积株数 /（万株/hm²）	单株粒数 /（粒/株）	百粒重 /g	产量 /（kg/hm²）
CKS	2.918	1066[b]	17.42[cd]	3904[c]
WS-1	2.918	966[c]	18.09[c]	3486[d]
WS-2	2.918	905[d]	19.96[ab]	4371[ab]
WS-3	2.918	1024[b]	20.82[a]	3853[c]
WS-4	2.918	1126[a]	16.19[d]	4590[a]
WS-5	2.918	966[c]	18.69[bc]	4120[bc]

8.1.2　不同间套作作物产量对水分的敏感性

在水资源有限的情况下实际灌水量 I 应小于充分供水条件下的最大灌水量 I_m，同样在有限水资源条件下的实际产量 Y_a 也应小于充分供水条件下的最大产量 Y_m，用 $1-I/I_m$ 表示相对灌水不足额，即水分亏缺，用 $1-Y_a/Y_m$ 表示相对产量下降值，即相对减产率，两者之间存在着一定的关系：

$$1-Y_a/Y_m=K(1-I/I_m) \tag{8-1}$$

式中：K 为产量对水分状况的敏感指数，K 值越大，说明水分对产量的影响越大，K 为负值则表明水分过多，其绝对值越大对产量的负效应越强。

各水分处理间的水分敏感指数差异较大，相同水分处理下的两作物间 K 值均不同，且相同水分处理不同间套作模式下的同种作物间其 K 值也不一样（表 8-4），表现为 K_w 的波动范围＞K_m 的波动范围＞K_s 的波动范围，这说明小麦对水分的敏感程度最高，玉米次之，向日葵最低。且由表中可以看出 WM-3/WS-3 与 WM-4/WS-4 处理的 K_w 值或绝对值最大，说明这两个处理受水分影响最大，结合灌水量可知，在充分满足拔节期及孕穗期小麦需水量的情况下，分蘖期及乳熟期适度的水分胁迫也会对产量造成较大影响。而 WS-2 与 WM-5 处理的 K_w 值或绝对值最小，说明这两个处理的水分条件最接近于间套作向日葵与玉米模式下小麦生长发育的最适水平。而 WM-1、WS-1、WM-2、WS-5 处理其 K_w 值均为负值，说明有些生育时期水分过多，结合灌水量可知，其灌水总量均不大，说明这几个处理的灌水情况与小麦的实际需水情况产生错位，不能很好地满足小麦需水要求而产生水资源浪费。从玉米产量对水分的敏感指数 K_m 可以看出，随着灌水总量的提高 K_m 值由负到正逐渐变大，且 WM-3 的 K_m 的绝对值最小，说明 67mm、97mm、97mm、67mm、49mm，总 377mm 的水分处理最接近间套作模式下的玉米需水规律。而对于向日葵产量对水分的敏感指数 K_s 而言，WS-3 处理的 K_s 值为 -0.04，已经很接近于零，说明该处理灌水情况非常接近于间套作模式下的向日葵真实需水情况，能够高效的利用有限的水资源。

表 8-4　　　　　　　　　　　各处理产量对水分的敏感指数

处理	灌水总量/mm	产量/hm²			产量对水分的敏感指数 K		
		小麦	玉米	向日葵	小麦	玉米	向日葵
CKW	388	5013	—	—	1	—	—
CKM	291	—	9897	—	—	1	—
CKS	291	—	—	3904	—	—	1
WM-1	369	5333	5305	—	-1.30	-1.73	—
WS-1	369	5373	—	3486	-1.47	—	-0.40
WM-2	339	5703	7024	—	-1.09	-1.76	—
WS-2	339	4582	—	4371	0.68	—	0.73
WM-3	377	4742	9389	—	1.90	-0.17	—
WS-3	377	4612	—	3853	2.82	—	-0.04
WM-4	407	4322	12237	—	-2.81	0.59	—
WS-4	407	5523	—	4590	2.08	—	0.44
WM-5	437	4622	13129	—	-0.62	0.65	—
WS-5	437	4462	—	4120	-0.87	—	0.11

注　以单种充分灌溉下的灌水量与产量为最大灌水量与最大产量，K_w、K_m、K_s 分别为小麦、玉米、向日葵三种作物产量对水分状况的敏感指数。

8.1.3 非充分灌溉对间套作作物生物产量与收获指数的影响

收获指数是指作物收获时的经济产量（籽粒）与生物产量之比，又叫经济系数。生物产量是指作物整个生育期间通过光合作用积累的有机物的总量，通常指地上部的总干物质重量。本书中的生物产量是指作物地上部的总干物质重量，各处理不同作物的收获指数见表 8 - 5。

表 8 - 5　　　　　不同水分处理对间套作模式下三种作物收获指数的影响

处理	籽粒产量			生物产量			收获指数		
	小麦 /(g/株)	玉米 /(g/株)	向日葵 /(g/株)	小麦 /(g/株)	玉米 /(g/株)	向日葵 /(g/株)	小麦	玉米	向日葵
CKW	0.757	—	—	1.795	—	—	0.42	—	—
CKM	—	214	—	—	438	—	—	0.49	—
CKS	—	—	196	—	—	477	—	—	0.41
WM - 1	0.881	124	—	2.072	300	—	0.43	0.41	—
WS - 1	0.920	—	165	1.978	—	489	0.46	—	0.34
WM - 2	0.953	138	—	2.116	282	—	0.45	0.49	—
WS - 2	0.755	—	193	1.796	—	526	0.42	—	0.37
WM - 3	0.670	186	—	1.648	357	—	0.41	0.52	—
WS - 3	0.779	—	189	1.614	—	534	0.48	—	0.35
WM - 4	0.618	237	—	1.398	386	—	0.44	0.61	—
WS - 4	0.727	—	197	1.678	—	510	0.43	—	0.39
WM - 5	0.616	239	—	1.511	339	—	0.41	0.70	—
WS - 5	0.577	—	212	1.376	—	630	0.42	—	0.34

不同的水分处理对各作物的收获指数影响不同，且相同水分处理不同间套作模式下的同种作物间也差异明显（表 8 - 5）。由表还可得出玉米的收获指数最大，小麦次之，向日葵最小。且小麦的收获指数表现较稳定，与对照（CKW）相比，受水分胁迫后有利于提高间套作模式下的小麦收获指数（WM - 3 处理除外），这与 Plaut 等人小麦生育后期受水分胁迫后会促进光合产物向籽粒中转移进而增加粒重的结论一致。而对于不同水分处理不同间套作模式下的玉米收获指数而言，由表可见，随着灌水总量的提高呈逐渐增加趋势，说明对于每水 97mm 的灌水量来说，仍不能满足间套作模式下的玉米需水要求。而对于向日葵的收获指数，表现为间套作模式下受水分胁迫处理的向日葵收获指数均低于对照（CKS），这是因为对 WS - 1 与 WS - 2 处理而言，向日葵现蕾开花期是向日葵对水分的最敏感时期，受水分胁迫会影响籽粒灌浆，进而影响收获指数。WS - 3 与 WS - 4 处理则是由于小麦乳熟期向日葵正处于快速生长期，受水分胁迫会促使向日葵根系向土壤深层生长以汲取水分及养分，并减慢生长速度，在向日葵现蕾期充分灌水后，会先满足向日葵的营养生长，而不利于向日葵的生殖生长，导致其生物产量偏高，籽粒产量偏低，进而降低了向日葵的收获指数。而对于 WS - 5 处理，则是由于生育期内水分供应充足，对向日葵

的生长不产生抑制作用,不利于光合产物向籽粒中转移,虽然间套作模式改善了通风透光条件,增加了籽粒产量,但其提高幅度没有生物产量的提高幅度大,反而降低了向日葵的收获指数。

在间套作作物的不同生育时期进行非充分灌溉。对于间套作模式下的小麦产量构成而言,由于单位面积株数的多少是影响产量高低的关键因素之一,且产量三因素(穗数、穗粒数、千粒重)对产量都有正向效应,其中穗数对产量的贡献最大,由试验可知分蘖期是决定小麦穗数的重要阶段,因此,小麦分蘖期灌水量的多少对小麦分蘖数的多少直接相关。在小麦分蘖与乳熟期受中度水分胁迫,在其余生育期不受胁迫,有利于提高间套作玉米模式下的小麦穗粒数与穗粒重。而 67mm,82mm,82mm,67mm,41mm,总 339mm 的处理有利于提高间套作玉米模式下的小麦千粒重及产量。82mm,97mm,97mm,82mm,49mm,总 407mm 的水分处理则显著提高了间套作向日葵模式下的小麦产量。对于间套作模式下的玉米产量构成而言,由于间套作模式耗水量大,单作模式的灌水定额满足不了间套作模式,但是通过适当的水量调控,主要是适当地减少小麦分蘖与拔节期的灌水量,相应增加小麦乳熟与玉米灌浆吐丝期的灌水量,有利于大幅提高缺水地区间套作模式下的玉米产量。对于间套作模式下的向日葵产量构成而言,表现出受适当的水分胁迫会提高产量的规律,特别是对间套作模式下的向日葵在小麦乳熟期做中度水分胁迫处理,在向日葵现蕾期做轻度水分胁迫处理的产量较高,而在小麦乳熟期做轻度水分胁迫处理,在向日葵现蕾期不做水分胁迫处理的向日葵产量最高,且两处理间产量差异不明显($P>$ 0.05)。对于出现一些非充分灌溉下的间套作作物产量高于单作下的充分灌溉产量,是由于间套作模式改善了通风透光条件,增大了间套作作物对光能、热能的利用率,且边界效应显著,虽然受水分不足的影响,但通过适当的水量调控,特别是灌浆后期适度的水分胁迫,反而有增产效应,通过这些因素的共同作用,只要水分亏缺的不是特别严重,且通过适宜调配是可以达到增产目的的。

不同水分处理对间套作下的各作物产量对水分的敏感指数影响较大,表现为小麦的敏感指数最高,玉米次之,向日葵最低,且 67mm、82mm、82mm、67mm、41mm,总 339mm 的处理最接近当地间套作向日葵模式下的小麦实际需水情况,97mm、97mm、97mm、97mm、49mm,总 437mm 的处理最接近当地间套作玉米模式下的小麦实际耗水情况。而最适当地间套作模式下的玉米与向日葵实际需水规律的处理为 67mm、97mm、97mm、67mm、49mm,总 377mm 的处理。

水分胁迫对各作物的收获指数影响程度不同,间套作模式下的小麦受水分胁迫后其收获指数普遍提高,可见水分胁迫对小麦的收获指数有正向效应。对于间套作模式下玉米的收获指数,则呈现随灌水总量上升而逐渐上升的趋势,说明间套作模式下的玉米灌溉定额应高于单作模式下的灌溉定额,且对间套作模式下的玉米进行适度的水分胁迫处理可显著提过玉米的收获指数。而对于间套作模式下受水分胁迫处理的向日葵收获指数而言,虽然间套作模式提高了向日葵的籽粒产量,但其提高幅度低于生物产量的提高幅度,反而降低了间套作模式向日葵的收获指数。

因此,对于水资源短缺特别是水资源总量变化不大的地区,不适宜小麦/玉米间套作种植模式,而适宜小麦/向日葵间套作种植模式,82mm,97mm,97mm,82mm,

49mm，总407mm的灌水处理最适宜，不但提高了小麦的产量，也提升了向日葵的产量。间套作模式下的小麦、玉米、向日葵三种作物产量对水分的敏感指数大小为小麦＞玉米＞向日葵。非充分灌溉对间套作模式下的小麦收获指数有普遍的提升作用，而对间套作模式下的向日葵有抑制作用，间套作模式下的玉米收获指数在一定范围内会随灌水总量的提高而显著上升。

8.2 番茄/玉米间套作农田灌溉制度评价及优化

8.2.1 番茄/玉米间套作农田灌溉制度评价

本试验运用 ISAREG 模型对 2013 年、2014 年 SC、ST、IC_{2-2}、IC_{4-2} 进行灌溉制度的评价，模型输入、输出界面如图 8−1 所示。输出的结果主要有灌水量、深层渗漏量、灌水效率、实际腾发量、产量下降率等（表 8−6、表 8−7）。

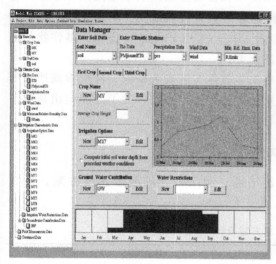

（a）输入界面

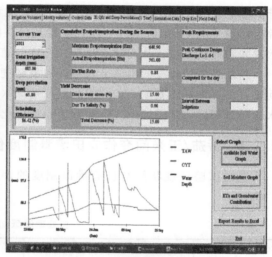

（b）输出界面

图 8−1 ISAREG 模型界面

表 8−6　　　　　　　　　　2013 年各处理灌溉制度指标评价结果

处理	灌水量/mm	深层渗漏量/mm	灌水效率/%	ET_a/mm	产量下降率/%
SC	255.796	5.05	97.55	608.505	13.14
ST	184.870	3.03	98.66	619.278	11.67
IC_{2-2C}	439.121	4.48	98.47	744.660	10.25
IC_{2-2Q}	376.793	8.15	99.85	722.920	11.68
IC_{2-2K}	310.078	14.86	100.00	720.247	14.28
IC_{4-2C}	447.824	4.48	98.47	705.454	2.97
IC_{4-2Q}	376.694	8.15	99.85	701.588	10.59
IC_{4-2K}	313.203	14.86	100.00	664.629	15.72

表 8 - 7　　　　　　　　　2014 年各处理灌溉制度指标评价结果

处理	灌水量/mm	深层补给量/mm	灌水效率/%	ET_a/mm	产量下降率/%
SC	310.843	6.73	96.85	590.25	12.73
ST	215.914	4.04	97.76	600.70	12.22
IC_{2-2C}	571.849	5.97	97.50	722.32	9.44
IC_{2-2Q}	410.628	10.86	98.50	700.72	11.03
IC_{2-2K}	314.695	19.81	100.00	701.55	11.22
IC_{4-2C}	525.020	5.97	97.50	680.54	3.01
IC_{4-2Q}	413.661	10.86	98.50	644.69	9.97
IC_{4-2K}	313.123	19.81	100.00	684.29	12.76

从灌水效率、灌水量，还是深层补给量、产量下降率而言，8 个处理中 IC_{4-2Q} 即为轻度控水（70%～75%田持）最优处理，全生育期玉米和番茄分别控制水量灌溉，玉米和番茄灌水定额分别 22.5mm、16.5mm，说明这种处理方式是较可取的。但是 IC_{4-2Q} 的平均综合产量下降率为 10.28%，根据经验其仍有优化空间，需用 ISAREG 模型调整作物的灌水时间和灌溉水量，从而建立科学、合理的灌溉制度。

当地多采用传统的灌溉方式，其灌溉制度绝大多数存在灌溉效率低、深层渗漏严重等问题，由于水资源紧缺，传统灌溉制度造成水资源浪费严重。因此，为了能制定出高效节水的灌溉制度，亟需运用先进的数值模型优化寻求最优灌溉制度。

8.2.2　番茄/玉米间套作农田灌溉制度优化

根据试验区现状结合已有灌溉制度的评价结果，制定各处理灌溉制度方案，见表 8 - 8。

表 8 - 8　　　　　　　　　各处理灌溉制度方案设计

方案设计	灌水日期	灌水次数	灌水定额
方案 1	优化	优化	产量最大
方案 2	给定	给定	依据 2013 年最优处理 IC_{4-2Q} 评价结果优化
方案 3	给定	给定	依据 2014 年最优处理 IC_{4-2Q} 评价结果优化
方案 4	优化	优化	与 2013 年中 IC_{4-2Q} 处理方式相同
方案 5	优化	优化	与 2014 年中 IC_{4-2Q} 处理方式相同
方案 6	优化	优化	75%θ_{OYT} 至 85%θ_{FC} 时所需水量

制定方案时，结合当地经验供水约束条件为玉米 8 月 30 日（基本成熟）以后不再灌水，番茄 7 月 30 日（番茄坐果期需水少）以后不再灌。表 8 - 9 为各处理灌溉制度模拟结果，根据表中模拟结果分析可知：

方案 1 整个生育期，玉米灌 12 次水，番茄灌 10 次，作物全生育期不受水分胁迫，不存在受旱减产，该方案在非节水条件以达到产量最大化下为最佳方案。因此该方案不符合初衷。

表 8-9　　玉米、番茄灌溉制度模拟结果对比

方案	作物	灌水定额/mm 灌水日期/(月-日)												W/mm	灌水效率/%	ET_a/mm	产量下降率/%
		1	2	3	4	5	6	7	8	9	10	11	12				
方案1	玉米	30	40	40	40	40	40	40	30	30	30	25	25	410	100	490.09	0.00
		5-10	5-28	6-7	6-20	6-30	7-7	7-13	7-19	7-27	8-6	8-17	8-27	—			
	番茄	30	30	30	30	30	30	20	18	18	18	—	—	254		303.29	
		5-10	5-17	5-25	6-10	6-17	6-25	6-30	7-5	7-15	7-27						
方案2	玉米	23	25	25	30	33	33	33	30	25	25	23	23	328	99.83	388.47	3.60
		5-10	5-28	6-7	6-20	6-30	7-7	7-13	7-19	7-27	8-6	8-17	8-27	—			
	番茄	25	18	19	20	20	18	18	17	17	16			188		222.66	
		5-10	5-17	5-25	6-10	6-17	6-25	6-30	7-5	7-15	7-27						
方案3	玉米	23	23	25	27	28	30	30	27	23	23	23	23	305	99.53	405.15	5.50
		5-10	5-28	6-7	6-20	6-30	7-7	7-13	7-19	7-27	8-6	8-17	8-27	—			
	番茄	25	17	18	18	18	17	17	17	16	16			179		237.77	
		5-10	5-17	5-25	6-10	6-17	6-25	6-30	7-5	7-15	7-27						
方案4	玉米	23	25	30	32	35	35	33	30	23	—			266	100	351.53	1.58
		5-10	6-11	6-17	6-27	7-10	7-20	8-1	8-17	8-27							
	番茄	25	18	19	20	20	18							158		208.8	
		5-10	5-17	5-27	6-11	6-17	6-27	7-12	7-25								
方案5	玉米	23	23	25	27	28	30	30	27	23	—			236	99.12	296.86	4.09
		5-10	6-11	6-17	6-27	7-10	7-20	8-1	8-17	8-27							
	番茄	25	17	18	18	18	17	17	16					146		183.86	
		5-10	5-17	5-27	6-11	6-17	6-27	7-12	7-25								
方案6	玉米	25	25	35	40	45	45	25	22	—				240	100	324.5	1.75
		5-20	5-28	6-13	6-25	7-10	7-25	8-17	8-27								
	番茄	30	25	23	23	20	17	17	—					155		209.57	
		5-10	5-17	5-25	6-10	6-17	6-25	7-15									

方案 2 和方案 3 是根据 2013 年、2014 年较优处理优化得到的产量下降率比方案 3 降低了 1.90%，但方案 2 灌水量比方案 3 多 32mm，灌水次数与方案 3 相同，方案 2 玉米、番茄灌水量分别比方案 3 多灌 23mm、9mm，对于滴灌系统而言灌水量大会增加输水管道的损失，顾方优选案 3。

方案 4 和方案 5 是根据 2013 年、2014 年较优处理的处理方式，不考虑水限制，优化得到了灌水时间和灌水次数，由表可知，总灌水量方案 4 比方案 5 多灌水 37mm，但其产量下降率比方案 5 低 2.51%，综合考虑，顾优选方案 4。

方案 6 的灌水时间和灌水次数由模型优化得出的，灌水定额是通过调控土壤含水率而设定的，全生育期玉米、番茄分别灌水 8 次、7 次，比方案 4 少 1 次灌水，但方案 6 的产量下降率却与方案 4 相差不大，其灌水量比方案 4 少 29mm。若试验区有全天候自动监测

土壤水含量的设备的前提下，可优选方案 6。

根据对 IC_{4-2Q} 种植模式下的灌溉制度方案模拟结果中灌水次数、灌水量、灌水效率、产量下降率等方面综合分析，得出适合试验区的番茄/玉米间套作的优选灌溉制度有方案3、方案 4、方案 6，见表 8-10。但试验并未涉及控制土壤盐分的冲洗定额。

表 8-10　　　　　　　　　　　　　　　　番茄/玉米优选灌溉制度

方案	作物	灌水定额/mm 灌水日期/（月-日）												灌水 /mm
		1	2	3	4	5	6	7	8	9	10	11	12	
方案 3	玉米	23	23	25	27	28	30	30	27	23	23	23	23	305
		5-10	5-28	6-7	6-20	6-30	7-7	7-13	7-19	7-27	8-6	8-17	8-27	—
	番茄	25	17	18	18	18	17	17	17	16	16			179
		5-10	5-17	5-25	6-10	6-17	6-25	6-30	7-5	7-15	7-27			—
方案 4	玉米	23	25	30	32	35	35	33	30	23				266
		5-10	6-11	6-17	6-27	7-10	7-20	8-1	8-17	8-27				—
	番茄	25	18	19	20	20	20	18	18					158
		5-10	5-17	5-27	6-11	6-17	6-27	7-12	7-25					—
方案 6	玉米	25	25	30	40	45	45	25	22					240
		5-20	5-28	6-13	6-25	7-10	7-25	8-17	8-27					—
	番茄	30	25	23	23	20	17	17						155
		5-10	5-17	5-25	6-10	6-17	6-25	7-15						—

优选灌溉制度中：由于本试验为膜下滴灌，试验的灌溉水源为地下水，通过泵房将水抽送至作物根区。由于滴灌直接将地下水通过管道给作物根区供水，但是地下水温度较低，多次多量给作物灌水管道损失较大可能出现滴头压力不够，又因试验区地下水在作物生育期内较低，过频繁或多量灌溉易发生反盐现象，且番茄为移苗种植，只在坐果期需水较大，坐果后期基本不需要水分，而过多的灌溉反而会使番茄出现烂果或滋生病虫害，所以理论与实践相结合，同时根据当年的土壤墒情等因素综合考虑，方案 4 较为合理，其产量下降率比方案 3 和方案 6 都小，且充分考虑了不同作物各生育期的需水要求。

运用 ISAREG 模型对番茄/玉米间套作优选灌溉制度方案进行验证，得到结果见表8-11。

表 8-11　　　　　　　　　　　　　　番茄、玉米优选灌溉制度方案验证

处理	作物	灌水次数	灌水 /mm	深层渗漏量 /mm	灌水效率 /%	ET_a /mm	产量下降率 /%
方案 3	玉米	12	305	0.0	99.85	441.45	2.72
	番茄	10	179	0.0		259.08	
方案 4	玉米	9	266	0.0	99.78	324.34	4.20
	番茄	8	158	0.0		192.65	
方案 6	玉米	8	240	0.0	99.61	290.53	5.09
	番茄	7	155	0.0		187.63	

依据表 8-11 可知，由评价结果优化得到的灌溉制度在 2013 年、2014 年均适用，可用于试验区指导生产实践，为实验区节水、高效用水提供了参照。

8.3 玉米/小麦间套作农田灌溉制度评价及优化

8.3.1 玉米/小麦间套作农田灌溉制度评价

由表 8-12 可知，2013 年各处理中 WM-2 处理灌水量最少，且深层渗漏量为 0，灌水效率最高，但产量下降率也最大，说明该处理虽然节约了灌溉水量，但由于灌水量较少，满足不了作物需求，造成作物减产较大。WM-1 处理（前 4 水均为 82mm，第 5 水 41mm）与 WM-5 处理（前 4 水均为 97mm，第 5 水为 49mm）则由于深层渗漏量较大，导致灌水效率较低，说明灌水处理与作物需水情况吻合度较差。WM-3 处理灌水效率较高，但产量下降率也较高，这是由于第 4 水的灌溉量（67mm）较低所致。所以，综合考虑，WM-4 处理较优，但也产生了 25.30mm 的深层渗漏量和 9.98% 的产量下降率，仍需进一步优化。

表 8-12　　　　　　　　小麦/玉米间套作灌溉制度评价（2013 年）

处理	灌水量/mm	深层渗漏量/mm	产量下降/%	灌水效率/%
WM-1	369	27.06	14.27	92.67
WM-2	339	0.00	15.79	100.00
WM-3	377	21.60	12.13	94.27
WM-4	407	25.30	9.98	93.78
WM-5	437	35.66	9.64	91.84

由表 8-13 可见 2014 年小麦/玉米间套作模式下的各项灌溉指标，WM-5 处理与 WM-6 处理产量下降率较低，但深层渗漏量较高，导致灌水效率较低，适合水资源充足的地区。WM-2 处理虽然深层渗漏量较少，且灌水效率达到了 98.65%，但产量下降了 11.99%。WM-1 处理与 WM-3 处理由于深层渗漏量较高，导致灌水效率较低，且产量下降了 11.76%，说明水分处理不能很好地满足作物需求，造成水资源的浪费。所以，综合分析，WM-4 处理较好，但仍产生了 16.84mm 的深层渗漏量和 8.6% 的产量下降，仍有优化空间。

表 8-13　　　　　　　　小麦/玉米间套作灌溉制度评价（2014 年）

处理	灌水量/mm	深层渗漏量/mm	产量下降/%	灌水效率/%
WM-1	392	28.63	10.76	92.70
WM-2	354	4.79	11.99	98.65
WM-3	369	29.86	11.36	91.91
WM-4	370	16.84	8.60	95.35
WM-5	492	88.64	3.01	81.98
WM-6	457	60.84	5.27	86.69

8.3.2　小麦/玉米间套作农田灌溉制度优化

本书设计的试验方案都存在着深层渗漏量大、产量下降率高与灌溉效率低等问题，面对有限的水量资源，制定并优化出高效的灌溉制度是灌区可持续发展的必然选择。本书利用 ISAREG 模型寻求最高效的灌溉制度。

根据试验区实际情况及本书已经评价的灌溉制度制定了小麦/玉米间套作的灌溉方案：

（1）方案 1：结合 2013 年最优处理 WM－4，给定灌水时间、灌水次数，优化灌水定额。

（2）方案 2：结合 2013 年最优处理 WM－4，给定灌水次数，优化灌水时间及灌水定额。

（3）方案 3：结合 2014 年 WM－4 处理，给定灌水时间、灌水次数，优化灌水定额。

（4）方案 4：结合 2014 年 WM－4 处理，给定灌水次数，优化灌水时间及灌水定额。

根据小麦/玉米间套作灌溉制度优化结果可得（表 8－14）。以 2013 年气象数据为背景，在考虑淋洗盐分，给定灌水时间与灌水次数的情况下，方案 1（76mm，94mm，102mm，91mm，44mm，总，407mm）最优；在给定灌水次数的情况下，方案 2（72mm，86mm，100mm，88mm，42mm，总，388mm）更优，可使深层渗漏量为0mm，而灌水效率达到100％。以 2014 年气象数据为背景，在考虑淋洗盐分，给定灌水时间与灌水次数的情况下，方案 3（81mm，92mm，106mm，94mm，46mm，总，419mm）最优；在给定灌水次数的情况下，方案 4（78mm，89mm，101mm，90mm，43mm，总，401mm）更优，可使深层渗漏量为0mm，而灌水效率达到100％，且产量下降率仅为3.11％。

表 8－14　　　　　　　　　　小麦/玉米间套作灌溉制度优化结果

方案	灌水定额/mm 灌水时间/(月-日)	灌　水					灌水量 /mm	深层渗漏量 /mm	产量下降 /％	灌水效率 /％
		1	2	3	4	5				
1	灌水定额/mm	76	94	102	91	44	407	9.67	3.88	97.62
	时间/(月-日)	5－10	5－28	6－21	7－9	8－9				
2	灌水定额/mm	72	86	100	88	42	388	0.00	3.98	100.00
	时间/(月-日)	5－13	6－5	6－28	7－15	8－10				
3	灌水定额/mm	81	92	106	94	46	419	6.17	2.31	98.53
	时间/(月-日)	5－6	5－21	6－19	7－8	8－11				
4	灌水定额/mm	78	89	101	90	43	401	0.00	3.11	100.00
	时间/(月-日)	5－11	6－3	6－26	7－12	8－13				

8.4　小麦/向日葵间套作农田灌溉制度评价优化

8.4.1　小麦/向日葵间套作农田灌溉制度评价

从表 8－15 可见，2013 年小麦/向日葵间套作各灌水处理中，WS－2 处理由于产量下降幅度最大，虽深层渗漏较少，但也不可取。WS-1 处理与 WS-5 处理深层渗漏量分别达到了灌水量的 8.8％与 17.91％，浪费较多，说明灌水方案与实际需水错位较严重，致使灌溉效率低下，不适于当地。可见，WS-3 处理与 WS-4 处理较优，但仍产生了 20mm 左右的深层渗漏量，说明可优化空间较大。

表 8-15　　　　　　　　小麦/向日葵间套作灌溉制度评价（2013 年）

处理	灌水量/mm	深层渗漏量/mm	产量下降/％	灌水效率/％
WS-1	369	32.47	10.28	91.20
WS-2	339	3.48	13.21	98.97
WS-3	377	19.62	8.64	94.80
WS-4	407	22.94	5.62	94.36
WS-5	437	78.26	4.69	82.09

2014 年小麦/向日葵间套作模式下的各处理灌溉指标如表 8-16 所示，WS-4 处理最优，灌水效率达到了 95.46％，但也出现了 16.43mm 的深层渗漏和 9.58％的产量下降率。WS-3 处理次之，灌水效率为 93.95％，深层渗漏量与产量下降率分别为 23.23mm 与 8.35％。而 WS-1 处理与 WS-2 处理则分别由于深层渗漏量与产量下降率较大而不可取。

表 8-16　　　　　　　　小麦/向日葵间套作灌溉制度评价（2014 年）

处理	灌水量/mm	深层渗漏量/mm	产量下降/％	灌水效率/％
WS-1	369	44.66	11.38	87.90
WS-2	339	0.48	14.26	99.86
WS-3	384	23.23	8.35	93.95
WS-4	370	16.43	9.58	95.46

8.4.2　小麦/向日葵间套作农田灌溉制度优化

根据试验区实际情况及本书已评价的灌溉制度制定了小麦/向日葵间套作的灌溉方案：

(1) 方案 1：结合 2013 年 WS-3 处理与 WS-4 处理，给定灌水时间、灌水次数，优化灌水定额。

(2) 方案 2：结合 2013 年 WS-3 处理与 WS-4 处理，给定灌水次数，优化灌水时间及灌水定额。

(3) 方案 3：结合 2014 年 WS-3 处理与 WS-4 处理，给定灌水时间、灌水次数，优化灌水定额。

(4) 方案 4：结合 2014 年 WS-3 处理与 WS-4 处理，给定灌水次数，优化灌水时间及灌水定额。

根据小麦/向日葵间套作灌溉制度优化结果可得（表 8-17）。以 2013 年气象数据为背景，在考虑淋洗盐分，给定灌水时间与灌水次数的情况下，方案 1（72mm，84mm，96mm，88mm，42mm，总，382mm）最优；在给定灌水次数的情况下，方案 2（70mm，82mm，93mm，86mm，40mm，总，371mm）更优，可使深层渗漏量为 0mm，而灌水效率达到 100％。以 2014 年气象数据为背景，在考虑淋洗盐分，给定灌水时间与灌水次数的情况下，方案 3（75mm，82mm，94mm，84mm，43mm，总，378mm）最优；在给定灌水次数的情况下，方案 4（71mm，79mm，93mm，82mm，38mm，总，363mm）更优，可使深层渗漏量为 0mm，而灌水效率达到 100％，且产量下降率仅为 3.08％。

表 8－17　　　　　　　　　　　小麦/向日葵间套作灌溉制度优化结果

| 方案 | 灌水定额/mm
灌水时间/(月-日) | 灌水 | | | | | 灌水量
/mm | 深层渗漏量
/mm | 产量下降
/％ | 灌水效率
/％ |
		1	2	3	4	5				
1	灌水定额/mm	72	84	96	88	42	382	7.68	3.46	97.99
	时间/(月-日)	5－10	5－28	6－21	7－9	8－9				
2	灌水定额/mm	70	82	93	86	40	371	0.00	3.87	100.00
	时间/(月-日)	5－13	6－4	6－25	7－12	8－6				
3	灌水定额/mm	75	82	94	84	43	378	8.37	3.04	97.79
	时间/(月-日)	5－6	5－21	6－19	7－8	8－11				
4	灌水定额/mm	71	79	93	82	38	363	0.00	3.08	100.00
	时间/(月-日)	5－12	6－1	6－22	7－11	8－8				

8.5　间套作农田施肥制度优化

8.5.1　间套作农田最优种植模式下施肥阈值确定

由于不同种植模式下种间作物存在明显的氮素竞争，同时玉米和番茄根区氮施入量的差异，导致不同种植模式下氮平衡出现差异（表 8－18）。总体上，不同处理中 IC_{4-2} 系统氮淋溶量最大，其中玉米根区（P_c）氮淋溶较 IC_{2-2} 提高了 39.4％，而番茄根区（P_t）氮淋溶较 ST 提高了 72.9％。然而，不同种植模式下最高的吸氮量出现在 IC_{2-2}，2 年平均吸氮量可达 241.1kg/hm²。其中玉米吸氮量分别较 SC 和 IC_{4-2} 提高了 16.3％和 9.1％；而番茄吸氮量分别较 ST 和 IC_{4-2} 减小了 9.1％和 2.8％。IC_{4-2} 模式 P_c 平均储氮量分别较 SC 和 IC_{2-2} 提高了 16.4％和 8.8％；番茄根区平均储氮量较 IC_{2-2} 提高了 1.6％，但较 ST 减小了 2.6％。不同种植模式下，IC_{2-2} 模式下玉米产量达到最高，分别较 SC 和 IC_{4-2} 增加了 14.1％和 5.9％。但最高的番茄产量出现在 IC_{4-2} 模式，2 年平均产量为 98.8t/hm²，较 IC_{2-2} 提高了 18.9％。另外，最高的吸收效率（UE）同样出现在 IC_{2-2} 模式。但 IC_{4-2} 模式下生理学效率（P_E）明显高于 IC_{2-2}。不同种植模式下氮利用效率（NUE）差异与作物产量相似。IC_{2-2} 模式下玉米 NUE 分别较 SC 和 IC_{4-2} 增加了 14.1％和 5.6％，ST 模式下番茄 NUE 分别较 IC_{2-2} 和 IC_{4-2} 增加了 23.5％和 5.8％。总体上，不同种植模式下 IC_{4-2} 当量氮利用效率（LRE_{NUE}）最高，2 年平均可达 2.0，较 IC_{2-2} 提高了 5.4％。因此，本书推荐 IC_{4-2} 模式可作为北方干旱区最优的番茄/玉米间套作模式。

8.5.2　间套作农田不同施肥水平下施肥阈值确定

由于番茄/玉米间套作农田存在时空生态位差异，导致间套作系统中不同作物氮平衡组成也产生较大的差异。不同施氮处理下间套作系统中玉米的生理活动强度均明显高于番茄，其中高肥处理 2014 年和 2015 年玉米根系吸氮量分别较番茄平均提高了 38.34% 和 42.18%。此外，间套作系统中玉米和番茄不同侧的淋溶量差异显著（表 8 - 19），玉米侧淋溶量在 2014 年和 2015 年分别为番茄侧的 4.05 倍和 8.79 倍，一方面由于玉米施氮量相对较高导致本区域淋溶量增加，另一方面是间套作系统中水平硝态氮交换强烈，在水平方向上硝态氮主要由较高浓度的番茄侧流向相对浓度较低的玉米侧，从而减小了番茄侧的淋溶量。由于土体外部施氮量与作物吸氮量的供需矛盾，导致玉米、番茄不同作物根区储氮量产生差异。2014 年和 2015 年玉米根区的土壤储氮量分别较番茄降低了 51.89% 和 52.54%。可见，在番茄/玉米间套作系统中玉米的种间优势强于番茄，该种植系统不仅有利于提高玉米的产量和质量，同时也可为较早到达成熟期的番茄提供充足营养物质。

表 8 - 18　　　　　　　　　　　　　　不同种植模式下根区氮平衡

年份	处理	土壤氮平衡/(kg/hm²)								产量/(t/hm²)		UE		PE		NUE		LER_{NUE}
		施氮量		淋溶量		吸氮量		储氮量										
		P_c	P_t	P_c	P_t	P_c	P_t	P_c	P_t	P_c	P_t	P_c	P_t	P_c	P_t	P_c	P_t	
2018	ST	—	150	—	3.7	—	103.7	—	42.6	—	120.2ª	—	0.8ª	—	1043.4ª	—	801.3ª	—
	SC	210	—	47.7	—	137.5	—	24.8	—	12.8c	—	0.6b	—	102.1ª	—	61.0bc	—	—
	IC₂₋₂	210	150	16.9	14.5	164.6	94.6	28.5	40.9	14.8ª	89.6b	0.8ª	0.6b	85.8b	998.9ª	70.5ª	597.3c	1.9b
	IC₄₋₂	210	150	32.9	12.7	145.7	96.1	31.4	41.2	13.5b	112.2ª	0.7ab	0.7ab	87.8b	1095.7ª	64.3ab	748.0b	2.0ab
2019	ST	—	150		1.8		84		64.2		89.4b		0.6b		966.5b		596.0c	—
	SC	210	—	41.6	—	123.2	—	45.2	—	10.2e	—	0.5c	—	90.4b	—	48.6d	—	—
	IC₂₋₂	210	150	15.4	12.5	146.8	76.1	47.8	61.4	12.0d	70.7c	0.7ab	0.5c	78.3c	861.1c	57.1c	471.3d	2.0ab
	IC₄₋₂	210	150	20.4	7.6	137.3	79.6	52.3	62.8	11.8d	85.3b	0.6b	0.6b	90.4b	1005.9ª	56.2c	568.7c	2.1ª

表 8 - 19　　　　　　　　　　　　　番茄/玉米作物根区氮平衡　　　　　　　　　　单位：kg/hm²

年份	处理	初始氮	玉米根区					番茄根区				
			施氮量	吸氮量	淋溶量	末期氮	NUE	施氮量	吸氮量	淋溶量	末期氮	NUE
2014	高氮	6.1	300.00	222.42	26.43	51.15	0.74	250.00	137.15	6.53	106.32	0.55
	中氮	6.1	210.00	156.83	18.59	34.58	0.75	175.00	104.08	3.37	67.55	0.59
	低氮	6.1	150.00	105.14	18.26	26.60	0.70	125.00	63.69	1.39	59.91	0.51
2015	高氮	6.1	300.00	219.57	21.17	59.27	0.73	250.00	121.67	3.45	124.88	0.49
	中氮	6.1	210.00	155.75	11.40	42.85	0.74	175.00	88.65	1.39	84.96	0.51
	低氮	6.1	150.00	105.55	7.06	37.38	0.70	125.00	57.60	0.56	66.84	0.46

当施氮量减小 30% 后，根系吸氮量和淋溶量均明显减小，其中玉米和番茄 2 年根系吸氮量分别较高氮处理平均降低了 27.74% 和 25.62%，淋溶量分别降低了 37.91% 和 54.05%。当施氮量减小 50% 后，玉米和番茄 2 年根系吸氮量分别较高氮处理平均降低了 52.34% 和 53.11%，淋溶量分别降低了 48.78% 和 81.24%。尽管在一定施氮范围内，作物吸氮量与施氮量呈线性正比例关系，但氮素利用效率通常呈抛物线增长。如本书中氮处

理下玉米和番茄根区氮素利用效率（NUE）均高于高氮和低氮处理，分别为 89.3% 和 77.9%。可见，在滴灌番茄/玉米间套作农田系统，中氮处理（玉米为 210kg/hm²；番茄为 135.3kg/hm²）为最优处理。

8.6　结论

（1）对于水资源短缺特别是水资源总量变化不大的地区，不适宜小麦/玉米间套作种植模式，而适宜小麦/向日葵间套作种植模式。间套作模式下的小麦、玉米、向日葵三种作物产量对水分的敏感指数大小为小麦＞玉米＞向日葵。非充分灌溉对间套作下的小麦收获指数有普遍的提升作用，而对间套作模式下的向日葵有抑制作用，间套作模式下的玉米收获指数在一定范围内会随灌水总量的提高而显著上升。

（2）间套作和单作模式下水分利用效率分析：间套作（IC₂₋₂ 和 IC₄₋₂）种植模式平均水分利用效率分别为 9.02%、5.53%、3.25%；对于灌溉水利用效率而言，间套作种植模式平均灌溉水利用效率和单作玉米灌溉水利用效率分别为 9.47%、9.19%、6.36%；间套作番茄与单作番茄相比，对水分利用效率而言：间套作种植模式平均值和单作番茄分利用效率分别为 36.97%、37.95%、31.08%；对于灌溉水利用效率而言，间套作种植模式平均灌溉水利用效率和单作番茄灌溉水利用效率分别为 100%、84.91%、93.55%。

（3）试验区番茄、玉米优选灌溉制度为玉米，灌水时间：5 月 10 日，6 月 11 日，6 月 17 日，6 月 27 日，7 月 10 日，7 月 20 日，8 月 1 日，8 月 17 日，8 月 27 日；灌水定额分别为：23mm，25mm，30mm，32mm，35mm，35mm，33mm，30mm，23mm；番茄，灌水时间：5 月 10 日，5 月 17 日，5 月 27 日，6 月 11 日，6 月 17 日，6 月 27 日，7 月 12 日，7 月 25 日；灌水定额分别为：25mm，18mm，19mm，20mm，20mm，20mm，18mm，18mm。

（4）运用 ISAREG 模型分别对 2013 年与 2014 年间套作模式下的灌溉制度进行了评价与优化，并得出在给定灌水时间与灌水次数情况下的最优方案和在给定灌水次数情况下的最优方案，在给定灌水次数情况下的方案可使深层渗漏量为 0，但须有实时监控土壤含水量的仪器设备，适合智能化灌区，且仅适用于非盐渍化地区，而给定灌水时间与灌水次数情况下的最优方案考虑了淋洗盐分的用水需求，适合普通盐渍化灌区。并对优化出来的高效灌溉制度进行了验证，结果表明具有可行性，可用于当地的实际生产。

（5）当施氮量减小 30% 后，根系吸氮量和淋溶量均明显减小，其中玉米和番茄 2 年根系吸氮量分别较高氮处理平均降低了 27.74% 和 25.62%，淋溶量分别降低了 37.91% 和 54.05%。当施氮量减小 50% 后，玉米和番茄 2 年根系吸氮量分别较高氮处理平均降低了 52.34% 和 53.11%，淋溶量分别降低了 48.78% 和 81.24%。尽管在一定施氮范围内，作物吸氮量与施氮量呈线性正比例关系，但氮素利用效率通常呈抛物线增长。在本书中，中氮处理下玉米和番茄根区氮素利用效率（NUE）均高于高氮和低氮处理，分别为 89.3% 和 77.9%。可见，在滴灌番茄/玉米间套作农田系统，中氮处理（玉米为 210kg/hm²；番茄为 135.3kg/hm²）为最优处理。

第9章 结论与展望

9.1 结论

（1）相同种植模式不同水分处理对玉米株高、茎粗、叶面积指数具有明显差异，灌水量大且种植行距大的种植模式明显高于其他处理。全生育期番茄生理指标最大值出现在 4 行番茄 2 行玉米间套作种植模式（IC_{4-2}）的充分灌溉处理中，而最小值出现在 2 行番茄 2 行玉米间套作种植模式（IC_{2-2}）的水分亏缺处理中，为 59.55cm。可见，IC_{4-2} 种植模式下的番茄生长比 IC_{2-2} 种植模式和单作更有利。

（2）花后/小麦间套作光合有效辐射量（PAR）较单作明显降低，降幅从 10% 到 40%，且随着遮荫程度增加，间套作小麦受光光谱组成慢慢发生改变，光谱中蓝光（400~500nm）的比例逐步增多，而红光（600~700nm）的比例则逐步下降，光谱中散射光比例的增加及光谱组成的变化对植物体的外部造成一定程度的影响，但植物体可以通过对其光合作用及光化学效率的调整来补偿由于 PAR 降低而对植物体本身所造成的伤害。而且由于小麦群体底层叶片具有较高的耐荫能力，光谱组成的改变更有利于底层叶片对散射光的利用。另外，遮荫使间套作小麦具有更强的可塑性，从而使间套作小麦全群体通过增大叶面积来提高光能的截获率，用以补偿光强的下降。间套作模式下的小麦群体净光合速率不会因高秆作物的遮阴而出现大幅度的下降。

（3）全生育期玉米干物质累积呈"S"形的数量变化关系，全生育期内干物质平均累积量，在相同种植模式不同水分处理下番茄干物质量影响为充分＞轻控＞亏缺；在相同水分不同种植模式下表现为 IC_{4-2} 种植模式＞IC_{2-2} 种植模式＞单作模式。另外，限量灌溉会显著提高间套作小麦穗粒干质量积累与物质转运效率及对籽粒的贡献率，间套作作物的不同也会对间套作小麦穗粒干质量积累与物质转运产生显著影响。限量灌溉会使间套作模式下的小麦灌浆速率峰值提前出现，提高最大灌浆速率、平均灌浆速率与活跃灌浆时间，减少灌浆持续时间，相同的水分处理不同的间套作作物也会对间套作小麦的籽粒灌浆参数产生显著影响。

（4）番茄/玉米间套作农田不同生育期根系具有明显的交叉分离变化规律。两作物根系在生育期呈现"不交叉—轻度交叉—完全交叉—轻度交叉"变化规律。根系横向比重分析显示间套作种植根系中心靠近番茄侧，玉米根量大于番茄根量。通过分析研究番茄间套作玉米根系生长变化，全生育期内 2 种作物根系的生长过程出现了不交叉—少量交叉—大量交叉—不交叉的现象，同时也说明了作物对水分及养分的竞争过程为不竞争—少量竞争—大量竞争—不竞争的现象。小麦/玉米间套作条件下作物根系混合程度主要经历"不混合—较大范围混合—大范围混合"三个过程。充分灌溉下小麦最大横向伸展距离为

20cm，最大下扎深度为 70cm，根系最终平均分布深度为 28.9cm。非充分灌溉下小麦最大横向伸展距离为 20cm，最大下扎深度为 80cm，根系最终平均分布深度为 36.9cm。充分灌溉下的玉米最大横向伸展距离超过 30cm，最大下扎深度为 85cm，根系最终平均分布深度为 34.1cm。非充分灌溉下的小麦最大横向伸展距离为 30cm，最大下扎深度为 100cm，根系最终平均分布深度为 46.2cm。

（5）在番茄/玉米间套作系统中，玉米番茄根系吸收强度的差异也是形成种间水分竞争的主要原因，由于玉米的根系活性要显著强于番茄，故导致根系吸水量和产量高于番茄。在第Ⅱ阶段，玉米和番茄的水分竞争最为激烈，玉米的 T 值高于番茄。然而，在作物特殊生长阶段，则出现了相反趋势。不同灌溉水平下间套作生态系统水分竞争的变化规律基本一致。在作物整个生长期，不同间套作种植模式下番茄和玉米的种间水分竞争具有相似规律。不同间作间套作体系中，2 行番茄 2 行玉米间套作系统（IC_{2-2}）的 CR_c 最高。但 4 行番茄 2 行玉米系统（I_{C4-2}）的 LER_T 最高。2018 年和 2019 年 IC_{4-2} 系统的平均 LER_T 分别比 IC_{2-2} 系统提高了 6.7% 和 5.8%。因此，IC_{4-2} 可作为当地农业生产的最优间套作体系推荐使用。

（6）本书在 ERIN 模型基础上，提出了一种考虑覆盖区土壤表面阻力的修正蒸散模型（MERIN）。MERIN 模型克服了 ERIN 模型缺乏蒸发估计的约束。与 ERIN 和 PM 模型相比，MERIN 模型能够较准确地捕捉覆膜条件下番茄/玉米间套作生态系统在作物生长期的蒸散和蒸发变化。此外，本书基于 MERIN 模型，通过引入一个二维光截获模型，构建了光截获条件下番茄/玉米间套作覆膜农田蒸散模型（DERIN）。与现有模型相比，DERIN 模型能够更加准确地反映日照变化对种间作物水分竞争的影响。

（7）番茄/玉米间套作能有效利用太阳辐射提高作物根区温度，其不同行间位置的地温变化主要受地膜覆盖、作物遮阴和土壤水分含量的影响。在间套作农田中，地膜的保温作用主要体现在 15cm 以下，而作物遮阴和土壤水分含量则对整个耕层都有影响。可见，合理的间套作模式和适宜的土壤水分含量有利于作物根区形成良好的生长环境，从而促进作物的生长。间套作农田不同深度土层土壤含水率与地温的关系不同。通过分析番茄/玉米间套作表层（5cm）及深层（20cm）的地温与含水率的关系得出：5cm 以上的地温与含水率呈反比关系，20cm 以下地温与含水率呈正比关系。可见，在间套作农田中，地温与含水率在不同土层呈现的关系也不相同，而并不像单作农田一样，两者呈负相关关系。从间套作农田不同行间位置地温的传递规律可以看出，高矮作物行间位置在白天有明显的增温效应，且温度可有效传递到作物两侧，而覆膜可有效防止土壤温度的散失，因此高矮作物应选择恰当的行距，从而有效提高作物根区温度。

（8）小麦/玉米间套作群体共生期内普遍存在小麦条带水分捕获当量比高于玉米条带的现象，随水分胁迫的加剧，此趋势愈加明显；随生育期推进，此趋势渐弱甚至出现反转，而带间的水分相对竞争能力则呈现逐渐下降的规律。种间相对竞争能力方面，表现出随水分胁迫的加剧小麦相对于玉米先微升后快速下降并逐渐近于消失的趋势。总之，间套作群体的特殊性造成了两作物条带存在时间与空间上的土壤水分差异，进而造成灌溉水入渗速度及入渗总量的不同，而水分胁迫增加了这种趋势，这在一定程度上满足了灌溉水的最佳去处，从而提高了间套作群体的水分利用效率，进而揭示了间套作群体的节水增产机理。

（9）间套作农田水流横向交换强烈，但流入裸地的水量主要在0～40cm土层，且水流主要由番茄侧流入裸地。在0～40cm土层流入裸地的水量约是40～100cm土层流入裸地水量的2.5倍；灌水定额增加导致流入裸地的水量也增加，与低水处理对比，高水、中水处理作物侧流入裸地的水量分别提高了1.75倍和1.3倍。番茄侧流入裸地的水量约为玉米侧流入裸地水量的1.3倍，且裸地流入玉米侧的水量是流入番茄侧水量的7.3倍，年均净流入裸地的水量约60mm/a，且主要由番茄侧流入。土壤水分二维分布显示间套作农田土壤水分分布与作物根系分布较匹配。灌水后1d在作物侧0～30cm土层形成湿润饱和区，且随着灌水定额的减小，湿润饱和区面积减小。玉米、番茄和裸地0～40cm土层的土壤硝态氮浓度（SNC）存在显著差异。玉米区（Ⅰ）与裸地（Ⅱ）土壤水势较低，$NO_3 - N$浓度梯度较低，Ⅰ与Ⅱ之间的$NO_3 - N$交换低于番茄区（Ⅲ）与Ⅱ之间。由于不同种植模式下种间套作物存在明显的氮素竞争，同时玉米和番茄根区氮施入量的差异，导致不同种植模式下氮平衡出现差异。总体上，不同种植模式下4行番茄2行玉米间套作模式（IC_{4-2}）氮利用效率当量比（LER_{NUE}）最高。因此，本书推荐IC_{4-2}可作为当地最优的番茄/玉米间套作模式。

（10）运用ISAREG模型分别对2013年与2014年间套作模式下的灌溉制度进行了评价与优化，并得出在给定灌水时间与灌水次数情况下的最优方案和在给定灌水次数情况下的最优方案，在给定灌水次数情况下的方案可使深层渗漏量为0，但须有实时监控土壤含水量的仪器设备，适合智能化灌区，且仅适用于非盐渍化地区，而给定灌水时间与灌水次数情况下的最优方案考虑了淋洗盐分的用水需求，适合普通盐渍化灌区。并对优化出来的高效灌溉制度进行了验证，结果表明具有可行性，可用于当地的实际生产。尽管在一定施氮范围内，作物吸氮量与施氮量呈线性正比例关系，但氮素利用效率通常呈抛物线增长。在本书中，中氮处理下玉米和番茄根区氮素利用效率（NUE）均高于高氮和低氮处理，分别为89.3%和77.9%。可见，在滴灌番茄/玉米间套作农田系统，中氮处理（玉米为210kg/hm²；番茄为135.3kg/hm²）为最优处理。

9.2 展望

（1）番茄/玉米间套作条件下的2种作物受外界光照、温度、风速、透气及相邻作物遮阴等方面的影响，因此有必要将间套作模式下的作物光合强度、冠层分布变化和不同作物间的水分、养分竞争等进行更细致的研究，这也为制定更加合理的间套作模式及灌水模式提供更加准确的理论指导。

（2）本书的地下部因素对北方干旱区间套作优势、土壤盐分及产量性状的影响试验研究因时间及人力资源有限，未能进行多年连续试验观测，结果是否会有变化还需进一步研究。

（3）根系作为作物吸水吸肥的主要器官，在遮荫条件下同样会受到影响，由于受人力资源与试验条件的限制，没能对根系进行全面的系统分析，在今后的研究中应考虑增加遮荫对根系的影响研究，以进一步揭示遮荫其间套作小麦的影响机制，为间套作小麦的高产栽培提供理论依据。

（4）因时间及工作量所限，本书在研究非充分灌溉对间套作作物根系分布特征及吸水规律的影响时，本书仅对小麦/玉米间套作模式进行了研究，未对小麦/向日葵间套作模式进行研究，且只有每水 82mm 一种非充分灌溉处理，处理较少。

参 考 文 献

[1] 王仰仁，李明思，康绍忠. 立体种植条件下作物需水规律研究 [J]. 水利学报，2003 (7)：90 - 95.

[2] Zhang, L., van der Werf, S., Zhang, S., et al. Growth, yield and quality of wheat and cotton in relay strip intercropping systems [J]. Field Crops Reserch, 2007, 103 (3)：178 - 188.

[3] Gao, Y., Duan, A. W., Sun, J. S., et al. Crop coefficient and water - use efficiency of winter wheat/spring maize strip intercropping [J]. Field Crops Reserch, 2009, 111：65 - 73.

[4] 周新国，陈金平，刘安能，等. 麦棉套种共生期不同土壤水分对冬小麦生理特性及产量与品质的影响 [J]. 农业工程学报，2006, 22 (11)：22 - 26.

[5] Chen, H. W., Qin, A. Z., Chai, Q., et al. Quantification of Soil Water Competition and Compensation Using Soil Water Differences between Strips of Intercropping [J]. Agricultural Research, 2014, 3 (4)：321 - 330.

[6] 辛宗绪，刘志，赵术伟，等. 高粱大豆间作对高粱生物性状及产量的影响 [J]. 中国种业，2022 (9)：79 - 84.

[7] 吴瑕，胡艺琛，杨凤军，等. 间作分蘖洋葱对番茄氮素吸收和根际土壤微生物多样性的影响 [J]. 植物营养与肥料学报，2022, 28 (8)：1478 - 1493.

[8] 何纪桐，马祥，琚泽亮，等. 高寒地区燕麦与蚕豆间作对作物生长发育及产量的影响 [J]. 草地学报，2022, 30 (9)：2514 - 2521.

[9] 钱必长，赵晨，赵继浩，等. 不同花生棉花间作模式对花生生育后期生理特性及产量的影响 [J]. 应用生态学报，2022, 33 (9)：2422 - 2430.

[10] Awal, M. A., Koshi, H., Ikeda, T. Radiation interception and use by maize/peanut intercrop canopy [J]. Agricultural and Forest Meteorology, 139 (2006)：74 - 83.

[11] Zhang, L., van der Werf, L. Bastiaans, S. et al. Light interception and utilization in relay intercrops of wheat and cotton [J]. Field Crops Research. 107 (2008)：29 - 42.

[12] Jahansooz, M. R., Yunusa, I. A. M., Coventry, D. R., et al. Radiation - and water - use associated with growth and yields of wheat and chickpea in sole and mixed crops [J]. Europ. J. Agronomy. 26 (2007)：275 - 282.

[13] Tsubo, M., Walker, S. A model of radiation interception and use by a maize - bean intercrop canopy [J]. Agricultural and Forest Meteorology. 110 (2002)：203 - 215.

[14] 王自奎，吴普特，赵西宁，等. 河套地区小麦/玉米套作群体光能瞬时传输的数学模拟 [J]. 应用生态学报，2015, 26 (6)：1704 - 1710.

[15] 王自奎，吴普特，赵西宁，等. 小麦/玉米套作田棵间土壤蒸发的数学模拟 [J]. 农业工程学报，2013, 29 (21)：72 - 81.

[16] 王自奎. 小麦/玉米间作复合群体光能和水分传输利用试验于模拟研究 [D]. 西安：西北农林科技大学，2015.

[17] 黄高宝. 集约栽培条件下间套作的光能利用理论发展及其应用 [J]. 作物学报，1999, 25 (1)：16 - 24.

[18] 陈金平，周新国，刘祖贵，等. 麦棉套种冬小麦冠层环境和生长与产量的补偿效应分析 [J]. 麦类作物学报，2006, 26 (1)：93 - 98.

[19] 高阳，段爱旺. 冬小麦-春玉米间作模式下光合有效辐射特性研究 [J]. 中国生态农业学报，2006, 14 (4)：115 - 118.

[20] Li，L.，Sun，J. H.，Zhang，F. S.，et al. Root distribution and interactions between intercropped species [J]. Ecosystem Ecology，2006，147（2）280 - 290.

[21] Gao，Y.，Duan，A. W.，Qiu，X. Q.，et al. Distribution of roots and root length density in a maize/soybean strip intercropping system [J]. Agricultural Water Management，2010，98（1）：199 - 212.

[22] Nielsen，H. H.，Jensen，E. S. Facilitative Root Interactions in Intercrops [J]. Plant and Soil，2005，274（1）：237 - 250.

[23] Nielsen，H. H.，Ambus，P.，Jensen，E. S. Temporal and spatial distribution of roots and competition for nitrogen in pea - barley intercrops - a field study employing 32P technique [J]. Plant and Soil，2001，236（1）：63 - 74.

[24] Nina，N.，Joy，O.，Raimund，S. et al. Vertical root distribution in single - crop and intercropping agricultural systems in Central Kenya [J]. Journal of Plant Nutrition and Soil Science 2011，174（5）：742 - 749.

[25] 芦美，王婷，范茂攀，等. 间作对马铃薯根系及坡耕地红壤结构稳定性的影响 [J/OL]. 水土保持研究，2023，30（2）：1 - 7.

[26] 李田甜，孙雪，樊文霞，等. 南疆地区枣棉间作复合群体根系时空分布特征 [J]. 江苏农业科学，2022，50（19）：93 - 98.

[27] 刘丽娟，魏云霞，黄洁，等. 木薯间作玉米共生期间的作物生长及根系互作 [J]. 南方农业学报，2021，52（3）：732 - 742.

[28] 陈桂平，柴强，牛俊义. 不同禾豆间作复合群体根系的时空分布特征 [J]. 西北农业学报，2007，16（5）：113 - 117.

[29] 王来，仲崇高，蔡靖，等. 核桃-小麦复合系统中细根的分布及形态变异研究 [J]. 西北农林科技大学学报（自然科学版），2011，39（7）：64 - 70.

[30] 高阳，段爱旺，孙景生，等. 玉米大豆条带间作根系分布模式 [J]. 干旱地区农业究，2009，27（2）：92 - 98.

[31] 张恩和，李玲玲，黄高宝，等. 供肥对小麦间作蚕豆群体产量及根系的调控 [J]. 应用生态学报，2002，13（8）：939 - 942.

[32] 张礼军，张恩和，郭丽琢，等. 水肥耦合对小麦/玉米系统根系分布及吸收活力的调控 [J]. 草业学报，2005，14（2）：102 - 108.

[33] 齐万海，柴强，于爱忠. 间作小麦的边行效应及其与根系空间分布的关系 [J]. 甘肃农业大学学报，2010，45（1）：72 - 76.

[34] 刘浩，段爱旺，孙景生，等. 间作模式下冬小麦与春玉米根系的时空分布规律 [J]. 应用生态学报，2007，18（6）：1242 - 1246.

[35] 张莹，孙占祥，李爽，等. 辽西半干旱区玉米/大豆单间作田间耗水规律研究 [J]. 干旱地区农业研究，2010，28（5）：43 - 46.

[36] 胡淑玲. 立体种植条件下作物需水量与非充分灌溉制度研究 [D]. 呼和浩特：内蒙古农业大学，2010.

[37] Allen，R.，Pereira，L.，Raes，D.，et al. Crop Evapotranspiration：Guidelines for Computing Crop Requirements [M]. FAO Irrigation and Drainage Paper No. 56. FAO，Rome. 1998.

[38] Penman，H. L. Evaporation from open water，bare soils and grass [J]. Proceedings of the Royal Society of London. Series A，Mathematical and physical sciences. 1948，193（1032），120 - 145.

[39] 康绍忠，孙景生，张喜英，等. 中国北方主要作物需水量与耗水管理 [M]. 北京：中国水利水电出版社，2018.

[40] Wallace，J. S. Evaporation and radiation interception by neighbouring plants [J]. Q. J. R. Meteorol. Soc.，

1997，123 (543)，1885 - 1905.

[41] Gao, Y., Duan, A., Qiu, X., et al. Modeling evapotranspiration in maize/soybean strip inter-cropping system with the evaporation and radiation interception by neighboring species model [J]. Agric. Water Manage. , 2013，128，110 - 119.

[42] Li, S., Kang, S., Zhang, L., et al. Measuring and modeling maize evapotranspiration under plastic film - mulching condition [J]. J. Hydrol. , 2013，503，153 - 168.

[43] Zribi, W., Aragüés, R., Medina, E., et al. Efficiency of inorganic and organic mulching materials for soil evaporation control [J]. Soil Tillage Res. , 2015，148，40 - 45.

[44] Thakur, M., Kumar, R. Mulching: boosting crop productivity and improving soil environment in herbal plants [J]. J. Appl. Res. Med. Aroma. , 2020，20，100287.

[45] Sinoquet, H., Bonhomme, R. Modeling radiative transfer in mixed and row intercropping systems [J]. Agric. For. Meteorol. , 1992，62 (3 - 4)，219 - 240.

[46] Willey, R. W. Resource use in intercropping systems. Agricultural Water Management [J]. Agric. Water Manoge, 1990，17 (1 - 3)，215 - 231

[47] 李玲，张佳，李江明，等. 枣棉间作下间距与供水对间作棉田土壤水热特征及 WUE 的影响 [J]. 农业与技术，2020，40 (17)：3 - 5.

[48] 王来，高鹏翔，刘滨，等. 农林复合对近地面微气候环境的影响 [J]. 干旱地区农业研究，2017，35 (5)：21 - 25.

[49] 高莹，吴普特，赵西宁，等. 春小麦/春玉米间作模式光温环境特征研究 [J]. 水土保持研究，2015，22 (3)：163 - 169.

[50] 王斐，卢春生，张平，等. 南疆杏麦复合系统早春土壤温度变化特征研究 [J]. 新疆农业科学，2011，48 (8)：1422 - 1427.

[51] 王宇明，蔡焕杰，王健. 冬小麦辣椒间套作对光合有效辐射和地温的影响 [J]. 中国农村水利水电，2010 (1)：14 - 16，19.

[52] 彭晚霞，宋同清，肖润林，等. 覆盖与间作对亚热带丘陵茶园地温时空变化的影响 [J]. 应用生态学报，2006 (5)：778 - 782.

[53] 屈永华，段小亮，高鸿永，等. 内蒙古河套灌区土壤盐分光谱定量分析研究 [J]. 光谱学与光谱分析，2009，29 (5)：1362 - 1366.

[54] 于海云，王志军，李彪，等. 内蒙古河套灌区融解期土壤盐分多极化雷达响应分析 [J]. 长江科学院院报，2015，32 (11)：19 - 24.

[55] 郭晓静. 内蒙古河套灌区冻融期土壤盐分的多极化雷达响应分析 [D]. 呼和浩特：内蒙古农业大学，2014.

[56] 闫建文. 盐渍化土壤玉米水氮迁移规律及高效利用研究 [D]. 呼和浩特：内蒙古农业大学，2014.

[57] 李亮，史海滨，贾锦凤，等. 内蒙古河套灌区荒地水盐运移规律模拟 [J]. 农业工程学报，2010，26 (1)：31 - 35.

[58] 李亮. 内蒙古河套灌区耕荒地间土壤水盐运移规律研究 [D]. 呼和浩特：内蒙古农业大学，2008.

[59] 郝远远，徐旭，任东阳，等. 河套灌区土壤水盐和作物生长的 HYDRUS - EPIC 模型分布式模拟 [J]. 农业工程学报，2015，31 (11)：110 - 116.

[60] 余根坚，黄介生，高占义. 基于 HYDRUS 模型不同灌水模式下土壤水盐运移模拟 [J]. 水利学报，2013，44 (7)：826 - 834.

[61] 李瑞平，史海滨，赤江刚夫，等. 基于水热耦合模型的干旱寒冷地区冻融土壤水热盐运移规律研究 [J]. 水利学报，2009，40 (4)：403 - 412.

[62] 童文杰，刘倩，陈阜，等. 河套灌区小麦耐盐性及其生态适宜区 [J]. 作物学报，2012，38 (5)：909 - 913.

［63］ 遆晋松，童文杰，王玉浩. 河套灌区小麦耐盐性指标筛选与评价 ［J］. 中国农业大学学报，2013，18 (6)：54-60.

［64］ 童文杰，陈中督，陈阜，等. 河套灌区玉米耐盐性分析及生态适宜区划分 ［J］. 农业工程学报，2012，28 (10)：131-137.

［65］ 遆晋松，童文杰，周媛媛，等. 河套灌区向日葵耐盐指标评价 ［J］. 中国生态农业学报，2014，22 (2)：177-184.

［66］ 王升，王全九，周蓓蓓，等. 膜下滴灌棉田间作盐生植物改良盐碱地效果 ［J］. 草业学报，2014，23 (3)：362-367.

［67］ 倪东宁，李瑞平，史海滨，等. 套种模式下不同灌水方式对玉米根系区土壤水盐运移及产量的影响 ［J］. 土壤，2015，47 (4)：797-804.

［68］ Iqbal, N., Hussain, S., Ahmed, Z., et al. Comparative analysis of maize - soybean strip intercropping systems：a review ［J］. Plant Prod. Sci.，2019，22 (2)，131-142.

［69］ Singh, B., Aulakh, C. S., Walia, S. S. Productivity and water use of organic wheat - chickpea intercropping system under limited moisture conditions in northwest India ［J］. Renewable Agriculture and Food Systems，2017，1-10.

［70］ Chen, P., Song, C., Liu, X. M., et al. Yield advantage and nitrogen fate in an additive maize - soybean relay intercropping system ［J］. Sci. Total Environ.，2019，657，987-999.

［71］ Raza, S., Chen, Z. J., Ahmed, M. Dicyandiamide application improved nitrogen use efficiency and decreased nitrogen losses in wheat - maize crop rotation in Loess Plateau ［J］. Arch. Agron. Soil Sci.，2019，65 (4)，450-464.

［72］ Streit, J., Meinen, C., Nelson, W. C. D. Above - and belowground biomass in a mixed cropping system with eight novel winter faba bean genotypes and winter wheat using FTIR spectroscopy for root species discrimination ［J］. Plant Soil，2019，436 (1-2)：141-158.

［73］ Li, X. Y., Shi, H. B., Šimůnek, J., et al. Modeling soil water dynamics in a drip - irrigated intercropping field under plastic mulch ［J］. Irrigation Science，2015，33 (4)：289-302.

［74］ Sun, Tao., Li, Z. Z., Wu, Qi., et al. Effects of alfalfa intercropping on crop yield, water use efficiency, and overall economic benefit in the Corn Belt of Northeast China ［J］. Field Crops Res. 2018，216：109-119.

［75］ 李俊祥，宛志沪. 淮北平原杨-麦间作系统的小气候效应与土壤水分变化研究 ［J］. 应用生态学报，2002，13 (4)：390-394.

［76］ 宋同清，肖润林，彭晚霞. 亚热带丘陵茶园间作白三叶草的保墒抗旱效果及其相关生态效应 ［J］. 干旱地区农业研究，2006，24 (6)：39-43.

［77］ Zhao, Y. H., Fan, Z. L., Hu, F. L., et al. Source - to - Sink Translocation of Carbon and Nitrogen Is Regulated by Fertilization and Plant Population in Maize - Pea Intercropping ［J］. Front. Plant Sci.，2019，10，891.

［78］ Yang, L. L., Ding, X. Q., Liu, X. J., et al. Impacts of long - term jujube tree/winter wheat - summer maize intercropping on soil fertility and economic efficiency—A case study in the lower North China Plain ［J］. Eur. J. Agron.，2016，75，105-117.

［79］ Ghosh, P. K., Tripathi, A. K., Bandyopadhyay, K. K., et al. Assessment of nutrient competition and nutrient requirement in soybean/sorghum intercropping system ［J］. Eur. J. Agron.，2009，31 (1)，43-50.

［80］ Galanopoulou, K., Lithourgidis, A. S., Dordas, C. A. Intercropping of faba bean with barley at various spatial arrangements affects dry matter and N yield, nitrogen nutrition index, and interspecific competition ［J］. Not. Bot. Horti Agrobot. Cluj - Napoca，2019，47 (4)，1116-1127.

［81］ Maitra, S., Hossain, A., Brestic, M., et al. Intercropping—A low input agricultural strategy for food and environmental Security [J]. Agronomy, 2021, 11 (2), 343.

[82] Freiberg, C., Fellay, R., Bairoch, A., et al. Molecular basis of symbiosis between Rhizobium and legumes [J]. Nature, 1997, 387 (6631), 394 – 401.

[83] Arshad, M., Ahmad, S., Shah, G. A., et al. Growth and yield performance of Vigna radiata (L.) R. Wilczek influenced by altitude, nitrogen dose, planting pattern and time of sowing under sole and inter-cropping with maize [J]. Biotechnol., Agron., Soc. Environ., 2020, 24 (3), 142 – 155.

[84] Kermah, M., Franke, A. C., Adjei – Nsiah, S., et al. Maize – grain legume intercropping for en-hanced resource use efficiency and crop productivity in the Guinea savanna of northern Ghana [J]. Field Crop Res., 2017, 213, 38 – 50.

[85] Madembo, C., Mhlanga, B., Thierfelder, C. Productivity or stability? Exploring maize – legume intercropping strategies for smallholder Conservation Agriculture farmers in Zimbabwe [J]. Agr. Syst., 2020, 185, 102921.

[86] Stuelpnagel, R. Intercropping of faba bean (vicia faba L) with oats or spring wheat. Proceedings of International Crop Science Congress [J]. Iowa State University, Ames, Iowa., 1991, 7, 14 – 22.

[87] Karpenstein – Machan, M., Stuelpnagel R. Biomass yield nitrogen fixation of legumes monocropped and in-tercropped with rye and rotation effects on a subsequent maize crop [J]. Plant and Soil, 218: 215 – 232.

[88] Kermah, M., Franke, A. C., Adjei – Nsiah, S., et al. N_2 – fixation and N contribution by grain legumes under different soil fertility status and cropping systems in the Guinea savanna of northern Ghana [J]. Agric., Ecosyst. Environ., 2018, 261, 201 – 210.

[89] Long, G., Li, L., Wang, D., et al. Nitrogen levels regulate intercropping – related mitigation of potential nitrate leaching [J]. Agric., Ecosyst. Environ., 2021, 319, 107540.

[90] Zhang, W. P., Liu, G. C., Sun, J. H., et al. Temporal dynamics of nutrient uptake by neigh-bouring plant species: evidence from intercropping [J]. Funct. Ecol., 2016, 31 (2), 469 – 479.

[91] Liu, Y. X., Zhang, W. P., Sun, J. H., et al. High morphological and physiological plasticity of wheat roots is conducive to higher competitive ability of wheat than maize in intercropping systems [J]. Plant Soil, 2015, 397 (1 - 2), 387 – 399.

[92] Chen, N., Li, X. Y., Simůnek, J., et al. Evaluating soil nitrate dynamics in an intercropping dripped ecosystem using HYDRUS – 2D [J]. Sci. Total Environ., 2020a, 137314.

[93] Gitari, H. I., Nyawade, S. O., Kamau, S., et al. Revisiting intercropping indices with respect to potato – legume intercropping systems [J]. Field Crop Res., 2020, 258, 107957.

[94] Unay, A., Sabanci, I., Cinar, V. M. The effect of maize (zea mays l.) /soybean [glycine max (l.) merr.] intercropping and biofertilizer (azotobacter) on yield, leaf area index and land e-quivalent ratio [J]. J. Agr. Sci – Tarim Bili., 2021, 27 (1), 76 – 82.

[95] Choudhary, V. K., Choudhury, B. U. A staggered maize – legume intercrop arrangment influences yield, weed smothering and nutrient balance in the eastern Himalayan region of India [J]. Exp. Agric., 2016, 54 (2), 181 – 200.

[96] Ding, L., Jin, Y. Z., Li, Y. H., et al. Spatial pattern and water – saving mechanism of wheat and maize under the condition of strip – ridge intercropping [J]. A Acta Agric. Boreali – Occi-dent. Sin. 2014, 23 (6): 56 – 63.

[97] He, Q. S., Li, S. E., Kang, S. Z., et al. Simulation of water balance in a maize field under film – mulching drip irrigation [J]. Agric. Water Manage. 2018, 210, 252 – 260.

[98] Katarina, L., Grecco, Jarbas H., de Miranda, et al. HYDRUS – 2D simulations of water and po-tassium movement in drip irrigated tropical soil container cultivated with sugarcane [J]. Ag-ric. Water Manage. 2019, 221: 334 – 347.

[99] Elasbah，R. , Selim，T. , Mirdan，A. , et al. Modeling of Fertilizer Transport for Various Fertigation Scenarios under Drip Irrigation [J]. Water，2019，11 (5)，893.

[100] Phogat V. , Skewes M. A. , Cox J. W. , et al. Seasonal simulation of water，salinity and nitrate dynamics under drip irrigated mandarin (citrus reticulata) and assessing management options for drainage and nitrate leaching [J]. J. Hydrol. , 2014，513，504 - 516.

[101] Azad，N. , Behmanesh，J. , Rezaverdinejad，V. , et al. Developing an optimization model in drip fertigation management to consider environmental issues and supply plant requirements [J]. Agric. Water Manage. , 2018，208，344 - 356.

[102] Singh，S. , Nawal，S. S. , Chander，J. Effect of irrigation and cropping systems on consumptive use，water use efficiency and moisture extraction patterns of summer fodders [J]. Internation Al journal Of Tropical Agriculture，1988，6 (1 - 2)：76 - 82.

[103] Morris，R. A. , Garrity，D. P. Resource capture and utilization in intercropping：water. Field Crops Research [J]，1993，34 (3 - 4)，303 - 317.

[104] 何顺之，李友生，彭世彰. 农作物优化组合需水规律试验研究 [J]. 节水灌溉，2000 (4)：22 - 24.

[105] 朱敏，史海滨，郑和祥，等. 河套灌区春小麦与向日葵套种模式下水分利用效率评估 [J]. 中国农村水利水电，2010，4：122 - 123.

[106] 叶优良，李隆，索东让. 小麦/玉米和蚕豆/玉米间作对土壤硝态氮累积和氮素利用效率的影响 [J]. 生态环境，2008，17 (1)：377 - 383.

[107] 金绍龄，李隆，张丽慧，等. 小麦/玉米带田作物氮营养特点 [J]. 西北农业大学学报，1996，24 (5)：35 - 41.

[108] Latati，M. , Dokukin，P. , Aouiche，A. , et al. Species interactions improve above - ground biomass and land use efficiency in intercropped wheat and chickpea under low soil inputs [J]. Agronomy，2019，9 (11)：765.

[109] 戴佳信. 内蒙古河套灌区间作作物需水量与生理生态效应研究 [D]. 呼和浩特：内蒙古农业大学，2011.

[110] 石贵余，张金宏，姜谋余. 河套灌区灌溉制度研究 [J]. 灌溉排水学报，2003，22 (5)：72 - 75.

[111] 苗庆丰. 内蒙古河套灌区地面灌溉技术评价及优化决策研究 [D]. 呼和浩特：内蒙古农业大学，2015.

[112] 赵娜娜，刘钰，蔡甲冰. 夏玉米作物系数计算与耗水量研究 [J]. 水利学报，2010，41 (8)：953 - 959，969.

[113] 郑和祥. 河套灌区畦田节水改造关键技术和灌溉决策研究 [D]. 呼和浩特：内蒙古农业大学，2009.

[114] 郑和祥，史海滨，程满金. 基于 ISAREG 模型对小麦套种玉米灌溉制度设计 [J]. 灌溉排水学报，2010，29 (2)：89 - 94.

[115] 朱丽. 基于 ISAREG 模型河套灌区间作模式下节水型灌溉制度研究 [D]. 呼和浩特：内蒙古农业大学，2012.

[116] Šimůnek J，van Genuchten，Martinus Th，et al. Development and applications of the HYDRUS and STANMOD software packages and related codes [J]. Vadose Zone Journal，2008，72 (9)：587 - 600.

[117] Bremner，J. , Keeney，D. , 1965. Steam distillation methods for determination of ammonium，nitrate and nitrite. Anal. Chim. Acta，1965，32：485 - 495.

[118] 刘广才，杨祁峰，李隆，等. 小麦/玉米间作优势及地上部与地下部因素的相对贡献 [J]. 植物生态学报，2008，32 (2)：477 - 484.

[119] Willey，R. W. , Reddy，M. S. A field technique for separating above - and below - ground interac-

tions in intercropping：An experiment with pearl millet/groundnut [J]．Experimental Agriculture，1981，17（3）：257 - 264．

[120] Richards，L. Capillary conduction of liquids in soil through porous media [J]．Physics，1931，1：318 - 333．

[121] Feddes，R. A．，Kowalik P. J．，Zaradny H. Simulation of field water use and crop yield．[J]．Soil Science，1982，129（3）：193．

[122] van Genuchten，M. A closed - form equation for predicting the hydraulic conductivity of unsaturated soils [J]．Soil Science Society of America，1980，44（5）：892 - 898．

[123] Allen，R．，Pereira，L．，Smith，M．，et al. FAO - 56 Dual crop coefficient method for estimating evaporation from soil and application extensions [J]．J. Irrig. Drain. Eng．，2005，131（1）：2 - 13．

[124] Campbell，G. S．，Norman，J. M. An introduction to environmental biophysics，2nd Edition [M]．Springer，New York. 1998．

[125] Cote，C．，Bristow，K．，Charlesworth P．，et al. Analysis of soil wetting and solute transport in subsurface trickle irrigation [J]．Irrig. Sci．，2003，22：143 - 156．

[126] Ravikumar，V．，Vijayakumar，G．，Šimůnek，J．，et al. Evaluation of fertigation scheduling for sugarcane using a vadose zone flow and transport model [J]．Agric. Water Manage．，2011，98：1431 - 1440．

[127] Ramos，T．，Šimůnek，J．，Gonalves，M．，et al. Two - dimensional modeling of water and nitrogen fate from sweet sorghum irrigated with fresh and blended saline waters [J]．Agric. Water Manage．，2012，111：87 - 104．

[128] Tafteh，A．，Sepaskhah，A. Application of HYDRUS - 1D model for simulating water and nitrate leaching from continuous and alternate furrow irrigated rapeseed and maize fields [J]．Agric. Water Manage．，2012，113：19 - 29．

[129] Wang，H．，Ju，X．，Wei，Y．，et al. Simulation of bromide and nitrate leaching under heavy rainfall and high - intensity irrigation rates in North China Plain [J]．Agric. Water Manage，2010，97：1646 - 1654．

[130] Hanson，B．，Šimůnek，J．，Hopmans，J. Evaluation of urea - ammonium - nitrate fertigation with drip irrigation using numerical modeling [J]．Agric. Water Manage，2006，86：102 - 113．

[131] Castaldelli，G．，Nicolò，C．，Tamburini，E．，et al. Soil type and microclimatic conditions as drivers of urea transformation kinetics in maize plots [J]．Catena 2018，166：200 - 208．

[132] Nakamura，K．，Harter，T．，Hirono，Y．，et al. Assessment of root zone nitrogen leaching as affected by irrigation and nutrient management practices [J]．Vadose Zone J. 2004，3：1353 - 1366．

[133] Wesseling，J. G，Brandyk，T. Introduction of the occurrence of high groundwater levels and surface water storage in computer program SWATRE [M]．Wageningen，The Netherlands，Nota 1636，Institute for Land and Water Management Research（ICW）. 1985．

[134] Clarke，J．，Campbell，C．，Cutforth，H．，et al. Nitrogen and phosphorus uptake，translocation and utilization efficiency of wheat in relation to environment and cultivar yield and protein levels [J]．Canadian Journal of Plant Science，1990，70（4）：965 - 977．

[135] 左大康，周允华，项月琴，等. 地球表层辐射研究 [M]．北京：科学出版社，1991．

[136] 董泰锋，蒙继华，吴炳方，等. 光合有效辐射（PAR）估算的研究进展 [J]．地理科学进展，2011，30（9）：1125 - 1134．

[137] Monteith，J. L. Climate and the efficiency of crop production in Britain. Philosophical Transactions of the Royal Society of London Series B [J]．Biological Sciences，1977，B（281）：277 - 294．

[138] 黄秉维. 现代自然地理学 [M]．北京：科学出版社，1999．

[139] Mu, H. , Jiang, D. , Wollenweber, B. , et al. Long‐term low radiation Decreases leaf photosynthesis, photochemical efficiency and grain yield in winter wheat [J]. Journal of Agronomy and Crop Science, 2010, 196 (1): 38 - 47.

[140] Bauer, P. J. , Sadler, E. J. , Frederick, J. R. Intermittent shade on gas exchange of cotton leaves in the humid Southeastern USA [J]. Agronomy Journal, 1997, 89 (2): 163 - 166.

[141] Zhao, D. L. , Oosterhuis, D. M. , Zhao D. L. Influence of shade on mineral nutrient status of field‐grown cotton [J]. Journal of Plant Nutrition, 1998, 21 (8): 1681 - 1695.

[142] 吕晋慧, 王玄, 冯雁梦, 等. 遮荫对金莲花光合特性和叶片解剖特征的影响 [J]. 生态学报, 2012, 32 (19): 6033 - 6043.

[143] 刘贤赵, 康绍忠, 邵明安, 等. 土壤水分与遮荫水平对棉花叶片光合特性的影响研究 [J]. 应用生态学报, 2000, 11 (3): 377 - 381.

[144] 周兴元, 曹福亮. 遮荫对假俭草抗氧化酶系统及光合作用的影响 [J]. 南京林业大学学报 (自然科学版), 2006, 30 (3): 32 - 36.

[145] 李华伟. 遮光和渍水对小麦产量和品质的影响及其生理机制 [D]. 南京: 南京农业大学, 2011.

[146] Jedel, P. E. , Hunt, L. A. Shading and thinning effects on multi‐and standard‐floret winter wheat [J]. Crop Science, 1990, 30 (1): 128 - 133.

[147] Rodrigo, V. H. L. , Stirling, C. M. , Teklehaimanot, Z. , et al. Intercropping with banana to improve fractional intercepion and radiation‐use efficiency of immature rubber plantations [J]. Field Crops Research, 2001, 69 (3): 237 - 249.

[148] 张黎萍, 荆奇, 戴延波, 等. 温度和光照强度对不同品质类型小麦旗叶光合特性和衰老的影响 [J]. 应用生态学报, 2008, 19 (2): 311 - 316.

[149] 牟会荣, 姜东, 戴延波, 等. 遮荫对小麦旗叶光合及叶绿素荧光特性的影响 [J]. 中国农业科学, 2008, 41 (2): 599 - 606.

[150] 乔嘉, 朱金城, 赵姣, 等. 基于 Logistic 模型的玉米干物质积累过程对产量影响研究 [J]. 中国农业大学学报, 2011, 16 (5): 32 - 38.

[151] 潘渝, 郭谨, 李毅, 等. 地膜覆盖条件下的土壤增温特性 [J]. 水土保持研究, 2002, 9 (2): 130 - 134.

[152] Sampathkumar, T. , Pandian, B. J. , Mahimairaja, S. Soil moisture distribution and root characters as influenced by deficit irrigation through drip system in cotton‐maize cropping sequence [J]. Agricultural Water Management, 2012, 103: 43 - 53.

[153] Jongrungklang N, Toomsan B, Vorasoot N, et al. Classification of root distribution patterns and their contributions to yield in peanut genotypes under mid‐season drought stress [J]. Filed Crops Research, 2012, 127: 181 - 190.

[154] 周青云, 王仰仁, 孙书洪. 根系分区交替滴灌条件下葡萄根系分布特征及生长动态 [J]. 农业机械学报, 2011, 42 (9): 58 - 69.

[155] 杨培岭, 罗远培. 冬小麦根系形态的分形特征 [J]. 科学通报, 1994, 39 (20): 1911 - 1933.

[156] Chen, N. , Li, X. Y. , Shi, H. B. , et al. Modeling evapotranspiration and evaporation in corn/tomato intercropping ecosystem using a modified ERIN model considering plastic film mulching [J]. Agric. Water Manage. , 2022, 260: 107286.

[157] Gijzen, H. , Goudriaan, J. A flexible and explanatory model of light distribution and photosynthesis in row crops [J]. Agric. For. Meteorol. , 1989, 48: 1 - 20.

[158] Shuttleworth, W. J. , Wallace, J. S. Evaporation from sparse crops‐an energy combination theory [J]. Q. J. R. Meteorol. Soc. , 1985, 111: 839 - 855.

[159] Jarvis, P. G. The interpretation of the variations in leaf water potential and stomatal conductance

found in canopies in the field [J]. Philos. Trans. R. Soc. , B: Biological Sci. 1976, 273 (927): 593 - 610.

[160] Stewart, J. B. , Gay, L. W. Preliminary modelling of transpiration from the FIFE site in Kansas [J]. Agric. For. Meteorol. 1989, 48: 305 - 315.

[161] Noilhan, J. , Planton, S. A simple parameterization of land surface processes for meteorological models [J]. Mon. Weather Rev. , 1989, 17: 536 - 549.

[162] Zhou, M. C. , Ishidaira, H. , Hapuarachchi, H. P. , et al. Estimating potential evapotranspiration using Shuttleworth - Wallacemodel and NOAA - AVHRR NDVI data to feed a distributed hydrological modelover the Mekong River basin [J]. J. Hydrol. 2006, 327: 151 - 173.

[163] Thom, A. S. Momentum, mass and heat exchange of vegetation [J]. Q. J. R. Meteorol. Soc. , 1972, 98: 124 - 134.

[164] Wallace, V. Modelling interactions in mixed - plant communities: light, water and carbon dioxide [J]. In: Leaf development and canopy growth. 2000: 205 - 250.

[165] Brenner, A. J. , Incoll, L. D. The effect of clumping and stomatal response on evaporation from sparsely vegetation shrublands [J]. Agric. For. Meteorol. , 1997, 84: 187 - 205.

[166] Anadranistakis, M. , Liakatas, A. , Kerkides, P. , et al. Crop water requirements model tested for crops grown in Greece [J]. Agric. Water Manage. , 2000, 45: 297 - 316.

[167] Camillo, P. J. , Gurney, R. J. A resistance parameter for bare soil evaporation models [J]. Soil Sci. , 1986, 141: 95 - 106.

[168] Li F. M. , Guo A. H. , Wei H. Effects of clear plastic film mulch on yield of spring wheat [J]. Field Crops Research, 1999, 63 (1): 79 - 86.

[169] Choudhary, V. K, Bhambri, M. C, Pandey, N, et al. Effect of drip irrigation and mulches on physiological parameters, soil temperature, picking patterns and yield in capsicum [J]. Archives of Agronomy & Soil Science, 2012, 58 (3): 277 - 292.

[170] Zhang, L. , van der Wert, W. , Zhang, S. , et al. Growth, yield and quality of wheat and cotton in relay strip intercropping systems [J]. Field Crops Research, 2007, 103 (3): 178 - 188.

[171] 张治, 田富强, 钟瑞森, 等. 新疆膜下滴灌棉田生育期地温变化规律 [J]. 农业工程学报, 2011, 27 (1): 44 - 51.

[172] 孙建, 刘苗, 李立军, 等. 不同耕作方式对内蒙古旱作农田土壤水热状况的影响 [J]. 生态学报, 2010, 30 (6): 1539 - 1547.

[173] 李全起, 陈雨海, 于舜章, 等. 灌溉与秸秆覆盖条件下冬小麦农田小气候特征 [J]. 作物学报, 2006, 32 (2): 306 - 309.

[174] 王建东, 龚时宏, 许迪. 地表滴灌条件下水热耦合迁移数值模拟与验证 [J]. 农业工程学报, 2010, 26 (12): 66 - 71.

[175] 吴丛林, 黄介生, 沈荣开. 地膜覆盖条件下 SPAC 系统水热耦合运移模型的研究 [J]. 水利学报, 2000 (11): 89 - 96.

[176] Hunt, H. W. , Fountain, A. G. , et al. A dynamic physical model for soil temperature and water in Taylor Valley, Antarctica [J]. Antarctic Science, 2010, 22 (4), 419 - 414.

[177] 李仙岳, 史海滨, 龚雪文, 等. 立体种植农田不同生育期及土壤水分的根系分布特征 [J]. 农业机械学报, 2014, 45 (3): 140 - 147.

[178] 张作为, 史海滨, 李仙岳, 等. 河套灌区间作系统根系土壤水盐运移机理及间作优势研究 [J]. 水利学报, 2017, 48 (4): 408 - 416.

[179] 杨彩红, 柴强. 交替灌溉对小麦/蚕豆间作系统作物生理生态特性的影响 [J]. 中国生态农业学报, 2016, 24 (7): 883 - 892.

[180] Htet，M. ，Soomro，R. N. ，Bo，H. J. Effect of different planting structure of maize and soybean intercropping on fodder production and silage quality [J]. Curr. Agric. Res. J. ，2016，4（2）：125 – 130.

[181] Choudhary，V. K. ，Choudhury，B. U. A staggered maize – legume intercrop arrangment influences yield，weed smothering and nutrient balance in the eastern Himalayan region of India [J]. Exp. Agric. ，2016，54（2）：181 – 200.

附录 符号对照表

符号	释义
a	最大穗粒重
a_c	玉米叶面积密度
a_t	番茄叶面积密度
A	总有效能
A_c	玉米冠层接受的有效能量
A_{ds}	间套作体系中低秆作物相对于高秆作物的资源竞争能力大小
A_t	番茄冠层接受的有效能量
A_s	裸地接受的有效能量
A_m	覆膜区接受的有效能量
b	不同水分胁迫下的籽粒累积初始值参数
c	灌浆速率
c'	各器官含氮量
c_1	铵态氮溶质浓度
c_2	硝态氮溶质浓度
c_d	拖曳系数
c_p	空气热容
C	比水容重
C_c	玉米冠层阻力系数
C_t	番茄冠层阻力系数
C_s	裸地阻力系数
C_m	覆膜区阻力系数
d	平均零平面位移
d_c	玉米处零平面位移高度
d_t	番茄处零平面位移高度
D	深层渗漏量
$D(\theta)$	土壤水分扩散率
D_x	有效扩散系数在水平方向上的分量

D_{zz}	有效扩散系数在垂直方向上的分量
D_L	纵向弥散度
D_T	横向弥散度
e	常数
E_p	潜在蒸发
E_s	裸地土壤蒸发
E_m	覆膜区土壤蒸发
EC_e	实际电导率
$EC_{ethreshold}$	临界电导率
ET	冠层蒸腾
ET_0	参考作物需水量
ET_a	实际产量对应的蒸散量
ET_c	实际蒸散量
ET_m	最大产量对应的蒸散量
f_m	覆膜比例
f_c	被玉米冠层截获的入射辐射比例
f_t	被番茄冠层截获的入射辐射比例
$f(\theta)$	土壤含水率函数
F	比例因子
g_L^c	玉米叶片平均气孔导度
g_L^i	番茄叶片平均气孔导度
g_{max}^c	玉米叶片最大气孔导度
g_{max}^i	番茄叶片最大气孔导度
$g_{\Psi,c}$	在天顶角 Ψ 时的玉米消光系数
$g_{\Psi,t}$	在天顶角 Ψ 时的番茄消光系数
G	时段内地下水补给量
G_s	地表热通量
h	作物冠层平均高度
h_c	玉米株高
h_t	番茄株高
h_s	各作物条带计划湿润层深度
H	土层深度

H_0	作物生长初期根系吸水深度
H_m	作物生长初期根系吸水深度
I	时段内灌溉水量
I_s	间套作低秆作物产量
I_d	间套作高秆作物产量
k	Karman 常数
k_c	玉米消光系数
k_f	各作物条带面积占小区总面积的百分比
k_t	番茄消光系数
k_m	开花期干物质重量
K	产量对水分状况的敏感指数
K_w	小麦产量对水分状况的敏感指数
K_m	玉米产量对水分状况的敏感指数
K_s	向日葵产量对水分状况的敏感指数
K_d	分配系数
K_s	饱和水力传导度
$K_{y(field)}$	间套作模式下的综合产量反应系数
L_{sd}	间套作群体内部的水分相对竞争能力
LAI_c	玉米叶面积指数
LAI_t	番茄叶面积指数
m	各器官的干物质量
M	套作群体不同作物条带水分捕获当量比
M_s	间套作群体内低秆作物条带的水分捕获当量比
M_d	间套作群体内高秆作物条带的水分捕获当量比
n	湍流扩散衰减系数
N	灌水总量
P	降雨量
P0	根系吸水初始压力水头
P0pt	根系最大吸水速率时压力水头
P2H	根系不能以最大吸水速率的限制压力水头
P2L	根系不能以最小吸水速率的限制压力水头
P3	根系停止吸水时的压力水头

PAR	光合有效辐射
PM_c	玉米冠层蒸腾
PM_t	番茄冠层蒸腾
PM_s	裸地土壤蒸发
PM_m	覆膜区土壤蒸发
q	下边界的水分通量
q_w	间套作群体中同一作物条带每水灌后该条带的水分捕获量
q_x	水平方向上体积通量密度分量
q_z	垂直方向上体积通量密度分量
Q	滴灌流量
r	滴头半径
r_a^a	作物冠层高度与参考高度间的空气动力阻力
r_a^s	地面与冠层间的空气动力学阻力
r_a^c	玉米冠层内边界层阻力
r_a^i	番茄冠层内边界层阻力
r_s^c	玉米冠层阻力
r_s^i	番茄冠层阻力
r_s^s	裸地土壤表面阻力
r_s^m	覆膜区土壤表面阻力
r_b^c	玉米平均叶片边界层阻力
r_b^i	番茄平均叶片边界层阻力
r_L^c	玉米叶片平均气孔阻力
r_L^i	番茄叶片平均气孔阻力
r_{smin}^s	最小的土壤表面阻力
R	地表径流量
R_n	混合冠层上方净辐射量
R_c	玉米冠层接受的净辐射量
R_t	番茄冠层接受的净辐射量
R_s	土壤接受的净辐射量
R_a	太阳辐射
R_m	覆膜区接受的净辐射量
s	同化物转移量

s_1	$NH_4 - N$ 的吸附浓度
S	土壤吸力
S_c	溶质汇源项
S_e	相对饱和度
$S\theta_{b,c}$	玉米行带横截面中水平分量的辐射路径长度
$S\theta_{b,t}$	番茄行带横截面中水平分量的辐射路径长度
$S\theta_{b,c/t}$	玉米番茄混合行带横截面中水平分量的辐射路径长度
$S(h,x,z)$	根系吸水项
$S_{\Psi,\Phi,c}$	在给定的太阳位置上（天顶角为 Ψ，方位角为 Φ）从玉米冠层到土壤表面的总辐射路径长度
$S_{\Psi,\Phi,t}$	在给定的太阳位置上（天顶角为 Ψ，方位角为 Φ）从番茄冠层到土壤表面的总辐射路径长度
$S_{\Psi,\Phi,c/t}$	在给定的太阳位置上（天顶角为 Ψ，方位角为 Φ）从玉米番茄混合冠层到土壤表面的总辐射路径长度
t	时间
T	灌浆持续时间
T_a	大气温度
T_c	玉米冠层蒸腾
T_s	土壤温度
T_t	番茄冠层蒸腾
T_p	潜在蒸腾
T_{max}	达最大灌浆速率的历时
T_1	单作低秆作物同一时间的土壤体积含水率
T_2	单作高秆作物同一时间的土壤体积含水率
T_{3s}	不隔根处理高秆作物条带每次灌溉前的土壤体积含水率
T_{3w}	不隔根处理低秆作物条带每次灌溉前的土壤体积含水率
T_{4s}	尼龙网隔根处理高秆作物条带每次灌溉前的土壤体积含水率
T_{4w}	尼龙网隔根处理低秆作物条带每次灌溉前的土壤体积含水率
T_{5s}	塑料布隔根处理高秆作物条带同一时间的土壤体积含水率
T_{5w}	塑料布隔根处理低秆作物条带同一时间的土壤体积含水率
u_r	参考高度处风速
$u(h)_c$	玉米冠层高度处风速
$u(h)_t$	番茄冠层高度处风速

$u(z)_c$	玉米冠层内风速
$u(z)_t$	番茄冠层内风速
UE	最高的吸收效率
V	灌浆各阶段灌浆速率
V_m	平均灌浆速率
V_{max}	最大灌浆速率
w_c	玉米叶片宽度
w_t	番茄叶片宽度
W_0	灌前各作物条带土壤实测体积含水率
W_1	间套作群体中同一作物条带每水应灌水量
W_{bw}	不隔根处理利用低秆作物侧水量
W_{bs}	不隔根处理利用高秆作物侧水量
W_{nw}	尼龙网隔根处理利用低秆作物侧水量
W_{ns}	尼龙网隔根处理利用高秆作物侧水量
W_x	水后各作物条带土壤实测体积含水率
x_c	玉米冠层垂直投影与水平投影之比
x_t	番茄冠层垂直投影与水平投影之比
X	灌浆各阶段持续时间
Y	单穗粒重
Y_a	实际产量
Y_c	累积根系分数
Y_d	单作低秆作物产量
Y_s	单作高秆作物产量
Y_y	间套作产量优势
Y_m	最大产量
Y_{m1}	间套作模式下高秆作物最大产量
Y_{m2}	间套作模式下低秆作物最大产量
z_r	参考高度
z_o	平均动量传输粗糙度长度
Δ	饱和水气压-温度曲线斜率
ΔW	0～100cm 土层储水变换量
γ	湿度计常数

ρ	空气密度
ρ_s	土壤容重
μ	转化系数
μ_1	常数
μ_h	间套作体系中高秆作物占地面积百分比
η	间套作体系中低秆作物占地面积百分比
θ	90cm 和 110cm 处的平均体积含水率
θ_0	时段初根层下土壤含水率
θ_a	行方位角与太阳方位角之间的差值
θ_b	入射辐射在行带横截面中水平投影方向上的角度
θ_c	穿过天顶和行带的垂直平面与穿过天顶和行带横截面的垂直平面之间的夹角
θ'_c	玉米根区平均含水率
θ_t	番茄根区平均含水率
θ_s	裸地平均含水率
θ_w	凋萎含水率
θ_{fc}	田间持水率
θ_r	残余含水率
θ_{t1}	计算前 0～100cm 土层平均含水率
θ_{t2}	计算后 0～100cm 土层平均含水率
VPD	饱和水汽压差
VPD_0	冠层平均高度处的饱和水汽压差